Patrick Bet-David
mit Greg Dinkin

Wähle deine Feinde weise

Patrick Bet-David
mit Greg Dinkin

Wähle deine Feinde weise

Businessplanung für Unerschrockene

Bibliografische Information der Deutschen Nationalbibliothek
Die Deutsche Nationalbibliothek verzeichnet diese Publikation in der Deutschen Nationalbibliografie. Detaillierte bibliografische Daten sind im Internet über http://dnb.d-nb.de abrufbar.

Für Fragen und Anregungen
info@redline-verlag.de

Wichtiger Hinweis
Ausschließlich zum Zweck der besseren Lesbarkeit wurde auf eine genderspezifische Schreibweise sowie eine Mehrfachbezeichnung verzichtet. Alle personenbezogenen Bezeichnungen sind somit geschlechtsneutral zu verstehen.

Originalausgabe
1. Auflage 2024

Türkenstraße 89
D-80799 München
Tel.: 089 651285-0

Die Originalausgabe erschien 2023 bei Portfolio, einem Imprint der Penguin Publishing Group, einer Abteilung von Penguin Random House LLC, unter dem Titel *Choose Your Enemies Wisely*.

Übersetzung: Philipp Seedorf
Redaktion: Christiane Otto
Umschlaggestaltung: Karina Braun
Umschlagabbildung: Shutterstock.com/Afishka
Satz: Carsten Klein
Druck: GGP Media GmbH, Pößneck
Printed in Germany

ISBN Print 978-3-86881-963-2
ISBN E-Book (PDF) 978-3-96267-583-7
ISBN E-Book (EPUB, Mobi) 978-3-96267-584-4

INHALT

All meinen Feinden gewidmet –
in Vergangenheit, Gegenwart und Zukunft.
Ich danke euch allen!

DU hast keine Feinde, sagst du?
Doch, ach, mein Freund, was rühmst du dich?
Wer sich gestürzt hat in die Schlacht,
Wer mutig seine Pflicht erfüllt,
Muss Feinde sich geschaffen haben,
Hast du keine, hast wenig du geleistet.
Nie einen Verräter gestellt,
Nie dem Eidbrüchigen die Stirn geboten,
Nie aus Unrecht Recht gemacht,
Du warst ein Feigling in der Schlacht.

– Charles Mackay, schottischer Autor

EINLEITUNG

Was Ihre Feinde über Sie sagen

Dem Weisen nutzen seine Feinde mehr als dem Narren seine Freunde.
– Baltasar Gracián, spanischer Philosoph aus dem 17. Jahrhundert

Im Dezember 2002 war ich 24, pleite und wohnte bei meinem Vater in seiner kleinen Wohnung. Das Einzige, was in meinem Leben einer Alltagsroutine nahekam, waren regelmäßige Besuche verschiedener Nachtclubs in L.A., in denen ich sechs Nächte die Woche verbrachte … Saddle Ranch, Garden of Eden, Century Club, Key Club, Palace und Dublin's. Häufig wusste ich nur aufgrund des Clubs, in dem ich gerade war, welchen Wochentag wir hatten. Jede Woche war gleich, bis ich aus dem Dublin's geworfen wurde, weil ich mich zu häufig geprügelt hatte.

Alles in meinem Leben lief schief. Die Dinge waren so aus dem Ruder gelaufen, dass ich mich sogar mit einem Angestellten in einem Rekrutierungsbüro der Army unterhielt, um mich vielleicht zu verpflichten. Um meine 49.000 Dollar Schulden abzuarbeiten, hätte ich mich sechs Jahre verpflichten müssen. Noch ein paar Tage und ich hätte Ja gesagt.

In diesem Jahr hatte ich an Heiligabend nichts zu tun, also fuhr ich meinen Vater zu Verwandten, um eine kleine Auszeit von meinem elenden Leben zu genießen. Als wir ankamen, waren die Feierlichkeiten schon in vollem Gange. Alle scherzten und lachten, und mein Vater unterhielt sich mit irgendwelchen Verwandten auf Assyrisch. Als ich mit den anderen Gästen plauderte, hörte ich, wie ein Mann, dem mein Vater vor Jahren aus der Patsche geholfen hatte, einen sarkastischen Kommentar abgab. Er schien erheitert, zu sehen, wie sehr mein Vater sozial abgestiegen war, seitdem er den Iran verlassen hatte.

Ich erinnere mich noch, dass ich etwas hörte, wie: »Gabreal Bet-David, der brillante Chemiker aus dem Iran, heute Kassierer in einem 99-Cent-Laden in Amerika, zweimal geschieden und immer noch allein.« Die Gruppe Männer, die sich um meinen Vater versammelt hatte, lachten. Es stimmte: Mein Dad war ein brillanter Chemiker gewesen und arbeitete heute in einem 99-Cent-Laden, in dem er regelmäßig mit vorgehaltener Waffe überfallen wurde. Außerdem hatte er sich von derselben Frau, meiner Mutter, zweimal scheiden lassen. Auch wenn der andere Mann es nicht böse gemeint hatte, konnte ich am Gesichtsausdruck meines Vaters sehen, dass es ihn verletzt hatte. Er wirkte kleiner auf mich.

Etwas an diesem Vorfall, wie dieser Mann meinen Dad auslachte – und vielleicht noch wichtiger, der beschämte Gesichtsausdruck meines Vaters –, löste eine Wut in mir aus, die ich nie zuvor empfunden hatte. Ich war damals sowieso emotional reizbar, aber das war ein neues Ausmaß an Zorn. Statt dem Typ einen Schwinger zu verpassen, trat ich direkt an den Kreis der Männer heran und sagte: »Niemand redet so mit meinem Vater. Nach allem, was er für dich getan hat, redest du nicht so mit ihm. Auf keinen Fall. Wir hauen hier ab.«

Ich wandte mich zu meinem Vater und wiederholte: »Wir hauen hier ab.« Er rührte sich nicht. Vielleicht war er zu stolz, um zu zeigen, dass er verletzt war, aber er blieb stehen. Der Raum verstummte. Ich bin 22 Zentimeter größer als mein Vater, aber er war immer noch mein Vater und ich würde nie respektlos zu ihm sein. Irgendwie bekam ich mich wieder unter Kontrolle. und sagte so ruhig wie möglich: »Dad, ich bin gefahren. Wir gehen.«

Die Männer starrten uns an – Vater und Sohn in einem schweigenden Kampf. Es war ein Moment der Anspannung. Wenn jemand etwas Falsches gesagt hätte, hätte es hässlich werden können. Alle Blicke im Raum ruhten auf uns, und mein Vater machte eine Bemerkung, dass er nicht im Stau stehen wollte. Damit konnte er sein Gesicht wahren, damit wir gehen konnten, aber ich sah, dass er wütend war.

Wir gingen hinaus, und mein Vater schaffte es, keinen Ton zu sagen, bis wir im Auto waren. Er drehte sich zu mir, funkelte mich an und sagte: »Was zur Hölle hast du dir dabei gedacht, mein Sohn? Du hast mich vor der ganzen Familie blamiert. So benimmt man sich nicht. Der Typ hat nur einen Scherz gemacht. Er hat sich nichts dabei gedacht.«

»Es ist mir egal, ob es ein Scherz war oder ernst gemeint«, sagte ich. »Niemand darf so mit dir reden.« Eine halbe Stunde lang konnte ich nicht anders, als meinem Vater immer wieder zu sagen: »*Und wenn sie mich dafür töten müssen, die ganze Welt wird deinen Namen kennen.*« Ich konnte nicht mal sagen, wer »die« waren, aber ich drehte völlig durch. »Und wenn sie mich dafür töten müssen, die ganze Welt wird deinen Namen kennen.«

Als Reaktion darauf schüttelte mein Vater nur den Kopf und sagte: »Bist du durchgedreht, Sohn?« Ich weiß nicht, was mein Dad gedacht hat, aber ich konnte spüren, dass er mir nicht wirklich glaubte. Ich musste erst beweisen, dass ich meine Ziele auch erreichen konnte, also dachte er sicher, dass mir die Disziplin fehlte, um meinen Worten auch Taten folgen zu lassen. Für ihn musste es sich wie ein Wutanfall und weniger wie eine Ankündigung angehört haben.

Das hat mich nicht davon abgehalten, weiterzureden. »Niemand redet so mit meinem Vater. Niemand. Und du solltest auch nicht zulassen, dass irgendwer so mit dir redet. Egal, wie schwer unser Leben war.«

Wir kamen an unserem heruntergekommenen Wohnkomplex in Granada Hills an und gingen hoch zur Wohnung, die wir uns teilten. Etwas fiel mir noch ein, das ich meinem Vater sagen wollte: »Ich werde der Welt zeigen, was für ein toller Vater du warst.« Dann rief ich meine Schwester und meinen Schwager an und sagte ihnen, sie sollten am nächsten Tag zu einem Familientreffen kommen. Als sie ankamen, setzten wir uns und ich sagte: »Ich werde nicht schlafen, bis die Welt unseren Nachnamen kennt, Bet-David. Game over.«

Die Weihnachtsparty fand mehr als sechs Jahren vor der Gründung meiner Finanzdienstleistungsfirma statt und über ein Jahrzehnt, bevor ich Content für Valuetainment erstellte, mein Medienunternehmen. Also was hat Businessplanung damit zu tun, dass mein Vater beleidigt wurde?

Alles hat damit zu tun.

Wie Sie bald erfahren werden, **ist es das wichtigste Element für den Erfolg in der Businessplanung, sich seine Feinde weise auszuwählen.** Ja, Sie haben richtig gehört – Feinde. Im Business werden Sie es mit Herausforderungen, Hass, Betrug, Bankrott und Ideologien, die Ihrem Erfolg im Weg stehen, zu tun bekommen. Aber was, wenn ich Ihnen sage, dass diese sogenannten Feinde Ihre wichtigste Antriebsquelle werden könnten? Was, wenn Sie Scham, Schuld, Wut, Enttäuschung und Herzschmerz in das Feuer verwandeln könnten, das Sie antreibt – auf Ihre wildesten Träume zu?

Sie werden sehen, wie Sie Ihre Feinde nutzen können, um eine Zündschnur zu entfachen, die Ihre Kraftquelle für Transformation in Brand setzt. Wir werden uns umfassend mit dem Mindset erfolgreicher Unternehmer befassen, die ihre größten Herausforderungen in ihre größten Stärken verwandelten. Sie werden lernen, wie man die Energie der Emotionen nutzt und als Katalysator für den Erfolg einsetzt. Aber das ist nicht nur ein Buch über das Thema Mindset. Ich werde Ihnen auch praktische Werkzeuge und Strategien bieten, um die Herausforderungen im Business bewältigen zu können. Sie werden lernen, wie Sie den Treibstoff, den Ihre Feinde Ihnen liefern, einsetzen können, um **einen Businessplan zu erstellen, der emotional, logisch und umsetzbar ist.**

Am selben Abend, an dem die Party stattfand, hatte ich keine Ahnung, wie groß das Geschenk war, das mir dieser herablassende Verwandte gemacht hatte. Ich realisierte nicht, dass es genau diese Beleidigung meines Familiennamens und meines Vaters war, die ich gebraucht hatte, um den Schlüssel zum Erfolg zu finden. Mir wurde klar, dass ich besser darin war, für andere zu kämpfen als für mich selbst. Ich brauchte nur jemanden, der mich auf die Palme brachte, indem er meinen Vater beleidigte.

Der Mann, der meinen Vater beleidigt hatte, hatte ein Feuer entfacht, das mich auf eine Weise beeinflusste, wie ich es mir nicht hätte vorstellen können. Es ist kein Zufall, dass diese Party stattfand, kurz nachdem mein Vater einen weiteren Herzinfarkt gehabt hatte und einen Monat im UCLA Medical Center verbringen musste. Das verstärkte meine Angst, er könne sterben, ohne seine künftigen Enkelkinder kennenzulernen. Ich wollte, dass meine Kinder ihn kennenlernten, denn ich hatte seinen Vater, also meinen Großvater, nie kennengelernt. Wenn viele negative Ereignisse auf einmal eintreten und wir mit dem Stress nicht mehr umgehen können, erleiden wir entweder einen Zusammenbruch oder einen Durchbruch. Durch Gottes Gnade fand ich einen Weg, all diese Widrigkeiten zu kanalisieren, um mein Leben zu ändern.

Mit dem Ziel vor Augen, der Welt zu zeigen, wofür der Name Bet-David stand, legte ich umgehend alle schlechten Angewohnheiten ab. Ich ging nicht mehr in Clubs. In meiner Freizeit las ich nur noch Bücher über Investments, Handel und alles, was mit Business zu tun hat. Meine Schwester und mein Freund Robby empfahlen mir *Wie man Freunde gewinnt* und *How to Master the Art of Selling*. Ich machte mir Notizen und las sie wieder und wieder.

Mein Business startete noch nicht am nächsten Tag durch und auch nicht im nächsten Jahr.

Ich will auf keinen Fall, dass Sie glauben, mein Pfad sei einfach gewesen. Sie werden genauso wie ich mit Hindernissen konfrontiert werden. Genau in dem Moment, wenn es endlich aufwärts geht, verlieren Sie einen großen Kunden oder Ihr bester Verkäufer wird abgeworben. Bei mir traten diese Herausforderungen anscheinend immer dann auf den Plan, wenn ich eine letzte Mahnung für irgendwelche Rechnungen erhielt. Es wurde noch schwerer, dem Rekrutierungsoffizier der Army zu widerstehen, der all meine Probleme lösen würde, indem er mir garantierte, meine Schulden zu tilgen und mir einen einfachen Ausweg zu bieten.

Sie werden auf die gleichen Widerstände treffen. Man muss zusätzliche Energie aufbringen, um diese Widrigkeiten zu überwinden. Gerade als ich dachte, es ginge endlich aufwärts, verlor ich einen großen Verkauf, und mein einziger Besitz im Leben – ein schwarzer Ford Expedition, den meine Freunde »Big Mama« nannten – wurde vom Händler beschlagnahmt, weil ich ihn nicht abbezahlen konnte. Ich hatte das Gefühl, einen Schritt nach vorn und drei nach hinten zu machen, und meine Energie wurde fast komplett aufgezehrt, als meine Mühen sich nicht auf dem Konto niederschlugen.

Immer wenn es hart auf hart für mich kam, konnte ich mir stets das Bild vor Augen rufen, wie diese Männer dafür gesorgt hatten, dass mein Vater sich ganz klein vorkam. Der Wunsch, sie vom Gegenteil zu überzeugen, war stärker als der

Drang, die Brocken hinzuschmeißen. Deswegen weise ich so gerne darauf hin, wie wichtig es ist, Feinde zu haben.

21 Jahre nach dieser Weihnachtsfeier wurde dieses Buch veröffentlicht. Ich wollte Sie nur wissen lassen, dass wir manchmal so viel Zeit damit verbringen, herauszufinden, *wie* man im Leben zu den Gewinnern zählt, dass wir übersehen, worauf es wirklich ankommt. Vielleicht müssen Sie einen Grund suchen, *wieso* Sie im Leben zu den Gewinnern zählen wollen. Hat Sie jemand erniedrigt? Hat Sie jemand manipuliert? Gibt es einen Lehrer oder ein Familienmitglied, das dafür sorgte, dass Sie sich schämten? Wir werden alle von etwas anderem angetrieben, aber **der richtige Feind kann Sie auf eine Weise antreiben, wie es ein Verbündeter niemals kann.**

Wenn »Experten« sagen, man sollte im Business nicht emotional werden, frage ich mich, welchen Erfolg sie damit hatten. Sie rasseln ihre Abschlüsse und Publikationen herunter und prahlen mit den prestigeträchtigen Universitäten und ihrer privilegierten Herkunft. Meistens haben sie keinen nennenswerten geschäftlichen Erfolg. Vielleicht hat sie niemand im Leben beleidigt oder man hat ihnen vielleicht beigebracht, dass sie ihre Emotionen in Zaum halten und bei Geschäftsentscheidungen ignorieren sollen. Egal, was der Grund ist, wenn ich sehe, dass sie keine Feinde haben, die sie antreiben, wird mir klar, dass ich der Privilegierte bin.

Feinde: das fehlende Element eines normalen Businessplans

Die meisten Menschen *hören* liebend gerne Geschichten über den Tellerwäscher, der zum Millionär wird. Es gibt noch eine andere Gruppe von Menschen – wie Sie, die wenigen Unerschrockenen –, die eine Formel haben wollen, wie sie auf ähnliche Weise *ihre eigene Geschichte schreiben können.* Worte wie »Durchhaltevermögen« und »Herzenssache« sind toll, aber Sie verraten Ihnen nicht, was Sie tun müssen, um Ihre eigenen Träume zu verwirklichen.

Sie kennen vielleicht meinen Hintergrund und wissen, wie ich aus dem Nichts (mit zehn Jahren während des Iran-Irakkriegs aus dem Iran geflohen, geschiedene

Eltern, von Sozialhilfe gelebt, Notendurchschnitt an der Highschool von 1,8*, keine Möglichkeit, aufs College zu gehen), mit 30 meine eigene Finanzdienstleistungsfirma aufbaute. Im Juli 2022 verkaufte ich das Unternehmen, um mich auf die nächsten 20 Jahre meines Lebens zu konzentrieren. Valuetainment, ein YouTube-Kanal, den ich ins Leben rief, um die Businessratschläge zu erteilen, die ich mir gewünscht hätte, als ich mit meinem Business anfing, wurde zum beliebtesten Kanal bei Unternehmern. Das alles passierte, während ich ein anderes Unternehmen leitete. Das gab mir später die Möglichkeit, die Marke, die ich aufgebaut hatte, zu nutzen, um ein ausgewachsenes Medien-, Beratungs- und Produktionsunternehmen aufzubauen. Es dauerte nur wenige Jahre, bis Valuetainment den beliebtesten Business-Podcast auf Spotify produzierte, auf knapp 100 Angestellte angewachsen war und Unternehmer dabei unterstützte, ihre Unternehmen massiv zu skalieren.

Die Frage, die Sie vermutlich am meisten interessiert, lautet: *Wie?*

Hatte ich ein Geheimnis? Zog ich eine revolutionäre Idee aus meiner geheimen Schatzkammer, die noch niemals zuvor in einem Vorstandszimmer gesehen wurde?

Nein … und ja.

Nein, denn ich begann mit demselben alten Businessplan, den jeder nutzt.

Ja, denn Jahr um Jahr nahm ich Anpassungen vor, nachdem ich mir angesehen hatte, was erfolgreich war und was gescheitert ist. Ich schuf einen Ansatz, der sich radikal von anderen Geschäftspraktiken unterschied und das entscheidende Element war.

Ich schuf einen einzigartigen Businessplan.

Bei all meinen Recherchen habe ich keinen zweiten wie diesen gesehen. Es brauchte Jahre an Tests und zahllosen Revisionen, um die genaue Formel zu ermitteln. Dann dauerte es noch einige Jahre, ihn so weit zu vereinfachen, dass jeder davon profitieren konnte. Worauf ich am meisten stolz bin, ist, dass man ihn duplizieren kann. Jeder kann diesen Plan erschaffen und damit vor allem auch SIE.

---

* Anm. d. Übers.: Die Noten reichen von 0 bis 4 und 4 ist die Bestnote.

Ich setzte Logik ein und dachte strategisch. Das ist für die meisten der Ausgangspunkt. Und damit hört es für die meisten auch schon wieder auf. Ich hatte kein Interesse daran, nach Schema F vorzugehen und ein langweiliges Business aufzubauen, in dem Geld der einzige Maßstab war. Ich wollte etwas Magisches, das mein Team und mich inspirieren würde.

Ich wählte meine Feinde weise, denn sie gaben mir die Energie, meinen Plan weiterzuverfolgen, nachdem ich alles Geld hatte, das ich je brauchen konnte. Als ich es »geschafft hatte« – zumindest in den Augen einiger –, dachte ich nicht einmal daran, einen Gang zurückzuschalten. Stattdessen suchte ich mir neue Feinde, die mir den Antrieb geben, den ich brauche, um weiter mit Begeisterung und Engagement bei der Sache zu sein.

Mithilfe dieses Businessplans wuchs mein Finanzdienstleistungsunternehmen in 13 Jahren von 66 Vertretern auf 40.000 und einen neunstelligen Verkaufspreis. Die meisten Vertreter haben keinen Collegeabschluss, und Dutzende verdienen über 1 Million im Jahr. Und dann sind da noch die Tausenden Menschen in anderen Branchen, die ich gecoacht habe, wie sie ihre Businesspläne angehen sollen, mithilfe derer sie Unternehmen skaliert und nie dagewesene Erfolge erzielt haben.

Es gibt einen Grund, wieso ich im Untertitel die wenigen »Unerschrockenen« angesprochen habe. Dieses Buch ist für Visionäre, Träumer und Menschen, die den Wettkampf lieben. Mir ist klar, dass manche meinen Ansatz vielleicht für extrem halten. Aber meiner Meinung nach muss man »extrem« sein, um zu den wenigen Unerschrockenen zu zählen.

Wenn Sie jeden erdenklichen Vorteil genießen wollen, ehrlich und für Feedback empfänglich sind, kann ich Sie auf einen Pfad leiten, der zu außergewöhnlichen Resultaten führen wird. Wenn Sie jemand sind, der den Wettbewerb liebt und von den Zweiflern und Neidern motiviert wird, sollten Sie Ihren toten Winkel kennen, um sich zu verbessern. Sie sind vielleicht eine der wenigen Personen, **die keine Abkürzungen und keine kleinen Einsätze akzeptiert, wenn es um Ihr Leben, Ihr Vermächtnis und die Familie geht.**

Was Sie durch dieses Buch gewinnen können

Es ist egal, wo Sie in Ihrer Karriere im Moment stehen. Ob Sie in der Vorstandsetage sitzen, Ihnen ein Business gehört, Sie selbstständiger Einzelunternehmer sind oder Verkaufsvertreter, Angestellter oder Student, der darüber nachdenkt, ein Unternehmen zu gründen, der Prozess ist der gleiche. Ich zeige Ihnen, wie Sie einen Feind auswählen und diese Emotion sinnvoll einsetzen, um den richtigen Businessplan zu erstellen.

Ich habe Menschen gesehen, die ganz am Boden waren, die aufgehört hatten, zu träumen, und die doch den Weg zurückgefunden und Unglaubliches erreicht haben. Das begann damit, den richtigen Feind zu wählen. Das ist das erste und entscheidende Element, um einen effektiven Businessplan zu schreiben.

Ich schrieb dieses Buch, weil es ein Gamechanger für Entrepreneure und Intrapreneure (Leute, die in einem Unternehmen arbeiten, aber mit dem Mindset des Entrepreneurs) sein kann – unabhängig davon, ob Sie hoffen, einer zu werden, oder bereits ein kleines oder großes Unternehmen leiten. Da andere Pläne scheitern können, werden wir einen völlig anderen Pfad beschreiten. Das ist nicht der langweilige Ansatz, den die meisten Menschen lehren. Wenn Sie Schlaflosigkeit heilen wollen, können Sie sich gerne irgendeinen Kurs darüber kaufen, wie man einen Businessplan schreibt. Was Sie hier lernen werden, ist, wie Sie ein Leader werden, der seine Familie, Freunde und sein Team mit nach oben trägt.

Dieser Prozess, einen Businessplan zu schreiben, ist anders als alles, was Sie je getan haben.

Lange habe ich es gehasst, Businesspläne zu schreiben. Es fühlte sich an, als müsste ich Hausaufgaben machen, die mir der Lehrer aufgegeben hat, den ich am wenigsten leiden kann. Ich hatte weder die Aufmerksamkeitsspanne noch die Schulbildung, um ein technisches Buch über Businessplanung zu lesen. Ich musste herausfinden, wie ich meine Ideen sortieren und einen taktischen Plan für mein Unternehmen erstellen konnte. Gleichzeitig wollte ich es von Herzen tun und etwas schreiben, das mich inspiriert. Ich lernte, dass man nur drei Dinge brauchte, um einen effektiven Businessplan zu schreiben:

1. Er muss einfach genug sein, dass man ihn überhaupt schreiben will.
2. Er muss mit Emotionen versehen sein, die durch die eigenen Feinde genährt werden.
3. Er muss logische Schritte enthalten, die eindeutig und gut organisiert sind.

Einen Businessplan kann man zu unterschiedlichen Gelegenheiten schreiben, also ist es nicht wichtig, wann Sie dieses Buch lesen. Sie fangen vielleicht gerade erst mit Ihrem Business an, organisieren Ihr bestehendes Unternehmen neu oder setzen sich neue Ziele. Andere stehen vielleicht vor dem Beginn einer neuen Spielsaison in einer Mannschaftssportart oder beginnen ein neues akademisches Jahr. Der Zeithorizont ist unwichtig. Dieser Ansatz ist auch bestens geeignet für Fundraising oder politische Kampagnen. Alle diese Situationen haben gemeinsam, dass man in die Zukunft blickt und hoffnungsvoll ist. Es gibt kein Richtig oder Falsch, und Sie müssen noch nicht auf irgendwelche Probleme reagieren. Das erlaubt es Ihnen, sich ganz darauf zu konzentrieren, die Puzzlestücke an die richtige Stelle zu legen und Ihre Ziele wahr werden zu lassen.

Der Plan funktioniert für Menschen auf allen Ebenen der Businesswelt:

- Völlige Anfänger ohne Hochschulabschluss, die gerade im Business anfangen.
- CEOs, die eine halbe Milliarde Umsatz machen und skalieren wollen oder einen Firmenverkauf planen.
- Erfahrene Führungskräfte, die Intrapreneure werden und ihren Gesamtwert steigern wollen.
- Veteranen, die gerade das Militär verlassen haben und eine Karriere im Verkauf oder als Unternehmer beginnen.
- Leiter von Verkaufsteams, die den Umsatz steigern und ihr Team motivieren wollen.
- Paare, die gemeinsam im Business arbeiten und finanziell und als Familie erfolgreich sein wollen.

Ihre Feinde zu wählen, ist der Katalysator. Wenn man es richtig macht, ist es der Raketentreibstoff, der Sie abheben lässt. Aus Rache und Neid zu handeln, kann einen dazu verleiten, den falschen Feind zu wählen. Diese Art von Emotion kann einen letztlich zerstören. **Der Schlüssel ist, seine Feinde weise zu wählen.** Wie Sie sehen werden, ist das ein ganzer Prozess. Sie müssen das richtige Ziel identifizieren und emotional beteiligt sein, wenn Sie darüber nachdenken, wieso Sie diesen Feind besiegen wollen. Sie werden viele Beispiele präsentiert bekommen, wieso das so effektiv ist, damit Sie es selbst umsetzen können.

Außerdem brauchen Sie einen methodischen Plan. Sie haben vielleicht gehört, dass Menschen wissen müssen, wieso sie etwas tun, bevor Sie ihnen sagen können, wie sie es tun sollen. Eine präzisere Aussage lautet, dass Sie und diejenigen um Sie herum *beides* wissen müssen: wieso und wie sie etwas tun.

Ich habe meinem Team gezeigt, wie es seine Energie darauf konzentrieren kann, den richtigen Feind zu wählen, und ich habe »einen Ausbilder ausgebildet«, um jedem Angestellten im Unternehmen Businessplanung beizubringen. Deswegen weiß ich, dass sich der Ansatz duplizieren lässt, und daher können auch Sie ihn erlernen und anderen in Ihrem Team beibringen.

Ich glaube, alle Träume sind heilig. Für Entrepreneure sind Risiko und Unsicherheit noch größer. Viele von Ihnen haben gut bezahlte Jobs aufgegeben, um Ihren Ruf und Lebensunterhalt für einen Traum zu riskieren. In diesen Momenten, in denen man voller Hoffnung ist, wird man zum Autor des eigenen Schicksals. Ich weiß, was als Nächstes passiert, wird beeinflussen, wie Ihr nächstes Jahr verläuft, und es wird Ihr Vermächtnis in Ihrem Unternehmen formen. Ich weiß auch, dass schlechte Planung der Grund ist, wieso die meisten Träume sterben.

Das kann sich nun alles ändern, wenn Sie sich bemühen, meiner Schritt-für-Schritt-Anleitung zum Erstellen eines Businessplans zu folgen. Während Sie diesen Schritten folgen, werden Sie …

- lernen, wie man die eigenen Emotionen nutzt und kanalisiert, um unaufhaltsam zu werden;
- Ihre Vision identifizieren, definieren, wer Sie sein wollen, und Ihre wildesten Träume ausloten;

- die spezifischen Handlungsschritte kennenlernen, um Ihre Großen Schwierigen Unerschrockenen Ziele (GSUZs) zu erreichen;
- bewährte Verfahren erlernen, um Investoren zu finden und Kapital aufzubringen;
- Ihre Beziehungen verbessern, sowohl innerhalb als auch außerhalb Ihres Unternehmens;
- Ihre Fertigkeiten als Teamleader perfektionieren, sodass Ihr Team genauso inspiriert ist wie Sie.

Wenn Sie dieses Buch gelesen haben, werden Sie einen Businessplan mit ganz anderen Augen sehen. Was Sie hier lernen, habe ich meinem Team 15 Jahre lang beigebracht. Wenn es nur für mich funktionieren würde, könnte man argumentieren, dass es nicht duplizierbar ist. Weil es auch für Tausende andere Leader funktioniert hat, weiß ich, dass es für Sie funktionieren wird – wenn Sie die damit verbundenen Anstrengungen auf sich nehmen.

Sie werden ein für alle Mal einen kompletten Leitfaden besitzen, der Ihnen erklärt, wie Sie im Unternehmen und im Leben Erfolg haben.

Und das alles beginnt mit dem einen Schritt, den Sie auf keinen Fall auslassen dürfen.

Sie müssen Ihre Feinde weise wählen.

TEIL 1

Logik und Emotionen integrieren, um einen Plan zu erstellen

KAPITEL 1

Die zwölf Bausteine

Der General, der die Schlacht gewinnt, bedenkt und kalkuliert vorher alles ganz genau in Gedanken. Der General, der verliert, stellt vorher wenig Kalkulationen an.

– Sun Tzu

Ich arbeitete an einem massiven Deal. Millionen Dollar standen auf dem Spiel und ich musste mich konzentrieren. Ich wies meinen Assistenten an, alle Anrufe abzublocken und jeden niederzuringen, der versuchte, durch meine Tür zu kommen. Rückblickend hätte ich vielleicht einen kräftiger gebauten Assistenten einstellen sollen. Aber vermutlich hätte nicht einmal Lawrence Taylor in seinen besten Zeiten diesen Mann aufhalten können.

Er stürmte in mein Büro und rief: »Ich habe mein Leben so satt!«. Er zitterte. »Ich kann so nicht weitermachen. Ich weiß nicht, wohin ich gehen und an wen ich mich wenden soll. Ich wäre so gerne erfolgreich. Ich sage Ihnen, ich werde der beste Vertreter in diesem Büro werden! Nichts kann mich aufhalten!«

Seine Wut verwandelte sich in Traurigkeit und die nächste halbe Stunde wollten die Tränen nicht versiegen. Ernie war damals 19. Er besaß 400 Dollar, einen High-school-Abschluss und keinerlei Business-Erfahrung. Ernie war motiviert wie kein Zweiter, aber ich fragte mich, ob das genügen würde, um im Wettbewerb zu bestehen.

Etwas früher an diesem Tag hatte Larry seinen Businessplan präsentiert. Er war so poliert und professionell, wie man es von einem Absolventen der UCLA erwartete, der vorher bei Northrop Grumman gearbeitet hatte. Seine Worte waren so makellos wie sein gestärktes Hemd. Seine Eltern hatten ihn wohlerzogen, und wenn er jemals Hilfe brauchte, waren sie für ihn da und boten ihm ein Sicherheitsnetz.

Wie erwartet, war Larrys Businessplan fehlerlos. Er war gefüllt mit Excel-Tabellen und eindeutig formulierten Jahreszielen. Als ich ihn fragte, wieso ihm sein Unternehmen so wichtig war, wirkte er verwirrt. Als ich Larry fragte, wer seine Feinde waren, deutete er auf den Plan, den er hatte binden lassen, und sagte: »All die relevanten Details sind da drin, Sir.« Ich überlegte ernsthaft, ob ich mal Larrys Puls fühlen sollte.

Ernies Plan war ein Durcheinander, und das ist noch nett formuliert. Es gab keine Struktur und keine Zahlen oder Projektionen. Er hatte nicht einmal Stichpunkte aufgeführt. Als ich ihn fragte, wie er Kunden oder Mitarbeiter finden wollte, hatte Ernie einen weiteren Zusammenbruch. Er sagte, er hatte die Nase voll von Armut und dem Drama, das in einer Familie bestand, die mit Alkoholproblemen zu kämpfen hatte. »Ernie«, sagte ich, »ich verstehe ja, was Sie durchmachen, aber Sie brauchen dennoch einen Plan. Was wollen Sie tatsächlich tun?«

Er fand keine Worte. Ich konnte bereits sehen, welchen Tribut sein Familienleben gefordert hatte, bevor ich mehr über seine Lebensgeschichte erfuhr. Ernie brauchte mehrere Minuten, um sich genug zusammenzureißen, sodass er wieder ein Wort herausbrachte. Schließlich murmelte er: »Ich tue alles, was nötig ist, um nicht mehr arm zu sein.«

Wäre Ernie dabei gewesen, als Larry seine Präsentation gehalten hatte, hätte er vielleicht nicht so kühn behauptet, er würde die Nummer eins werden. Aber ich erkannte etwas in ihm, das ich in mir selbst gesehen habe. Im Gegensatz zu manch anderen Unternehmensführern sah ich Emotionen positiv.

Wenn Sie damals in meinen Schuhen gesteckt hätten, wen hätten Sie dann für eine Zusammenarbeit gewählt: Ernie oder Larry? Sie kennen diese beiden Menschen nicht, aber Sie kennen den Typ. Tatsächlich repräsentieren sie Tausende Menschen, mit denen ich über die Jahre gearbeitet habe. Nahezu jeder, den ich getroffen habe – bevor derjenige zu den wenigen Unerschrockenen gehörte –, fiel unter diese beiden Kategorien: Logik oder Emotion. Damit Sie sie leichter zuordnen können: Larry repräsentiert die Logik und Ernie die Emotion.

Als wir uns 2005 in meinem Büro in Granada Hills zusammensetzten, träumten sie beide von einem Erfolg als Unternehmer.

Basierend auf dem, was Sie über diese beiden Männer wissen, auf wen würden Sie wetten, dass er seine Ziele erreicht, sei es, dass er Gewicht verlieren, ein Unternehmen gründen oder die Karriereleiter in einem Unternehmen erklimmen will?

Ihre Antwort auf diese Fragen wird mir eine Menge über Sie sagen. Wenn Sie mehr kopfgesteuert sind, werden Sie auf Larry setzen. Wenn Sie eher nach dem Herzen entscheiden, werden Sie auf Ernie wetten.

Was ich in den letzten zwei Jahrzehnten gelernt habe, ist, dass man weder auf Larry noch auf Ernie sein Geld setzen und wetten sollte, dass sie ihre Ziele erreichen. Wer mehr der Logik zuneigt, wird zu Recht glauben, dass Ernie nicht lange genug organisiert arbeiten kann, um die Aufgabe zu bewältigen oder überhaupt Kapital aufzubringen. Die eher emotional organisierten Menschen haben recht, wenn sie sich fragen, was Larry dauerhafte Motivation gibt. Wenn Sie so denken wie ich, würden Sie Ernie fragen: »Wenn Sie die Armut als Ihren Feind ausgemacht haben und so fest entschlossen sind, ihn zu besiegen, wieso haben Sie dann *keinen Plan*?«

Aber jetzt wird es interessant. Sie glauben vielleicht, dass Ernie einen Vorteil hat, weil bei ihm mehr auf dem Spiel steht. Er ist stärker motiviert, denn er ist mehr darauf *angewiesen*. Oberflächlich betrachtet hätten Sie recht. Aber was ich häufig feststellte, nachdem ich Tausende von Plänen mit anderen zusammen erstellt habe, ist, dass Larry einen Grund *finden* kann, um es noch mehr zu wollen. Wir alle haben ein Herz. Alle von uns haben Wunden und Träume, die uns emotional machen. Den meisten Menschen im Business wurde beigebracht, das zu unterdrücken. Einige haben sich Mühe gegeben, Emotionen zu vermeiden, um fokussiert zu bleiben. Andere haben so viel Herzschmerz erlebt, dass sie sich darauf konzentrieren, sich selbst vor weiteren Verletzungen zu schützen.

Sie können vermutlich erraten, welche Frage ich stelle, die am meisten Emotionen hervorruft. *Wer sind Ihre Feinde*? Wenn meine Gesprächspartner nicht gleich antworten, frage ich, wer sich ihnen gegenüber negativ äußert, wer sie anzweifelt oder ihnen im Weg stand und wem sie etwas beweisen wollen. Oft erhalte ich dann nur fragende Blicke als Antwort. Wenn ich etwas tiefer schürfe (ich sitze einfach so lange schweigend da, wie es nötig ist – man sollte nie die Macht des Schweigens unterschätzen), erhalte ich normalerweise eine Antwort. Die Emotion, die sie unterdrückt hatten, brodelt hoch. Vielleicht hat Larry noch alte Wunden, weil man ihn als das dicke Kind im Sportunterricht auslachte, das nicht am Seil hochklettern konnte. Vielleicht verfolgt ihn sein Sportlehrer bis in seine Albträume. Es könnte auch ein früherer Chef sein, ein Freund, der erfolgreicher ist, oder ein Familienmitglied, das Emotionen in ihm auslöst. Bevor wir vorankommen, müssen wir wissen, wer der Feind ist.

Was ist wichtiger: Erfahrung oder Antrieb?

Vergleichen wir noch etwas weiter emotionale und logische Menschen. Würden Sie auf einen erfahrenen Verkäufer setzen, der von Oracle ausgebildet wurde und eine Menge Ersparnisse hat, oder einen Neuling ohne Erfahrung, der den Verkauf braucht, um seine Familie zu ernähren?

Würden Sie auf einen verzweifelten Systemingenieur setzen, der Schulden bei seinem Buchmacher hat, oder auf einen glücklichen, erfahrenen Ingenieur vertrauen, der Ihre neue App mit einer knappen Deadline programmieren soll?

Würden Sie auf ein Sportteam setzen, das erfahrener und besser vorbereitet ist, oder auf ein Team, das *besessen* ist? Mit »besessen« meine ich, dass es vielleicht leicht reizbar ist, den Verlust eines Mannschaftskameraden beklagt oder besonders stolz ist.

Ich hoffe, Sie denken sich: »Genug mit den Beispielen, bei denen Sie Logik mit Emotion vergleichen, Pat. Wieso kann es nicht beides sein?«

Es kann nicht nur beides sein, sondern **Ihr Businessplan muss sowohl emotional als auch logisch sein**. Deswegen will ich, dass Sie erkennen, welcher Seite Sie den Vorzug geben und wo Sie sich verbessern müssen. Wenn Sie nur logisch sind, haben Sie vermutlich Mühe, anderen eine Inspiration zu sein. Bei meinem Ansatz werden Sie wissen, was Sie ändern müssen, um das zu erreichen. Wenn Sie nur emotional sind, haben Sie Mühe, Systeme zu entwickeln und organisiert zu bleiben. Deswegen werden Sie von den Strukturen eines methodischen Plans profitieren.

Es gibt etwas, das Sie dabei bedenken sollten. Sosehr ich auch Emotionen wertschätze, gibt es auch einen Nachteil. Eine Person, die zu allem bereit ist, um zu gewinnen, *wird oft auch alles tun*, um zu gewinnen – inklusive Gesetze (und Gliedmaßen) zu brechen. Wenn Sie mit ihnen zusammenarbeiten, als Angestellte, Subunternehmer oder Verkäufer, könnten Sie Ihr Unternehmen in Gefahr bringen. Das ist eine weitere Erinnerung daran, dass Sie nach der *richtigen Art von Emotion* suchen, in anderen und in sich selbst, um Ihren Plan voranzutreiben.

Bevor wir fortfahren, müssen wir unbedingt klarstellen, was Emotion im Kontext der Businessplanung ist und was sie nicht ist.

Emotion *bedeutet nicht*, impulsiv, irrational, melodramatisch, unbeherrscht oder jähzornig zu sein.

Emotion *bedeutet*, leidenschaftlich, besessen, manisch, unaufhaltsam, kraftvoll und zielgerichtet zu sein.

Die Wörter, die schildern, wie Emotion *nicht* ist, beschreiben die Menschen, die den falschen Feind gewählt haben. Die Liste der Wörter, die schildern, wie Emotion *ist*, beschreiben die wenigen Unerschrockenen, die sich von nichts aufhalten lassen.

Das fehlende Glied bei der Businessplanung – sowie bei Geschäftsmeetings, Präsentationen, Verkaufsgesprächen und beim Recruiting – **ist die Integration von Emotion und Logik.**

Höre ich mich schon wie eine gesprungene Platte an? Gut. In den Jahrzehnten, in denen ich andere in der Arbeit anleitete und mehr Fehler machte, als ich mir überhaupt in Erinnerung rufen will, lernte ich, dass der Schlüssel die Wiederholung ist. Weil es den meisten von uns so intensiv eingebläut wurde, Emotionen und Logik zu trennen, werde ich weiterhin betonen, dass der Plan dafür sorgen muss, dass *Sie sich in Bewegung setzen*. Und er muss Ihnen genau sagen, an welchen Hebeln Sie ziehen müssen und wann.

Fast jeder Businessplan, den ein Larry oder ein Ernie schreiben, wird scheitern. Es genügt nicht, nur über das Eine oder das Andere zu verfügen.

Eines der Hindernisse beim Umsetzen dieses Plans besteht in dem Glauben, dass es im Business keinen Platz für Emotionen gibt. Es gibt auch den Glauben, dass man im Mannschaftssport nicht weint, aber der Mann, der am bekanntesten dafür war, dass er beim Football geweint hat, der Trainer Dick Vermeil, wurde in die Pro Football Hall of Fame aufgenommen, und er ist der einzige Cheftrainer, der mit seiner Mannschaft den Super Bowl und den Rose Bowl gewonnen hat.[1]

Michael Jordan, Serena Williams, Conor McGregor und Tiger Woods sind alle emotionale Menschen. Sie zeigen diese Emotionen vielleicht auf unterschiedliche Weise, aber sie sind emotional.

Das Gleiche gilt für Businessleader. Elon Musk ist darin zwei weiteren Unternehmensführern ähnlich, die ich respektiere, Andy Grove und Steve Jobs, die beide nicht mehr unter uns weilen und die beide Emotionen im Business willkommen hießen. Sie waren außerdem beide Meisterstrategen, die ihre Emotionen kanalisieren und daraus logische Handlungsschritte ableiten konnten.

Nur enthusiastisch zu sein, ist nicht genug. Es ist auch nicht genug, nur die brillantesten Tabellen zu erstellen. Ein Teil der wenigen Unerschrockenen zu sein, bedeutet, dass man bereitwillig Emotion und Logik integriert.

Sechs Möglichkeiten, einen Businessplan anzugehen

1. Gar keinen schreiben.
2. Ihn wie Hausaufgaben behandeln und nur das Mindeste tun.
3. Sich durchmogeln und versuchen, andere zu beeindrucken.
4. Einen gründlichen Plan erstellen, der rein logisch ist.
5. Einen emotionalen Traum beschreiben, ohne weitere logische Schritte.

Die einzige Methode, die funktioniert ...

6. **Sich von einem Feind antreiben lassen und Emotion und Logik kombinieren.**

Wie ich 10 Millionen Dollar Finanzierung erhielt, indem ich Emotion und Logik kombinierte

Als ich 2009 meine Finanzdienstleistungsfirma gründete, war ich sehr emotional. Ich erzählte jedem, der es hören wollte, dass wir bis zum Jahr 2029 500.000 lizenzierte Verkaufsagenten haben würden. Für einige Menschen war es leicht, einen vorlauten 30-Jährigen, der noch nie ein Unternehmen gegründet hatte, mit einem Achselzucken abzutun. Andere waren von meiner Leidenschaft inspiriert und stellten die nächste logische Frage: *Wie* wollen Sie es schaffen, eine halbe Million Vertreter zu haben?

Mit anderen Worten, ich nutzte erfolgreich die Emotion, die damit verbunden war, eine beeindruckende Vision zu haben, um ihre Aufmerksamkeit zu erregen. Ich sorgte dafür, dass sie mehr wissen wollten. Das ist eine wichtige Fähigkeit. Aber als die Frage nach dem »Wie« gestellt wurde, fuhr ich emotional fort: »Wir werden die beste Unternehmenskultur haben! Wir werden gewaltiges Durchhaltevermögen beweisen. Wir werden erstaunliche Events auf die Beine stellen.«

Wenn Sie Wörter lieben, wird Ihnen auffallen, wie viele Adjektive ich benutzt habe. Genau wie in diesem Fall sind Adjektive oft ein armseliger Ersatz für eine konkrete Strategie. Ohne einen logischen Plan war auch kein ernsthafter Investor interessiert.

Meine Geschichte entspricht der vieler Entrepreneure. Die Fähigkeit, Menschen emotional zu bewegen, ist eine seltene Eigenschaft, die es einigen ausgesuchten wenigen erlaubt, ein Unternehmen zu gründen und andere zu überzeugen, ihnen ohne jeden Beleg zu folgen. Intrapreneure, Berater und Buchhalter neigen dazu, in den Bereichen Stärken zu haben, wo Entrepreneure schwach sind. Sie sind gut bei finanziellen Projektionen und taktischen Plänen. Deswegen sind Geschäftspartnerschaften, die sowohl den emotionalen als auch logischen Teil umfassen, so effektiv. Steve Jobs/Steve Wozniak, Warren Buffett/Charlie Munger, Mark Zuckerberg/Sheryl Sandberg und Bill Gates/Paul Allen (und später Bill Gates/Steve Ballmer) sind ausgezeichnete Beispiele für ausbalancierte Geschäftspartnerschaften.

Ich hatte keinen Mitgründer und erst später entwickelte ich die logischen Fertigkeiten und rekrutierte Teammitglieder, die auf Logik basiert arbeiteten, um meine eigenen Stärken zu komplementieren. Als ich meine Firma gründete, war ich ein Einzelkämpfer, der nur über einige der Bausteine verfügte.

Machen wir einen Sprung ins Jahr 2017, als ich 10 Millionen Dollar für mein Unternehmen aufbringen wollte. Meine Vision hatte sich nicht geändert. Ich erzählte immer noch jedem, der mir sein Ohr lieh, dass wir bis 2029 500.000 lizenzierte Agenten haben würden. Aber dieses Mal, als mich ein Investor nach dem Wie fragte, hatte ich eine logisch durchdachte Antwort parat. Ein bedeutender Grund dafür war, dass ich Tom Ellsworth als Präsidenten des Unternehmens angestellt hatte, einen logisch denkenden und erfahrenen Strategen, der wusste, wie das Spiel läuft, wenn man Kapital aufbringen will. Tom hatte bei einigen Firmenverkäufen eine entscheidende Rolle gespielt, inklusive JAMDAT, das für 680 Millionen Dollar von EA Sports aufgekauft wurde.[2]

Mit Tom an meiner Seite erstellten wir Präsentationen für unsere Verkaufsgespräche und Finanzprojektionen. Im Kapitel 9 werde ich Ihnen dafür die genaue Formel nennen. Unser Pitch an die Investoren beinhaltete unsere Wachstumsrate in den vergangenen acht Jahren, Projektionen für künftiges Wachstum, basierend auf realen Daten; einen spezifischen Wachstumsplan mit taktischen Strategien und Maßzahlen, die unsere Firma mit anderen in unserer Branche verglichen.

Eine leidenschaftliche Präsentation und kohärente Pläne und Projektionen waren Teil des Pitches. Emotionen und Logik sind erforderlich, um Investoren zu motivieren.

Sie konnten den Scheck über 10 Millionen Dollar gar nicht schnell genug ausstellen. So wirkungsvoll ist es, wenn man Emotionen und Logik kombiniert.

Zwei verschiedene Storys

STORYS, DIE ANDERE INSPIRIEREN UND (EMOTIONAL) EINLADEN

Begeistern Sie andere

STORYS, DIE (LOGISCH) UNTERMAUERN, WAS SIE SAGEN WOLLEN

Bringen Sie andere dazu, sich auf etwas zu fokussieren

In jeder Branche integrieren die Gewinner Emotionen und Logik

Sobald Sie Ihren Plan durcharbeiten, werden Sie sehen, wie Emotion und Logik sich gegenseitig ergänzen. Ich weiß, die meisten von uns können beides abrufen, auch wenn wir oft darauf gedrillt werden, entweder das eine oder das andere einzusetzen. Ein Punkt, der mich daran erinnerte, dass ich Logik einsetzen konnte, war, dass ich als Kind Stunden damit verbracht hatte, Baseballspielertabellen zu studieren. Ich hatte ein Gespür für Zahlen. Mir fehlte nur die Erfahrung, mein Business auch auf Analysedaten zu gründen. Nachdem ich das Buch *Moneyball* gelesen (und später den Film mit Brad Pitt als Billy Bean gesehen) hatte, konnte ich nur noch über Datenanalyse reden. Ich lernte, das Sammeln von Daten und Businessanalysen zu lieben.

Das bedeutet nicht, dass ich nicht mehr emotional war. Ich schüttete ständig meinem Team mein Herz aus, und ich wusste, wenn ich sie emotional berühren konnte, dann (und nur dann) konnte ich mich auch den Details der Umsetzung widmen. Wenn ich darüber rede, was man tun sollte, bevor ich darüber rede, warum man es tun soll, dann schalten die Leute ab.

Ich habe jeden erdenklichen Fehler gemacht, wenn ich Businesspläne erstellte, aber ich habe aus jedem eine wertvolle Lektion gezogen. Der erste Schritt ist, dass Sie sich einen Feind suchen und dann bei jedem weiteren Schritt des Weges Emotion und Logik kombinieren. Emotion erinnert uns daran, *wieso* wir es tun. Logik sagt uns, *wie* wir es tun sollen.

Wissen Sie, warum ich weiß, dass es Ihnen viel Spaß machen wird, Emotion und Logik zu integrieren? Weil es bei Menschen mit allen möglichen Hintergründen, unabhängig von Persönlichkeit, Temperament und Bildungsstand, Anklang gefunden hat. Ich habe schon bei allen folgenden Menschentypen gesehen, dass der Erfolg sich einstellte, als sie alle Bausteine einsetzten:

1. Buchhalter, Geschäftsführer und analytische Personen, denn sie verstehen endlich, wieso Leute bei ihren »brillanten« logischen Präsentationen einschlafen – und wieso niemand den Antrieb verspürte, Strategien umzusetzen, die logisch sinnvoll waren, aber niemanden *bewegten*.

2. Die weiblichen Führungskräfte in meinem Finanzunternehmen (sie machen 55 Prozent der Firma aus im Vergleich zu 17 Prozent im Branchendurchschnitt), weil sie aufblühten, als ihr CEO ihnen sagte, wie wichtig es war, Emotionen zum Ausdruck zu bringen, nachdem sie sich ihre gesamte Karriere hatten anhören müssen, dass Emotionen keinen Platz im Business hatten.
3. Die Führungskräfte in unserem Unternehmen, die einer Minderheit angehören (54 Prozent lateinamerikanischer Abstammung und 24 Prozent Schwarze), denn sie begannen, ihren Status als Underdog und ihre Verbissenheit als Vorteil zu betrachten.
4. Ehemalige Angehörige des Militärs, weil sie das Gefühl, aus Stolz für ihr Land zu kämpfen, ebenso gut nachvollziehen können wie die Logik eines taktischen Plans.
5. Ehemalige Profisportler, denn die besten Trainer im Sport sind Meister beim Verbinden von Logik und Emotion. Motivationsreden vor dem Spiel haben einen legendären Ruf, wenn es darum geht, Sportler zu motivieren und ihr Potenzial auszureizen. Aber das funktioniert nur, wenn es auch einen logischen Spielplan dazu gibt.

Ob im Sport, Krieg oder Business – Sie brauchen ein Team, das bereitsteht, um für Sie Mauern einzureißen, aber das Team muss auch wissen, *welche* Mauern und *wie* man sie einreißt.

DIE MANNSCHAFT, DIE IM SPORT GEWINNT, HAT DEN BESTEN

Spielplan

DIE MILITÄREINHEIT, DIE DIE SCHLACHT GEWINNT, HAT DEN BESTEN

taktischen Plan

DAS UNTERNEHMEN, DAS DEN MEISTEN LANGFRISTIGEN WERT AUFBAUT, HAT DEN BESTEN

Businessplan

Logik ist genauso wichtig wie Emotion. Tatsächlich stellt sie 50 Prozent des Fundaments dieses Buchs dar und ist der Grund, wieso ich die zwölf Bausteine kreiert habe.

Diese Bausteine integrieren Emotion und Logik auf eine nahtlose Weise. Werfen wir in der folgenden Abbildung einmal einen Blick darauf:

Wenn Sie sich diese Grafik ansehen, will ich, dass Sie sich auf drei Dinge konzentrieren. Einen Feind zu wählen, ist das Fundament. Dort müssen Sie beginnen, um sich selbst den Antrieb zu verschaffen, all die Arbeit und die Opfer zu leisten, die der Erfolg erfordert. Als Nächstes sehen Sie die sechs emotionalen und die sechs logischen Bausteine, die Sie in Ihrem Plan integrieren werden.

Das letzte Detail besteht darin, dass Sie nur dann an die Spitze kommen und ein Teil der wenigen Unerschrockenen werden, wenn Sie alle zwölf Bausteine aufeinanderstellen.

Die zwölf Bausteine sind:

- Feinde und Konkurrenz
- Wille und Können

- Mission und Plan
- Träume und Systeme
- Kultur und Team
- Vision und Kapital

Weil Emotion und Logik verwoben sind, wird jedes Kapitel einen emotionalen und einen logischen Baustein verbinden. Um einen Businessplan zu erstellen, der Sie auf die nächste Stufe hebt, werden Sie jeden Baustein ausfüllen, selbst wenn es nur wenige Sätze sind. Jedes Kapitel hat Handlungspunkte (Aktionen), Gedankenexperimente und Fragen, um Ihnen dabei zu helfen, die Bausteine auszufüllen und Ihren besten Businessplan überhaupt zu schreiben.

Während Sie die Bausteine ausfüllen, vergessen Sie nicht, dass Sie Ihren Businessplan für drei verschiedene Zielpersonen beziehungsweise -gruppen schreiben:

1. **Für sich selbst.** Sie müssen davon begeistert sein und sich Ihre Handlungsschritte klarmachen.
2. **Ihr Team.** Ein wirkungsvoller Plan wird Ihr Team über die Mission aufklären, darüber, wie man mit Zielstrebigkeit und Dringlichkeit vorgeht und wie man effizient zusammenarbeitet.
3. **Investoren.** Was Sie den Investoren mitteilen, wird sich sehr von dem unterscheiden, was Sie für sich selbst und Ihr Team aufschreiben. In Kapitel 9 werden Sie erfahren, welche Perspektive Investoren auf Ihr Unternehmen haben – und was sie sehen sollten, um einen dicken Scheck auszustellen.

Larry und Ernie lernten zu integrieren

Erinnern Sie sich an den Mann namens Ernie, den ich 2005 getroffen habe? Er hatte zuerst Mühe, weil es ihm an Fertigkeiten und Erfahrung fehlte. Seine Arbeitsethik genügte, um ihn ein paar Jahre bei der Stange zu halten, aber er weigerte sich, Bücher zu lesen oder an seinen Schwächen zu arbeiten. Er sagte, er wäre bereit, alles zu tun, aber in Wahrheit bedeutete das, er wollte innerhalb seiner Komfortzone hart arbeiten. In Wahrheit war er nicht in der *Lage*, irgendetwas besonders gut zu machen. Beinahe wäre er aus dem Business wieder ausgestiegen.

Der andere Mann, den ich 2005 getroffen hatte, Larry, legte einen beeindruckenden Start hin. Er war kompetent, organisiert und hielt seine Deadlines ein. Aufgrund seiner Zuverlässigkeit wurde er Vollzeit angestellt und begann seinen Weg auf der Karriereleiter nach oben anzutreten. Aber so wie Ernie strauchelte, erreichte Larry ein Plateau. Er hatte ein Haus gekauft, geheiratet und bewiesen, dass er es schaffen konnte. Er war schlau genug, um nur minimalen Aufwand zu betreiben und seine Aufgaben zu erledigen, und das war genau das, was er tat. Es dauerte nicht lange und er war Mitglied des »15:59 Uhr-Clubs«, wie ich ihn nenne. Das sind die Underachiever, die es nicht mal ganz abwarten können, bis es 16 Uhr ist und sie nach Hause gehen dürfen. Ohne zu wissen, wer seine Feinde waren, und ohne Zugang zu seinen Emotionen, waren Larrys einzige Ventile Fantasy Football, Darts spielen und Craft-Bier. Weil Ernie mehr Energie hatte, kam er erst um 19 Uhr in der Kneipe an, aber er blieb zusammen mit Larry bis zur letzten Runde.

Beiden fehlte, was der andere hatte. Die Hälfte der Bausteine war nicht genug, um ihre Jobs zu machen, geschweige denn, ihre Träume zu verwirklichen. Larry war genauso allergisch gegen »Gefühlsduselei«, wie er es nannte, wie Ernie allergisch gegen Excel-Tabellen und Bücher war. Und wie es leider auf viele von uns zutrifft, waren sie erst zu einer Veränderung bereit, als sich Widrigkeiten einstellten.

Larrys Frau drohte, ihn zu verlassen. Ernies direkter Vorgesetzter setzte ihm eine Frist von zwei Monaten, um sein Skill-Set auf den erwarteten Standard in dieser Branche zu bringen. Als sie schließlich mit der unangenehmen Realität ihrer Mängel konfrontiert wurden, waren sie gezwungen, eine Entscheidung zu treffen: das Handtuch werfen oder es schaffen, sich zu verändern.

Ich fühlte mich geehrt, dass beide zu mir kamen, um mich um Hilfe zu bitten. Als ich jedem von ihnen das Rahmenwerk für diesen Businessplan erklärte – das Sie mit diesem Buch in Händen halten –, schöpften sie beide wieder Hoffnung.

Ihre Aufgabe war klar. Sie mussten nur die zwölf Bausteine ausfüllen. Das heißt nicht, dass es ihnen leichtfiel, aber es war im Grunde einfach. Mit leeren Bausteinen auf einem Blatt Papier konfrontiert zu werden, die sie ausfüllen mussten, zwang sie dazu, sich mit ihren Schwächen zu beschäftigen und Lösungen zu finden. Ernies mangelnde Fähigkeiten waren immer noch offensichtlich. Als er den Block ausfüllte, auf den er die Weiterbildungen schrieb, die er machen wollte, und die Bücher, die er lesen würde, beflügelte ihn das. Larry, der nie wirklich über seine Vision oder seine Feinde nachgedacht hatte, musste tief in sich gehen, um zu verstehen, was ihn antrieb und wie sein Leben für ihn und seine Familie in den nächsten 20 Jahren aussehen sollte. Zuerst hatte er keine Richtung, aber dann entwickelte er eine klare Mission.

Sie sind vermutlich in Ihrer Karriere an einem Punkt, an dem Sie wissen, was bereits zu Erfolg geführt hat und was Sie davon abhält, noch mehr Erfolg zu haben. Die Herausforderung besteht darin, zu wissen, wie Sie Ihre Superkräfte einsetzen, während Sie Ihre Schwächen ausbügeln. Wenn es Sie beruhigt, kann ich Ihnen sagen, dass ich mit Tausenden Menschen an einem Tisch gesessen habe, die an einer ähnlichen Stelle in ihrem Leben angekommen waren. Sobald sie sahen, wie einfach, leicht umsetzbar und effektiv dieser Plan war, integrierten sie auf natürliche Weise Emotion und Logik und erzielten unglaubliche Resultate. Ich kann auf Tausende Menschen verweisen, die durch diesen Ansatz beflügelt wurden.

Nachdem Sie dieses Kapitel gelesen haben, hoffe ich, dass Sie das gleiche Maß an Dringlichkeit verspüren, das ich empfand, nachdem ich diese Weihnachtsparty verlassen hatte. Sie sind so inspiriert, dass Sie die ganze Welt erobern wollen. Das soll Emotion für Sie leisten: Sie zum Handeln inspirieren. Deswegen brauchen Sie auch gleichermaßen die Logik. Genauso, wie Sie nicht heiraten würden, wenn Sie trunken sind (durch Alkohol oder Ihre rasende Liebe), würden Sie auch nicht die Ersparnisse eines ganzen Lebens ohne größte Sorgfalt investieren. Deswegen müssen wir, bevor wir uns dem ersten Baustein widmen – der Wahl eines geeigneten Feindes –, zuerst einen Blick nach hinten werfen.

KAPITEL 2

Die Vergangenheit als Basis für etwas Dauerhaftes, Tiefes, Magisches

Je weiter du nach hinten blicken kannst, desto weiter kannst du auch nach vorn sehen.

– Winston Churchill

Ich kann Ihnen gar nicht sagen, wie oft ich schon das Buch *Die fünf Sprachen der Liebe* empfohlen habe. Ich habe sogar ein Video mit dem Titel »Die 9 Liebessprachen des Entrepreneurs« gemacht, weil es so wichtig ist, zu verstehen, was Menschen motiviert.[3] Mir ist außerdem klar, dass jeder anders ist. Es ist selten, dass jemand sich die Zeit nimmt, all die verschiedenen Sprachen der Liebe (oder in Begriffen des Business gedacht – das Verhalten der Kunden oder verschiedene Kundentypen) jeder Person zu verstehen, die er trifft.

Derjenige, der mir *Die fünf Sprachen der Liebe* empfahl, hat eine interessante Umfrage gemacht. Er hat jede geschiedene Person, die er kannte, gefragt, was die Liebessprache ihrer ehemaligen Partner war. Fast niemand wusste es. Stellen Sie sich vor, Sie sind mit jemandem verheiratet und wissen nicht, was Ihrem Partner das Gefühl gibt, geliebt und wertgeschätzt zu werden. Ist es da verwunderlich, dass man sich scheiden lässt?

Was all diese gescheiterten Ehen gemeinsam haben, ist, dass *keiner der Partner geplant hat.*

Manche Fehler wirken so offensichtlich. Wenn wir zusehen, wie Dr. Phil jemandem Fragen stellt, der eine unlogische Entscheidung getroffen hat, stellen wir oft dieselbe Frage, wie der Fernsehmoderator: »Was *hast* du dir dabei *gedacht*?«

Weit und breit keine Logik. Diese Leute handelten rein aus Emotionen heraus. Sie waren unausgeglichen. Sie hatten nie über die Bausteine der Logik nachgedacht. Es gibt so viele Fallstudien über gescheiterte Unternehmen, bei denen jeder, der nur über das geringste logische Denken verfügt, gewusst hätte, dass sie nie die schwarzen Zahlen erreichen würden. Aber die meisten Menschen, deren Business gescheitert ist, haben einen entscheidenden Schritt ausgelassen, der ihr Schicksal hätte ändern können.

Sie haben nur nach vorn gesehen. Bevor Sie einen Businessplan schreiben, **müssen Sie zuerst zurückblicken.**

Bevor Sie irgendeinen Plan schreiben, dürfen Sie diesen Schritt auf keinen Fall auslassen. Denken Sie zum Beispiel an den Prozess, den man durchläuft, wenn man sich von seinem Partner trennt. Nachdem es passiert ist, können einige von uns es kaum erwarten, einfach in eine Bar zu gehen (oder nach rechts zu swipen!) und jemand Neues zu treffen. Wir behaupten, wir hätten mit der Vergangenheit abgeschlossen. Dann funktioniert die nächste Beziehung nicht und die danach auch nicht. Und die überübernächste auch nicht. Vier Jahre gehen ins Land, und wir sagen: »Einen Moment mal. Wieso habe ich immer noch keine feste Beziehung? Wieso war keine von Dauer?« Das gleiche Muster sehe ich bei viel zu vielen Entrepreneuren.

Ob es um Dates oder das Geschäft geht, es gibt eine einfache Erklärung dafür. Eine wichtige Frage wurde nicht gestellt: *Was hätte ich anders machen sollen*? Man vermeidet es entweder, die eigene Rolle zu sehen, wenn es Probleme gibt, oder man rationalisiert sie. Man hat sich nicht die Mühe gemacht, Trends zu beobachten oder nach den eigenen Schwächen zu suchen. Kurz gesagt, man hat sich nicht *selbst* als den gemeinsamen Nenner gesehen.

Einige glauben, dass es am besten ist, wenn man nach vorn blickt und die Vergangenheit vergisst. Sie argumentieren, dass es von Vorteil ist, wieder bei null anzufangen. Wenn Sie Ihr altes Haus verkauft haben und in ein neues ziehen, gibt es keinen Grund, sich Gedanken zu machen, wieso die Garage so unordentlich war oder die Schränke so vollgestopft. Oder doch?

Zuerst einmal: Sofern es sich nicht um Ihr allererstes Unternehmen handelt, das Sie auf die Beine stellen wollen, gibt es nie einen »Anfang bei null«. Was stets zurückbleibt, sind Sie! Ihre Angewohnheiten waren der Grund für die unordentliche Garage und die vollgestopften Schränke. Sie hätten sich besser die Zeit genommen, um herauszufinden, *wieso* das passiert ist. Gab es eine bestimmte Neigung, der Sie immer wieder folgen und von der Sie eigentlich tief im Innersten wissen, dass sie nicht effektiv ist und für Sie zu keinen Ergebnissen führt?

Ich weise auf diesen Punkt hin, weil er mir selbst so viele Jahre entgangen ist. Ich musste häufig scheitern, bis ich verstanden habe, dass man die *wichtigsten Daten in dem Jahr findet, das man gerade hinter sich gebracht hat.*

Um die Zukunft vorherzusagen, muss man die Vergangenheit studieren.

Was ist im letzten Jahr bei Ihnen vorgefallen? Was ist gut gelaufen? Beurteilen Sie Ihr Jahr anhand dessen, wie viel Prozent Ihrer Ziele zur Wirklichkeit wurden. Wenn Sie 100 Prozent Ihrer Ziele erreicht haben, könnte das ein Hinweis sein, dass Ihre Ziele nicht herausfordernd genug waren. Statt sich Ziele zu setzen, nach denen Sie sich strecken müssen, haben Sie welche gewählt, die einfach zu erreichen waren. Das ist oft ein Zeichen, dass man sich nicht den richtigen Feind gewählt hat. Sobald Sie identifiziert haben, wen Sie schlagen müssen, werden Sie naturgemäß den Standard dessen, was Sie erreichen wollen, anheben.

Wenn Sie weniger als 60 Prozent Ihrer Ziele erreicht haben, dann sagt mir das zweierlei. Entweder haben Sie sich nicht genug angestrengt, oder Sie haben nicht die beste Strategie angewendet. Es liegt also entweder an der aufgewendeten Mühe oder der Strategie. Meiner Erfahrung nach ist es meistens Nummer eins, der getriebene Aufwand. In diesen Fällen fehlt es an Emotion, denn es wurde nicht der richtige Feind gewählt.

Viele Menschen suchen liebend gern nach Ausflüchten. Sie sagen, dass niemand versteht, was so einzigartig an ihrem Business und ihren Problemen ist. Sie beschweren sich über den Markt. Sie beschweren sich über alles.

Viele Menschen machen den gleichen Fehler, wenn es um Businesspläne geht. Sie wünschen sich so sehr, das vorherige Jahr zu vergessen und wegzuspülen. Sie trösten sich selbst mit der Idee, bei null wieder neu anzufangen.

Sie sind vielleicht begeistert über eine neue Beziehung, aber wenn Sie nicht genau unter die Lupe nehmen, was bei den vorherigen drei Beziehungen falsch gelaufen ist – die Trends, Ihre eigenen toten Winkel und so weiter –, werden Sie weiter dieselben Fehler machen.

Wenn Sie diesen Teil überspringen wollen, wenn Sie alles tun, um das letzte Jahr zu vergessen – dann bedeutet das, dass besonders Sie diese Analyse durchführen müssen. Wenn es eine Person gibt, die darauf besteht, dass es keinen Grund für eine Autopsie an der reichen Großmutter gibt, dann ist das die Person, die ich verdächtigen würde!

Es kommt immer wieder vor, dass der Coach sich die Aufnahmen nicht ansieht, wenn ein Footballspieler eine miese Leistung in einem Spiel ablieferte, und es lieber vergessen will. Aber meistens, besonders wenn es ein Trainer wie Bill Belichick oder Nick Saban ist, werden sie sich jeden Spielzug bis ins kleinste Detail ansehen. Wenn ein Softwarelaunch schiefgeht, wird der Projektmanager jeden kleinsten Schritt des Prozesses unter die Lupe nehmen. Für einen Herzchirurgen gilt das Gleiche.

Auf die eigenen Fehler zurückzublicken, um daraus zu lernen, ist ein Grundpfeiler der militärischen Ausbildung. Jede Mission erfordert eine Auswertung. Informationen darüber, was geklappt hat und was falsch gelaufen ist, müssen weitergeben werden, um ein optimales Verfahren zu finden und zu einem Teil der Vorgehensweise bei der nächsten Mission zu machen.

Bei einem Unternehmen ist es nicht anders. Wie wollen Sie Probleme lösen, wenn Sie den Prozess nicht dekonstruiert und herausgefunden haben, an welcher Stelle etwas schiefgegangen ist? Es gibt ein ganzes Buch darüber, mit dem Titel *Debrief to Win* von Robert »Cujo« Teschner, einem ehemaligen Toppiloten bei der Air Force, und das Buch ist eine Anleitung für Unternehmen, wie man die Vergangenheit genau analysiert. Laut Teschner besteht der »Schlüssel für den langfristigen Erfolg eines Unternehmens [darin], eine Rechenschaftspflicht herzustellen und in welchem Ausmaß die Leader sich selbst und ihr Team für getroffene Entscheidungen zur Verantwortung ziehen«.[4]

Sorgen Sie dafür, dass diese Art der Rechenschaftspflicht besteht? Haben Sie den Mut und die Geduld, sich mit Ihrem Team an einen Tisch zu setzen und über die Details zu sprechen, wieso etwa schiefgegangen ist? Ich kann Ihnen sagen, wenn Sie ein Unternehmen aufbauen, werden Sie eine Menge schlechter Entscheidungen treffen. Sie werden auf jeden Fall die falschen Leute einstellen. Um das zu vermeiden, müssten Sie Einzelkämpfer bleiben! Es ist nicht schlimm, wenn man Fehler macht.

Neue Fehler sind in Ordnung. Alte Fehler sind es nicht.

Wenn Sie die falsche Person einstellen, sollten Sie nicht einfach nur die Personalabteilung bitten, das übliche Kündigungsgespräch zu führen. Sie müssen sich selbst mit jedem Beteiligten an diesem Prozess an den Tisch setzen und folgende Fragen stellen: Was haben wir übersehen? Haben wir Referenzen überprüft? Haben wir nach den Lücken im Lebenslauf gefragt? Haben wir Logik und Emotion einbezogen? Haben wir uns bei der Einarbeitung ausreichend Mühe gegeben und die richtigen Erwartungen gesetzt?

Bei allem, was Sie tun, sollten Sie sich angewöhnen, einen Blick nach hinten zu werfen. Beginnen Sie mit dem Businessplan des letzten Jahres.

Wenn Sie bisher keinen Plan erstellt haben, trifft das auf Sie natürlich nicht zu. Wenn Sie sich aber einen alten Businessplan ansehen, sollten Sie einen Textmarker nehmen und nachsehen, welche Ziele Sie erreicht und welche Sie verfehlt haben. Machen Sie sich Notizen darüber, was Sie nicht vorhergesehen haben und wieso. Wenn Sie keinen Plan gemacht haben, nehmen Sie sich die Zeit, das letzte Jahr Revue passieren zu lassen, und beantworten Sie folgende Fragen:

- Haben Sie für das letzte Jahr Neujahrsvorsätze gehabt oder einen Plan?
- Haben Sie Ihre Ziele erreicht?
- Was haben Sie aus dem gelernt, was Sie getan oder nicht getan haben?
- Hatten Sie stets etwas eindeutig im Fokus? Haben Sie Geschäftsziele und persönliche Ziele berücksichtigt?
- Hatten Sie eindeutige Maßzahlen, um den Erfolg daran zu messen?

Um das vergangene Jahr noch eingehender zu analysieren, können Sie zu Anhang A blättern.

Verschlanken und Ablenkungen eliminieren

Benjamin Franklin hat gesagt: »Ich habe immer geglaubt, dass ein Mann mit passablen Fähigkeiten große Veränderungen herbeiführen und Großes für die Menschheit erreichen kann, wenn er sich zuerst einen guten Plan zurechtlegt und alle Vergnügungen bei der Arbeit beendet sowie Angestellte entlässt, die ihn ablenken, und dann diesen Plan zur Grundlage aller Anstrengungen und geschäftlichen Entscheidungen macht.« Mit anderen Worten, wenn Sie etwas Großes leisten wollen, müssen Sie Ablenkungen eliminieren.

Nehmen Sie sich die Zeit, um darüber nachzudenken, welche Events Sie im letzten Jahr zu sehr beschäftigt haben. Wo sind Ihnen Zeit und Energie abhandengekommen?

Widrigkeiten sind ein Teil des Geschäfts. Man wird mit ihnen fertig. Wenn man sich wie besessen damit befasst, wird man sich selbst ins Abseits schießen. Sehen Sie sich die folgende Liste an und überlegen Sie, ob irgendetwas davon bei Ihnen Widerhall findet:

- Eine schlechte Review auf Yelp oder Google
- Ein Event, der drei Tage Vorbereitung hätte brauchen sollen, brauchte drei Wochen
- Toxische Beziehungen
- Unzuverlässige Anbieter
- Rachsüchtige ehemalige Angestellte

Haben irgendwelche Events Sie monatelang beschäftigt und Ihnen die Zeit fürs restliche Business genommen? Hat Ihr Ego das Ruder übernommen und nach Rache gedürstet, sodass Sie den Fokus verloren haben? Glauben Sie nicht, dass mir das nicht auch schon passiert ist. Ich habe aus erster Hand gesehen, wie hoch die Opportunitätskosten aufgrund verschwendeter Aktivitäten und noch mehr aufgrund verschwendeter *Gedanken* sind. Ich rede nicht von den Dingen, die Sie nicht kontrollieren können oder die einfach zum Business dazugehören – wie seine Büroräume zu verlegen, Probleme mit Lieferketten oder schwierige Angestellte. Ich spreche von dem, was Sie kontrollieren können, wie die Zeit, die Sie in den sozialen Medien verbringen, bei Sportveranstaltungen, mit Small Talk, nachmittäglichen Kaffeepausen und dem Fernsehgucken.

Marc Aurel sagte: »Ich lasse nicht zu, dass mir jemand einen einzigen Tag raubt, wenn ich für diesen Verlust nicht einen gleichartigen Gegenwert erhalte.« Da Zeit Geld ist, ist verlorene Zeit verlorenes Geld. Deswegen müssen Sie sich fragen: »Wie würde mein Leben aussehen, wenn ich die meisten Ablenkungen beseitigen könnte?«

Erstellen Sie eine Liste mit fünf bis zehn Events, die Sie im letzten Jahr viel mentale Energie gekostet haben. Denken Sie nun über das kommende Jahr nach.

- Was könnte Sie belasten?
- Was können Sie lösen?
- Wie werden Sie es lösen?

Während Sie das vorherige Jahr betrachten, sollten Sie wirklich ehrlich damit sein, was Ihnen tatsächlich Zeit und Energie gestohlen hat. Das mag für einige von Ihnen unangenehm sein. Das Trinken, Pornografie, Glücksspiel oder sogar Instagram, Eiscreme und Internet-Dating aufzugeben, könnte die entscheidende Veränderung sein. Ja, mehr Zeit und Energie zu haben, ist schon an sich eine bedeutende Veränderung, aber tatsächlich geben Sie Ihrem Verstand das Signal, dass Sie es ernst meinen. Als ich 26 war, gab ich mir selbst das Versprechen, auf Sex zu verzichten, bis ich meine erste Million verdient hatte. Ich lebte letztlich 17 Monate ohne Sex, und meine Resultate, sowohl finanziell als auch spirituell, waren beeindruckender als irgendetwas, das ich in meinem Leben bis zu diesem Punkt erreicht hatte.

Die Zeit, in der ich gerne getrunken habe, begann für mich in der Army und liegt mittlerweile fast zwei Jahrzehnte hinter mir. Heute scheint es mir so selbstverständlich, nicht zu trinken, aber man stellt mir deswegen ständig Fragen. Meine Antwort: Wieso sollte ich trinken? Wenn ich trinke, gebe ich zu viel Informationen preis. Ich bin nicht fokussiert. Ich kann mir nichts merken und lerne nichts. Ich mache Dummheiten. Das Ausmaß an Dummheiten will ich für mich einfach reduzieren. Ich will jeden mentalen Vorteil nutzen, um jederzeit die besten Entscheidungen zu treffen. Als ich mir das alles klargemacht habe, war es überhaupt keine Frage mehr, dass ich keinen Alkohol mehr trinke.

Rodolfo Vargas, ein Verkaufsleiter in meiner Finanzdienstleistungsagentur, PHP, und Immigrant aus El Salvador, hatte früher einen Job als Wachmann, war meistens pleite und verdiente sieben Jahre später ein siebenstelliges Einkommen. Er meinte: »**Man muss etwas aufgeben. Von nichts kommt nichts.** Über die Jahre habe ich Softdrinks aufgegeben, Eiscreme, Alkohol und lange ausschlafen. Ich hatte viele Jahre keinen Fernseher. Bevor ich Kinder hatte, arbeitete ich auch am Sonntag.«

Rodolfo sagte mir, er könne vorhersagen, wie gut seine direkten Untergebenen performen, basierend darauf, was sie eliminieren. Es muss nicht notwendigerweise so dramatisch sein, aber ich sage Ihnen Folgendes: Sie sollten besser in der Lage sein, Ihre Versprechen auch zu erfüllen. In der Minute, in der Sie Ihr Wort gegenüber sich selbst brechen, haben Sie Ihr gesamtes Jahr sabotiert.

Bevor Sie weiter nach vorn streben, müssen Sie folgende Frage beantworten: *Was sollte ich aus meinem vorherigen Jahr eliminieren?*

Magie: über Dauer und Tiefe hinausgehen

Wir wissen, dass es entscheidend für einen Businessplan ist, Logik und Emotionen zu kombinieren. Um besser zu verstehen, was ich damit meine, nehmen wir einmal die Ehe als eine Metapher.

Ich habe viele Menschen gefragt, was eine erfolgreiche Ehe definiert. Die häufigste Antwort war, verheiratet zu *bleiben*. Dann stelle ich meistens zwei Folgefragen: Wenn ein Paar 50 Jahre zusammenbleibt und sich dabei elend fühlt, wäre das dann als Erfolg zu sehen? Wie wäre es mit einer dreijährigen Ehe, aus der zwei wunderbare Kinder stammen und in der sich die Eltern gegenseitig in ihren Aufgaben unterstützen? Durch diese Fragen realisieren die meisten Menschen, dass sie mehr wollen, als nur verheiratet zu bleiben, genauso, wie sie mehr wollen, als nur im Business zu bleiben und sich gerade so über Wasser zu halten.

Wie im Business brauchen Sie sowohl *Emotion* (Herz) als auch *Logik* (Kopf), um eine erfolgreiche Partnerschaft zu schmieden.

Wenn ich nach zwei Wörtern suchen würde, um den Erfolg in einer Ehe und im Business zu beschreiben, wären es »Dauer« und »Tiefe«. Dauer, oder einfach im Geschäft zu bleiben, zeigt, dass Sie anhaltend genug richtig machen, um das Unternehmen zu erhalten und harte Zeiten zu überstehen. Tiefe ist nuancierter. Es könnte bedeuten, dass Sie leidenschaftlich bei der Sache sind, etwas bewirken wollen, Ihren Reichtum mehren oder alles drei auf einmal. Die meisten Menschen wollen Dauer und Tiefe.

Der Schlüssel, um beides zu erhalten, ist vernünftige Planung. In der Ehe machen die meisten den Fehler, die *Hochzeit* zu viel zu planen und die eigentliche *Ehe* zu wenig. Man stresst sich wegen der Einladungen, Blumen und dem Essen, aber nimmt sich nicht die Zeit, über Werte, Finanzen und Familie zu sprechen. Bevor ich heiratete, las ich das Buch *101 Questions to Ask before You Get Engaged* von H. Norman Wright. Ich ging alle 101 Fragen durch, und mir wurde klar, was ich wollte. Ich gab es meiner damaligen Freundin Jennifer, damit sie es auch las. Dadurch waren wir gezwungen, die Fragen zu stellen, die bestimmen würden, ob wir sowohl Tiefe als auch Dauer schaffen konnten. 14 Jahre später haben wir vier Kinder und vertiefen weiter unsere Beziehung.

Wenn Leute diese Geschichte hören, beschuldigen sie mich, ich würde mich wie ein Roboter verhalten. Die Romantiker argumentieren, dass man kein Buch lesen muss, um sich über die eigenen Gefühle klarzuwerden. Liebe ist kein Business. Wenn man es weiß, dann weiß man es.

Das sehe ich genauso, Liebe ist kein Geschäft. Aber wir reden nicht über Liebe. Wir reden darüber, eine rechtliche Partnerschaft einzugehen, die einem bestimmen Zweck dient. Einen Plan zu erstellen, damit diese Partnerschaft funktioniert, erfordert zwei Dinge. Sie haben es vielleicht schon erraten: Emotion und Logik. Aber es gibt noch etwas Weiteres, und das ist schwer zu beschreiben, es ist mehr ein Gefühl.

Magie.

Ich weiß, das Wort »Magie« treibt logisch orientierte Menschen zum Wahnsinn. Sie versuchen, es zu definieren, indem sie Wörter verwenden, wie »übernatürlich« und »mystisch«. Aber diese Wörter werden es nie wirklich erfassen, denn Magisches kann nicht in Worte gefasst werden. Es ist ein *Gefühl*, dass man im rechten Moment am richtigen Ort ist, etwas Bedeutendes tut und Teil eines Teams ist, das größer ist als die Summe seiner Teile. Es sind die Schmetterlinge im Bauch, die Gänsehaut, die Haare auf den Armen, die zu Berge stehen. Es nur einen »Aha!«-Moment zu nennen, erfasst es nicht ganz. Es hat etwas Magisches, wenn man jemandem zusieht, bei dem es gerade Klick gemacht hat, und wenn man weiß, dass jemand auf eine Idee gestoßen ist, die den Verlauf seines Lebens ändert. Es ist, wie Teil eines Teams zu sein, das alle Lügen straft und einen Gang hochschaltet, um etwas zu tun, das für unmöglich gehalten wurde. Diese magischen Momente sind es, die den Aufbau eines Unternehmens zu mehr machen als nur Produkte oder Dienstleistungen gegen Bezahlung anzubieten.

Die Alltagsroutine, wenn man ein Unternehmen leitet, besteht aus einer Reihe von Aufgaben. Ohne Magie sind diese Aufgaben nur lästige Pflichten. Mit Magie haben Aufgaben eine Bedeutung. Mir gehen die Worte aus, aber was ich ihnen sagen kann, ist, **dass sowohl die Ehe als auch ein Unternehmen ohne Magie scheitern werden.**

Mit Magie brauchen Sie immer noch die Bausteine der Emotion und Logik, um erfolgreich zu sein. Deswegen will ich jeden warnen, bevor er heiratet oder ein Unternehmen gründet, und daran erinnern, dass die Chancen ungünstig stehen. Ich will niemanden dazu anhalten, die Ehe zu meiden oder das Unternehmertum. Tatsächlich erinnere ich Menschen ständig daran, dass es im Leben noch riskanter ist, sich für nichts zu verpflichten und immer den sicheren Weg zu wählen. Der entscheidende Punkt ist, dass man Weisheit walten lässt, wenn man sich entscheidet, wozu man sich verpflichtet.

Sowohl die Ehe als auch ein Unternehmen können knifflige Unterfangen sein, voller Herzschmerz, Enttäuschung und Bankrott. Was es noch schwieriger macht, ist, dass die meisten Menschen nicht genug vorausplanen, um die Risiken zu kennen, bevor man heiratet oder ein Unternehmen gründet.

Wieso ist es angesichts all der Indizien, wie leicht eine Ehe oder ein Unternehmen scheitern können, immer noch weitverbreitet, dass man einfach ins Haifischbecken springt, oft ohne groß nachzudenken?

Ein Grund besteht darin, dass Erfolg einfach so verdammt attraktiv aussieht. Ein verliebtes Paar zu sehen oder ein Unternehmen, das auf dem aufsteigenden Ast ist, begeistert einen. Wir wünschen uns diese Art von Erfolg. Oder vielleicht begehren wir einfach nur die angenehmen Nebeneffekte des Erfolgs. Wir konzentrieren uns auf das Endprodukt. Was wir nicht sehen, ist die erforderliche Arbeit, um dorthin zu gelangen.

Ein weiterer Grund ist, dass wir versuchen, uns anzupassen. Die Ehe ist eine soziale Norm, und die meisten Menschen folgen einfach der Herde. Wieso heiraten? Weil man das eben so macht. Aber ist das ein guter Grund? Ist das ein guter Grund, ein Unternehmen zu gründen? Wenn es darum geht, ein Unternehmen zu gründen, dann rede ich gerne über die Panikattacken, den Stress und den *Mangel* an Work-Life-Balance. Ich weise auch auf die vielen Beispiele hin, wie man als Angestellter oder Intrapreneur ein wunderbares Leben führen kann.

Gründe, *NICHT* zu heiraten und eine Hochzeit zu planen

1. Alle Ihre Freunde heiraten.
2. Sie genießen es, der Mittelpunkt der Aufmerksamkeit zu sein.
3. Sie haben Angst vor dem Alleinsein.
4. Sie wollen eine lustige Party feiern und viele Geschenke kriegen.

Gründe, *KEIN* Unternehmen zu gründen

1. Sie lassen sich vom glorreichen Leben als Unternehmer locken.
2. Sie wollen schnell reich werden.
3. Sie genießen den Kitzel der Jagd nach Investoren – aber nicht die tatsächliche Arbeit, ein Unternehmen zu leiten.
4. Sie haben Ihren aktuellen Job satt und wollen den Zeh ins kalte Wasser stecken.

Brauchen Sie ein paar Statistiken? Laut den Centers for Disease Control and Prevention enden 44,6 Prozent aller Ehen in Scheidung.[5] Und laut dem Bureau of Labor Statistics scheitern 50 Prozent aller Unternehmen in den ersten fünf Jahren und 70 Prozent innerhalb von zehn Jahren.[6] Zu viel für eine Hochzeit auszugeben, kann eine Ehe bereits torpedieren und versenken. Zu viel für einen Launch auszugeben, kann ein Unternehmen untergehen lassen. Viele sind schon zum Scheitern verurteilt, bevor sie überhaupt angefangen haben. Wieso? Weil sie vergessen haben, einen Blick nach hinten zu werfen. Sie haben die Geschichte nicht studiert. Sie haben darauf beharrt, sie könnten die Statistik schlagen, aber sie haben nicht die notwendige Arbeit geleistet, um das tatsächlich zu schaffen. Ich kann nur immer wieder darauf hinweisen: Sie selbst müssen bereit sein, Ihre Vergangenheit genau unter die Lupe zu nehmen.

Wenn Sie immer noch nicht überzeugt sind, dass eine Ehe einzugehen einen ähnlichen logischen Prozess erfordert, wie ein Unternehmen zu beginnen, sollten wir beide einmal Seite an Seite betrachten.

Überlegte Entscheidungen vor der Hochzeit
Ausweitung: Kinder, erweiterte Familie
Werte und Prinzipien
Ziele und Träume
Ein Vermächtnis fortsetzen/ Enkelkinder

Überlegte Entscheidungen vor einer Unternehmensgründung
Ausweitung: Märkte, Regionen, Filialen
Werte und Prinzipien
Mission und Vision
Ein Vermächtnis fortsetzen/ Geschäftsübergabe

Dokumente und rechtliche Vereinbarungen
Ehevertrag (nimmt Probleme vorweg)
Finanzplan
Nachlassplanung

Dokumente und rechtliche Vereinbarungen
Partnerschaft und Gesellschaftsvertrag (nimmt Probleme vorweg)
Kompensationsplan
Nachfolgeplanung

So wie wir die Hochzeit zu intensiv planen und die Ehe zu wenig, begehen wir den gleichen Fehler im Business. Wir verbringen zu viel Zeit damit, Pitches und Vorschläge (IM Unternehmen) zu planen, und planen zu wenig für den Fortbestand des Unternehmens (ÜBER das Unternehmen).

In der Ehe herrscht normalerweise zu viel Emotion und zu wenig Logik. Im Business herrscht normalerweise zu viel Logik und zu wenig Emotion.

Ohne Logik und Planung werden sowohl Ehe als auch Unternehmen scheitern. Und den hoffnungslosen Romantikern, die gerne ihrem Herzen folgen, stimme ich natürlich zu – Logik ist nicht genug. Wie schon gesagt, werden ohne Magie ebenfalls beide scheitern, Ehe und Unternehmen. Wenn es nicht funkt, wenn im Bauch nicht die Schmetterlinge flattern, wenn Sie nicht völlig begeistert sind, werden Sie keinen Erfolg haben. Ich glaube definitiv, dass Magie eine Voraussetzung ist. Ich bin ebenfalls der Meinung, dass Sie ein größeres Fundament brauchen, bevor Sie zum formalen Stadium der Ehe vordringen oder ein Unternehmen gründen. Improvisation wird nicht genügen.

Jeder Unternehmenseigner fällt in eine von drei Kategorien:

1. Improvisator
2. Denker
3. Macher

Die Mehrheit improvisiert beim Businessplan. Die erste Kategorie hat eine Menge Mitglieder. Meistens schreibt man einen Businessplan, weil man muss, und hinterher wurschtelt man sich irgendwie durch.

Zu welcher Kategorie gehören Sie? Seien Sie ehrlich und spezifisch. Sie sind vielleicht ein großer Denker und Macher, wenn es um Verkaufskampagnen geht, aber improvisieren, wenn es ums Managementsystem geht. Sie sind vielleicht super, wenn es darum geht, die erste Wachstumsphase eines Unternehmens zu planen, aber sind lausig darin, für eine Krise zu planen. Denken Sie etwas darüber nach, in welchen Bereichen Sie improvisieren, und überlegen Sie, wie Sie das abstellen können. Und da wir darüber reden, wie wichtig es ist, die Vergangenheit zu betrachten, sollten wir das Land betrachten, das Vorreiter ist, wenn es um langlebige Unternehmen geht.

Planen wie Japan; umsetzen wie Amerika

Jeffrey Likers Buch *Der Toyota Weg* wurde 2004 veröffentlicht und mehr als 1 Million Mal verkauft. Es wurde in 26 Sprachen übersetzt und beeinflusste Unternehmen auf der ganzen Welt nachhaltig.

Als ich 2009 mein eigenes Finanzdienstleistungsunternehmen gründete, war ich erst 30, und in vielen Business-Aspekten war ich einfach ins kalte Wasser gesprungen. Ich war nicht qualifiziert als CEO. Ich verfügte vor allem über Emotion und Erfolgswillen. Auf Anstoß eines Mentors las ich *Der Toyota Weg*, in dem betont wurde, wie wichtig es ist, eine langfristige Vision zu entwickeln.

Vom ersten Tag an hatte ich verkündet, dass in unserem Unternehmen U.S.-Präsidenten, berühmte Schauspieler, Comedians und Sportler der Hall of Fame auf den Firmenversammlungen Reden halten würden. Kühn hatte ich erklärt, dass unser 20-Jahresplan darin bestand, bis 2029 500.000 lizenzierte Verkaufsagenten zu haben. Da wir mit nur 66 anfingen, hörte sich das lächerlich an. Es gab etliche Leute, die kurzfristig dachten und mir den Rat gaben, mir nur eine Verdopplung der Zahl in einem Jahr vorzunehmen oder vielleicht auf 500 Vertreter bis Ende des dritten Jahres abzuzielen. Diese Leute hatten eindeutig nie *Der Toyota Weg* gelesen.

In Amerika denkt man, ein Unternehmen, das seit 100 Jahren besteht, wäre alt. In Japan gibt es mehr als 50.000 Unternehmen, die über 100 Jahre alt sind. Das älteste Unternehmen der Welt, Kongo Gumi, bestand 1429 Jahre lang. Als ich nachfragte, wie man das erreicht hatte, sagte mir der letzte CEO: »Nicht zu viel trinken.«[7] Mit anderen Worten, stoisch bleiben – nicht zu viel feiern oder vom eigenen sozialen Status »trunken« werden, Ablenkungen vermeiden, den Ball im Auge behalten, *langfristig spielen*.

In einer Welt, die von der Wall Street besessen ist und nur auf Quartalszahlen schielt, muss man auf den Wert des langfristigen Denkens extra hinweisen. Wir müssen aufhören, nur über die Pressemitteilung, den Fotografen und die Beiträge in den sozialen Medien zur großen Eröffnungsfeier nachzudenken, und uns mehr Gedanken über Nachfolgeplanung, die Ausbildung neuer Führungskräfte und das Schaffen von Wert zu machen. Scheitern Sie damit, langfristig zu denken und einen Businessplan zu erstellen, der weit genug in die Zukunft blickt, wird Ihr Erfolg nur von kurzer Dauer sein.

Die Nachteile am japanischen Weg können ein möglicher Mangel an Dringlichkeit und geringe Flexibilität sein. In diesem Bereich sind die amerikanischen Unternehmen herausragend. Ihr Job ist es, die positiven Elemente beider Kulturen zu verbinden, damit Ihr Unternehmen langfristig florieren und sich an rasch fluktuierende Märkte anpassen kann. Indem ich alle zwölf Bausteine ausbalanciere, habe ich meiner Meinung nach den Sweetspot gefunden. Ihre Aufgabe ist es, dasselbe zu tun.

Wir sollten einen Hinweis aus *Der Toyota Weg* beachten und daran denken, dass man mindestens einen Zeithorizont von 20 Jahren haben sollte, um das größere Ganze im Blick zu behalten. Um an diesen Punkt zu kommen, müssen Sie die sechs emotionalen und die sechs logischen Bausteine nutzen.

Denken Sie daran, so begeistert wir auch darauf warten, unseren Plan in die Tat umzusetzen, müssen wir als ersten Schritt einen Blick nach hinten werfen. George Santayana, der spanisch-amerikanische Philosoph, sprach folgende Warnung an uns aus: »Diejenigen, die sich nicht an die Vergangenheit erinnern, sind dazu verdammt, sie zu wiederholen.« Wenn Sie die Zukunft ändern wollen, müssen Sie jedoch mehr tun, als sich nur an die Vergangenheit zu erinnern. Sie müssen auch bereit sein, zu Ihren Fehlern zu stehen, und neue Strategien entwickeln, wie Sie diese künftig vermeiden.

KAPITEL 3

Der Pfad der wenigen Unerschrockenen

Das größte Vergnügen im Leben ist, das zu tun, von dem andere sagen, man könne es nicht.

– Walter Bagehot, englischer Journalist und Geschäftsmann

Jetzt, wo wir über die Integration von Emotion und Logik, die zwölf Bausteine und darüber geredet haben, wie man in die Vergangenheit blickt, um Tiefe, Dauer und Magie zu erschaffen, sollten wir das alles zusammensetzen. Ich will, dass Sie sehen, wie der gesamte Prozess aussieht, wenn man zu den wenigen Unerschrockenen gehört, die die Kunst meistern, einen Businessplan zu erstellen.

Auch wenn dieser Prozess der Businessplanung sich jährlich wiederholen wird, ist es unwesentlich, wann Sie damit anfangen. Sie können dieses Buch an jedem Tag des Jahres in die Hand nehmen und den Inhalt umsetzen. Wenn Sie Student sind, beginnen Sie vielleicht im September. Genau wie sich das Finanzjahr für Unternehmen oft vom Kalenderjahr unterscheidet, kann es bei Ihnen ebenso sein. Ob Ihr erstes Quartal im März oder November endet, der erste Schritt ist immer, auf das vorherige Jahr zurückzublicken.

Skizze von Patrick Bet-Davids gesamtem Businessplanungsprozess

Schritt 1: Einen Blick zurück auf das vergangene Jahr werfen

Wir haben das bereits behandelt, aber ich will noch einmal betonen, wie wichtig es ist, nicht nur einen Blick zurück auf das eigene Business, sondern auch auf das Privatleben zu werfen. Einige von Ihnen leiden vielleicht unter generationenübergreifenden Flüchen, mit denen Sie fertig werden wollen. Clarence L. Haynes Jr., ein Bibellehrer und Autor, sagt dazu: »Ein generationenübergreifender Fluch ist die Weitergabe sündhaften Verhaltens, das in der nächsten Generation repliziert wird.«[8]

Ein bestimmtes Verhalten, wie Drogenkonsum oder Spiel- und Alkoholsucht, kann ein solcher Fluch sein. Es können auch weniger greifbare Dinge wie Missbrauch, ein Mindset des Mangels und eine Opfermentalität sein. Das Urban Dictionary nennt folgendes Beispiel: »Sean kann einfach nicht aufhören, Kinder in die Welt zu setzen. Er ist 28 und hat schon vier Kinder mit drei verschiedenen Frauen. Dieser generationenübergreifende Fluch hat dafür gesorgt, dass er genauso wie sein Vater nur von Gehaltsscheck zu Gehaltsscheck lebt und gerade genug verdient, um über die Runden zu kommen, weil er eine kleine Armee an Kindern versorgen muss.«[9]

Ich habe lange darüber nachgedacht, ob ich den Begriff »generationenübergreifender Fluch« überhaupt verwenden sollte. Ich halte ihn nur deswegen für nützlich, weil man damit ein Familienmuster identifizieren und herausfinden kann, wie man es stoppt. Viel zu oft habe ich gesehen, wie Leute diesen Begriff als Ausrede benutzt haben. Er wurde zu einem Schlagwort für Opfer, die sich darauf stützen, dass ihre Vergangenheit der Grund für ihr Versagen ist.

Ja, einerseits gibt es in jeder Familie generationenübergreifende Flüche, aber letztlich muss irgendjemand das ändern. Diesen Begriff will ich nur dann hören, **wenn er in der Rückschau gebraucht wird**, um über Veränderung und Fortschritt zu reden. Wenn Sie sich das vorhergehende Jahr ansehen, forschen Sie nach Momenten, an denen Sie selbst das Hindernis waren. Nehmen Sie sich die Zeit, Ihre Muster zu erkennen und nehmen Sie genau unter die Lupe, ob Sie irgendwo Selbstsabotage begangen haben. Wenn Sie feststellen, dass das ein Muster in Ihrer Familie war, ist das umso mehr Grund, es zu beheben.

Einige von Ihnen blicken vielleicht auf ein Jahr zurück, das für Sie eines Ihrer persönlich besten war. Selbst wenn Sie in den Augen anderer absolute Höchstleistungen bringen, leben Sie vielleicht mit dem nagenden Gefühl im Magen, Ihr Potenzial nicht voll ausgeschöpft zu haben. In welchem Lager auch immer Sie sich befinden, Sie müssen das vorherige Jahr analysieren, um zu sehen, wo Sie sich verbessern können. Laut *Forbes* schaffen es 92 Prozent aller Menschen nicht, ihre Neujahrsvorsätze umzusetzen.[10] Die meisten Unternehmen scheitern, was bedeutet, dass die meisten *Menschen* scheitern. Sie schämen sich, weil sie von sich selbst enttäuscht sind und die Leute enttäuschten, die sich auf sie verlassen haben.

Deswegen müssen Sie eine persönliche Inventur machen. Seien Sie ehrlich, in welchen Momenten Sie im vorherigen Jahr versagt haben und wieso Sie Ihre Versprechen nicht einhalten konnten.

Schritt 2: Wählen Sie Ihren Feind

Sobald Sie das vorhergehende Jahr genau unter die Lupe genommen haben, besteht Ihr nächster Schritt darin, Ihren Feind zu wählen.

Das vergangene Jahr zu betrachten, wird Ihnen Hinweise liefern. Wenn es zum Beispiel einen Mangel an Dringlichkeit oder Anstrengung gab, können Sie darauf wetten, dass der Feind entweder nicht existierte oder nicht herausfordernd genug war, um irgendwelche Emotionen hervorzurufen.

Wir werden im folgenden Kapitel einen genaueren Blick auf Tom Brady werfen. Als er 2020 bei den Tampa Bay Buccaneers einen Vertrag unterzeichnete, musste er neue Feinde wählen. Was ihn bis hierher gebracht hatte – sechs Gewinne des Super Bowls mit den New England Patriots –, war nicht genug, um den siebten zu gewinnen. Sobald er sich klar war, wer seine Feinde waren, verfügte er über den notwendigen Antrieb, um sich um die anderen Bausteine zu kümmern. Unter anderem musste er sein regelmäßiges Training ändern, um Verletzungen zu verhindern und die Kraft seines Arms zu erhalten. Außerdem brauchte er die Unterstützung anderer, was bedeutete, Gronk und weitere Starspieler dazu zu bringen, sich ihm anzuschließen; und so weiter, bis er all die Bausteine beisammen hatte.

Den richtigen Feind zu wählen, ist der erste und wichtigste Schritt. Sobald Sie identifiziert haben, wen Sie besiegen müssen, werden Sie den Treibstoff haben, um am Rest des Plans zu arbeiten. Wenn Sie jemanden oder etwas so unbedingt übertrumpfen wollen, werden alle Bausteine für Sie wichtig sein. Sie werden nicht eines Tages einfach aufwachen und aus keinem besonderen Grund Exceltabellen oder Entlassungsgespräche lieben. Tatsächlich passiert Folgendes: Sie werden einfach keine Lust mehr haben, zu verlieren, keine Lust mehr haben, sich zu schämen, und so entschlossen sein, Ihren Feind zu schlagen, dass die Aufgaben, die Sie einst als nervende Pflicht sahen, nun für Sie als Werkzeuge des Sieges erscheinen. Wenn Sie ein Buch in die Hand nehmen, befeuert von Ihrem Verlangen, Ihren Gegner zu schlagen, änderte sich Ihre ganze Leseerfahrung, Sie sehen es nicht mehr als lästige Pflicht, sondern zunehmend als Chance. Das Gleiche passiert in Ihrem Leben.

Ihre Verletzungen und Unsicherheiten könnten Ihre größten Vorzüge sein.

Wenn ich die Menschen betrachte, die ganz an der Spitze stehen, finde ich normalerweise heraus, dass sie an irgendeinem Punkt in ihrem Leben das Opfer von Mobbing waren. Das schafft eine bleibende Erinnerung und das permanente Gefühl, etwas beweisen zu müssen, und ob sie es wissen oder nicht, das ist der Grund, wieso sie erfolgreich sind. Ob es ein älteres Geschwister war, ein Cousin, eine Freundin, ein Elternteil oder ein Trainer; irgendjemand hat sie gemobbt und damit eine hemmende Unsicherheit ausgelöst. Egal was diese Person erreicht, diese Unsicherheit scheint nie ganz zu verschwinden. Tom Brady sagte: »Es ist mir nie leichtgefallen. Ich glaube nicht, dass mir mein Gehirn je erlaubt, auszuruhen. Ich habe wohl dieses Gefühl, etwas beweisen zu müssen, und einige tiefe Wunden, die nie verheilt sind.«[11]

Bradys Zitat erinnert mich an Chris Williamson, einen britischen Event-Promoter und Host des Podcasts *Modern Wisdom*. In Episode 237 von *The Diary of a CEO*, mit Steven Bartlett, sagte Williamson: »Ich war die gesamte Schulzeit über unbeliebt, wurde übel gehänselt und hatte keine Freunde … ich hatte dieses latente Gefühl, dass etwas mit mir nicht stimmt.«[12]

Williamson ist klar, dass diese Kindheit ihn antreibt. Er sagte: »Ich glaube, jeder, der meint, er werde von reiner Liebe und positiver Verstärkung motiviert, täuscht sich … [Es gab eine] Studie, die sich die drei am weitesten verbreiteten Eigenschaften sehr erfolgreicher, ja über-erfolgreicher Menschen ansah, wir reden hier von den CEOs an der Spitze. Die erste war ein fast **ohnmächtiges Gefühl der Unzulänglichkeit**. Die zweite war ein Überlegenheitskomplex und der dritte Punkt war die Fähigkeit, sich **wie besessen auf eine Sache fokussieren** zu können.«

Studierende der Psychologie Jungs sehen vielleicht die Ähnlichkeiten zwischen Williamsons Perspektive und C. G. Jungs Theorien über den Schatten und darüber, wie uns unser Unterbewusstsein antreibt.[13] Ich stimme Williamson zu und würde hinzufügen, dass die zweite und dritte Eigenschaft ein Ergebnis der ersten ist. Es ist diese Unzulänglichkeit, die das Verlangen nach Überlegenheit antreibt, was wiederum zu einem manischen Fokus führt. Mit anderen Worten, wie wir auf unsere Unsicherheiten und Dämonen reagieren, bestimmt, wer wir sind.

Ich habe auch viele Leute getroffen, die mit ihrer Unsicherheit derart umgehen, dass sie selbst zu Opfern werden. Ich habe andere beobachtet, die ihre Emotionen in Aggression kanalisieren, was dazu führt, dass sie die falschen Feinde wählen. Das könnte bedeuten, andere zu mobben oder sich selbstzerstörerisch zu verhalten. Wenn Sie ein paar Millionen Beispiele dafür brauchen, können Sie sich einfach jederzeit auf Twitter* einloggen!

Dann gibt es noch diejenigen, die ihre Feinde weise gewählt haben. Sie haben vielleicht die Geschichte über die beiden Brüder gehört, die von einem Vater aufgezogen wurden, der Alkoholiker war. Einer wurde selbst Alkoholiker, und der andere hat nie einen Drink angerührt. Als ich sie fragte, wieso sie so wurden, hatten beide die gleiche Antwort parat: »Ich habe meinen Vater beobachtet.«

Welche Person wollen Sie in dieser Geschichte sein?

Wir haben alle unsere Unsicherheiten. Menschen wie Tom Brady, Chris Williamson und der nüchterne Bruder haben herausgefunden, wie man die Emotionen der Verletzungen der Kindheit so kanalisiert, dass man dadurch zu einem besseren Menschen wird.

Wenn Sie emotional unbeteiligt vor Ihrem Buch sitzen und sich denken, dass nur wenige Dinge Ihre Gefühle in Wallung bringen, schnallen Sie sich besser an. Wir werden einen Hebel finden. Für die Logiker, die dabei am meisten Widerstand zeigen: Sie werden die größten Durchbrüche erzielen. Und für diejenigen, die von Wut erfüllt sind, denen die Adern auf der Schläfe stehen, die bereit sind, mit dem Kopf durch die Wand zu gehen: Sie werden Strategien erlernen, wie man über die Wand klettert, statt hindurchzubrechen. Sie glauben vielleicht, mit schierer Kraft durchs Leben zu pflügen, würde beweisen, dass Sie mutig sind, aber es beweist nur, dass Sie nicht geplant haben.

* Anm. d. Red.: Inzwischen umbenannt in X.

Schritt drei: Denken Sie über Dauer, Tiefe und Magie nach

Es ist von entscheidender Wichtigkeit, in welcher Reihenfolge Sie Ihren Plan umsetzen. Nachdem Sie Ihren Feind gewählt haben, können Sie den Stift beiseitelegen oder das Keyboard ruhen lassen. Sie müssen nur noch über Dauer, Tiefe und Magie *nachdenken*. Visualisieren Sie, wie es aussehen und sich anfühlen wird, etwas zu erschaffen, das Sie dauerhaft begeistert und auf dem Markt Bestand haben wird. Nehmen Sie sich die Zeit, wenigstens 20 Jahre im Voraus zu denken, damit Ihre Handlungen zu einem langfristigen Erfolg führen. Da unser Instinkt uns verleitet, kurzfristig zu denken, zwingt diese Übung Sie, Ihren Zeithorizont auszudehnen. Nehmen Sie sich lange genug Zeit, um darüber nachzudenken, wie Sie ein Unternehmen aufziehen würden, das Sie selbst überdauert.

Langfristig zu denken, bedeutet, Wert über Profit zu stellen.

Am besten denkt man langfristig, indem man kurzfristige Profite gegen langfristigen Wert abwägt. Denken Sie an zwei Unternehmen mit zehn Führungskräften, die alle 200.000 Dollar im Jahr verdienen. Unternehmen A feuert alle zehn Führungskräfte. Unternehmen B behält alle. Überdies investiert das Unternehmen 50.000 Dollar pro Nase, um diese Führungskräfte weiter auszubilden, zusätzlich zu zahllosen Stunden Mentoring. Wenn die Weiterbildung der Führungskräfte effektiv ist und das Unternehmen langfristig spielt, wird Unternehmen B das Unternehmen A spielend überflügeln. Wenn Sie in Menschen investieren, werden diese das Unternehmen wertvoller machen. Wenn Ihre Konkurrenz spart und es sich nicht verkneifen kann, kurzfristige Genugtuung und Profitabilität mitzunehmen, dann verbessert sich Ihre Position noch weiter.

Einige von Ihnen werden dazu gezwungen, langfristig zu denken, wenn sie überlegen, wie man ein Unternehmen erschafft, das die Generationen überdauert. Sich die Zeit zu nehmen, um darüber nachzudenken, ob die Kinder oder Enkel das Unternehmen leiten, wird Sie zwingen, mehr über die nächsten zwei Jahrzehnte als über die nächsten zwei Quartale nachzudenken. Seien Sie geduldig und lassen Sie das eine Weile sacken. Schritt drei macht es nicht erforderlich, dass Sie etwas aufschreiben. Sie müssen sich vorstellen, wie die Zukunft vermutlich aussehen wird. Sie werden später ausreichend Zeit für die Details haben. Fürs Erste sollten Sie sich gestatten, zu träumen, wie es aussehen und sich anfühlen würde, ein magisches Unternehmen zu erschaffen.

Schritt 4: Vervollständigen Sie die elf verbliebenen Bausteine

Der nächste Schritt besteht darin, die verbliebenen Bausteine zu vervollständigen. Seine Feinde zu wählen ist der Katalysator, also können Sie die verbliebenen Blöcke erst nach diesem Schritt ausfüllen. Sie werden Geschichten, Ideen und Vorschläge hören, damit Sie die Bausteine ganz nach Ihren Vorstellungen gestalten können. Die einzige Anforderung ist, etwas in jeden Baustein zu schreiben.

Eine der häufigsten Fragen, die ich höre, ist: Mache ich das richtig?

Das sind keine Hausaufgaben – man kann dabei nichts »falsch« machen. Wenn Worte im Baustein stehen, haben Sie es richtig gemacht! Wenn Sie sich die Zeit nehmen, um das Kapitel zu lesen und über jeden Baustein nachzudenken, liegt es ganz bei Ihnen, wie Sie die Steine ausfüllen. Einige sagen, der Unterschied zwischen Mission und Vision ist nicht ganz klar. Andere stoßen sich an Begrifflichkeiten. Viele von uns fürchten immer noch den Rotstift dieses einen bestimmten Lehrers, der es kaum abwarten konnte, uns zu sagen, dass wir etwas falsch gemacht hatten. Zum Glück gibt es hier nur Sie und Ihren Businessplan.

Wenn es innerhalb Ihrer Bausteine einige Wiederholungen gibt, ist das ebenfalls eine wertvolle Information. Wenn Sie zum Beispiel über zusätzliche Skills und darüber nachdenken, eine Vision zu erschaffen, und Ihnen dabei Kultur einfällt, wissen Sie, worauf Sie Ihre Energie richten müssen, wenn Sie bei diesem Baustein angelangt sind.

Schritte 5 bis 8: Korrigieren Sie jedes Quartal den Kurs (das ist keine Wunschliste)

Ich sage oft, dass diejenigen, die nach Februar nicht mehr auf ihren Businessplan sehen, gar keinen Businessplan geschrieben haben, sondern eine Wunschliste.

Ein entscheidender Teil des Plans besteht darin, mindestens jedes Quartal den Kurs zu korrigieren. Sie schreiben keinen Plan, damit er ein Jahr lang Staub ansetzen kann. Sie kreieren ein Dokument, das kontinuierlich auf den neuesten Stand gebracht werden muss. Ich meine nicht, nur kurz mal einen Blick darauf zu werfen oder rein formell eine externe Überprüfung durchführen zu lassen. Ich meine, Sie sollen so gründlich sein wie damals, als Sie den Plan geschrieben haben. Das bedeutet – Sie haben es sicher schon erraten –, das vorherige Quartal zu analysieren.

Sie haben die Projektion erstellt, im ersten Quartal 3,5 Millionen Dollar Umsatz zu machen, und tatsächlich waren es 2,8 Millionen. Was nun? Wie erklären Sie es dem Vorstand, dass Ihre Umsatzprojektion um 20 Prozent danebenlag?

Ich kann Ihnen aus Erfahrung sagen, dieses Meeting kann nur dadurch weniger schmerzhaft gestaltet werden, wenn Sie zeigen, dass Sie eine detaillierte Analyse vorgenommen haben. Wenn Sie dem Vorstand logische Erklärungen präsentieren – hier haben wir uns verrechnet, da hat sich der Markt verändert, hier hatten neue Trends einen Einfluss auf uns – und dabei neue Projektionen aufstellen und die Strategie überarbeitet haben, haben Sie sich selbst einen Gefallen getan und damit das Unternehmen wieder in die richtige Bahn gelenkt.

Diesen vierteljährlichen Review-Prozess gehen Sie dreimal vor dem letzten Quartal durch. Wenn das Jahr vorbei ist, werden Sie auf Ihre vierteljährlichen Ziele zurückblicken, einen Schritt zurück machen, um das größere Ganze ins Auge zu fassen, Sie werden sehen, welche Ziele Sie erreicht und welche Sie verpasst haben, und warum. Dann machen Sie einen Review des ganzen Jahres und wählen einen neuen und mächtigeren Feind.

Der Prozess endet nie, deswegen müssen Sie sich stets neue Feinde auf einem neuen Niveau suchen. Sobald die meisten Menschen ein gewisses Maß an Erfolg erzielt haben, erreichen sie ein Plateau. Ohne neue Feinde, die weiteren Antrieb liefern, werden sie nicht nur selbstzufrieden, sie achten auch nicht mehr darauf, dass jeder Baustein tragfähig bleibt.

Wenn Sie wissen, wogegen Sie antreten, erkennen Sie sofort Ihre Schwächen sowie Ihre Chancen, und Sie haben kein Problem, den Rest der Bausteine auszufüllen. Haben Sie einen Feind, der Sie antreibt, werden Sie inspiriert und jedes Jahr die Bausteine weiter verfeinern.

Die sechs größten Fehler bei der Businessplanung

1. Keinen Plan haben.
2. Den Plan des letzten Jahres nicht unter die Lupe nehmen.
3. Keinen Feind haben, der wie Raketentreibstoff wirkt.
4. Es versäumen, beim aktuellen Plan Logik und Emotion zu integrieren.
5. Nicht dafür sorgen, dass dieses Dokument lebendig bleibt – und es nicht nutzen, um zu managen.
6. Niemanden einweihen (sodass niemand Sie zur Rechenschaft ziehen kann).

Alle Elemente kombinieren und vom Boden abheben

Die größten und besten Unternehmen hatten alle einen Feind. Microsoft musste IBM besiegen. Die Entwickler des iPhones wollten BlackBerry in den Hintern treten. Apples Musikabteilung liegt im Wettstreit mit Spotify und Mixcloud. Der Prozess ist für Sie derselbe wie für diese erfolgreichen Unternehmen. Es ist ebenso die Formel, die Nike nutzte, um Converse zu entthronen, und Adidas nutzte sie auf dem Markt für Basketballschuhe. 1984 hatte Converse einen Anteil von 56 Prozent des Marktes für Basketballschuhe.[14] Adidas lag auf dem zweiten Platz und Nike war weit abgeschlagen auf dem dritten.

Im Film *Air* sieht man Sonny Vaccaro (gespielt von Matt Damon), der, nachdem er von Agent David Falk (gespielt von Chris Messina) beleidigt wurde, noch entschlossener versuchte, Michael Jordan unter Vertrag zu nehmen. Es gibt eine phänomenale Szene, in der Falk Worte herumschreit, die ich hier nicht wiedergeben kann, aber sagen wir einfach mal »Ich werde dich lebendig begraben« war noch die zahmste Beleidigung.

Es ist eine Sache, es mit einer Konkurrenz zu tun zu bekommen, die finanziell besser aufgestellt ist. Es ist etwas anderes, von einem Feind, der versucht, Sie und Ihre Karriere zu zerstören, verunglimpft zu werden. Die Emotion, die aus dem Verlangen entsteht, Falk seine Worte bereuen zu lassen, brachte Vaccaro dazu, noch einen Gang hochzuschalten. Der Film zeigte, dass Vaccaro ein Problem mit Glücksspiel hatte, was auf seine Dämonen hinwies. Wir wissen nicht, was seine Unsicherheit verursacht hatte, aber sein Wille zum Erfolg war ein Hinweis, dass Vaccaro etwas beweisen wollte. Er kanalisierte den Antrieb, der von Falk als seinem Feind stammte, in seine Arbeitsethik sowie seine emotionalen Reden vor Michael Jordans Familie und dem CEO von Nike, um Jordan dazu zu bringen, einen Vertrag für Schuhe zu unterschreiben. Feinde waren der Katalysator.

Beim nächsten Schritt ging es um Dauer, Tiefe und Magie. Einen Vertrag mit Jordan zu unterschreiben, damit er für Nike arbeitete, wirkte sich zuerst finanziell negativ aus. Wie bei jeder Art von Forschung und Entwicklung muss man zuerst eine Menge Geld ausgeben, ohne Garantien, dass man dadurch Einnahmen generiert. Weil das Unternehmen den Wert über die Profitabilität stellte, tätigte es das Investment, bezahlte Jordan und entwickelte seine Schuhmodelle.

Als Nike den Vertrag mit Jordan unterzeichnete, sagte Phil Knight: »Es ist eine Kunst, und die kleinen Details können einem leicht entgehen … Wenn alles genau zusammenpasst, entsteht dabei Magie.«[15] Sehen Sie, sogar der Gründer eines Unternehmens, das mehr als eine viertel Billion Dollar wert ist, benutzt das mächtige Wörtchen: *Magie.*

Nike musste außerdem die restlichen Bausteine zusammensetzen, um den Deal an Land zu ziehen. Für Knight und Vaccaro bedeutete das, Ressourcen für Design und Herstellung aufzuwenden und mit dem Finanzteam zusammenzuarbeiten, um die einzelnen Punkte des Deals und den Plan für die Umsatzbeteiligungen festzulegen. Feinde bilden die Schlagzeile, die restlichen Bausteine untermauern den Deal und sorgen für ein florierendes Unternehmen.

Einer dieser Bausteine ist Ihre Mission, wozu auch Ihre Prinzipien und Werte gehören. Im Film war ein wichtiges Werkzeug, um die Mission auf Kurs zu halten, eine Schreibtafel in Phil Knights Büro. Die zehn Prinzipien für Nike lauteten:

1. Unser Business ist der Wandel.
2. Wir sind in der Offensive. Immer.
3. Perfekte Resultate zählen – nicht ein perfekter Prozess. Brich die Regeln: Kämpfe gegen das Gesetz.

4. Es geht genauso um die Schlacht wie das Business.
5. Keine Vorannahmen treffen. Sichergehen, dass die Leute ihre Versprechen einhalten. Sich selbst antreiben, andere antreiben. Die Grenzen des Möglichen ausloten.
6. Nähre dich von deiner Scholle.
7. Dein Job ist noch nicht zu Ende, bevor die Arbeit erledigt ist.
8. Gefahren
   a. Bürokratie
   b. Persönlicher Ehrgeiz
   c. Energievampire vs. Energiespender
   d. Wenn jemand unsere Schwächen kennt
   e. Nicht zu viele Dinge auf einmal auf dem Teller haben
9. Es wird nicht nett werden.
10. Wenn wir das Richtige tun, werden wir fast automatisch Geld verdienen.

Die eigenen Prinzipien zu kennen, macht Entscheidungen einfacher. Es gibt weniger Versuchung, eine Abkürzung zu nehmen und den kurzfristigen Profit anzustreben, wenn man sich über seine Prinzipien im Klaren ist. Deswegen werde ich Sie durch den Prozess führen, wie Sie Ihre eigenen Werte und Prinzipien festlegen.

Sobald die Bausteine an Ort und Stelle waren, musste sich Nike die vierteljährlichen Fortschritte ansehen und Anpassungen vornehmen. Als börsennotiertes Unternehmen stand Nike noch mehr unter Druck, jedes Quartal Kurskorrekturen vorzunehmen. Die Wall Street kann gnadenlos sein, wenn ein Unternehmen seine Umsatzziele verfehlt. Wenn das eintritt, sollten die Leiter des Unternehmens besser eine gute Story parat haben und den richtigen Plan, um es wieder auf Kurs zu bringen. Nike hatte sehr viel mehr gute Quartale als schlechte. Nicht nur hat Nike den Goliath (Converse) besiegt, es hat auch das Unternehmen 2003 gekauft, zwei Jahre nachdem Converse Bankrott angemeldet hatte.[16] Nike wurde in der NBA-Spielsaison 2023 so dominant, dass mehr als 75 Prozent der Spieler entweder Nike- oder Air-Jordan-Schuhe trugen.[17]

Sie können in jedem Quartal mit einem Auf und Ab rechnen. Während sich das Ende des Jahres nähert, müssen Sie einen Endspurt hinlegen. Sie werden einen besonderen Anreiz daraus ziehen können, dass Sie auf das Jahr zurückblicken und Ihre Performance bewerten können. Als Nächstes werden Sie neue Feinde identifizieren und alle Schritte wiederholen.

Sie können diesen Plan für jedes Unterfangen verwenden. Die meisten beginnen mit einem Projekt, indem sie ihre Ziele aufschreiben. Dieser Ansatz birgt zwei Probleme. Zuerst einmal haben Sie keine Daten, die man analysieren kann. Selbst bei einem völlig neuen Projekt müssen Sie wenigstens über Ihre eigene Vergangenheit nachdenken und Ihre Schwächen identifizieren. Und zweitens, ohne einen Feind zu identifizieren, werden Sie nicht über die Emotion verfügen, die Sie durch all die herausfordernden Zeiten trägt.

Zum Beispiel eine Wahl zu gewinnen, folgt demselben Skript. Beginnen Sie mit einer persönlichen Einschätzung und werfen Sie einen Blick auf vorherige Gewinne und Verluste. Wählen Sie dann Ihre Feinde, entweder auf persönlicher oder ideologischer Ebene. Wenn die Feinde genug Emotionen in einem Kandidaten auslösen, wenn in ihm oder ihr ein Feuer so mächtig lodert, dass es zu einem Kampf von Gut gegen Böse wird, eine Angelegenheit von Leben und Tod, dann und nur dann wird ein Politiker das Durchhaltevermögen haben, all die Bausteine zusammenzufügen: Systeme aufzubauen, vor Ort zu sein, Wahlkampfveranstaltungen anzusetzen, Gelder aufzubringen, sich auf Debatten vorzubereiten und ein Team zusammenzustellen. Dann muss der Kandidat weiterhin Kurskorrekturen vornehmen. Das könnte nach den Umfragen, Debatten oder Schlagzeilen über den Kandidaten geschehen. Egal in welcher Branche Sie tätig sind, Sie müssen sich weiterhin anpassen. Ein statischer Businessplan ist ein Businessplan, der scheitert.

Wie man dieses Buch effektiv nutzt

Einige Menschen lesen gerne ein Buch von Anfang bis Ende. Andere machen sich dabei Notizen. Vielleicht bevorzugen Sie es, einfach weiterzulesen und sich im Geiste Notizen zu machen. Am Ende jedes Kapitels haben Sie die Gelegenheit, die Bausteine auszufüllen. In Kapitel 10 haben Sie alles an einer Stelle, um Ihren Plan zu vervollständigen.

Sobald Sie mit Ihren Bausteinen fertig sind und Ihre vierteljährlichen Reviews unter die Lupe genommen haben, ist ein Jahr oder eine Saison vorbei. Wie lange müssen Sie diesem Prozess danach folgen?

So lange wie Sie ein Team oder ein Unternehmen haben wollen.

Wenn Sie sich diesem Prozess verschreiben, haben Sie die Chance, das Unternehmen und das Leben aufzubauen, das Sie sich wünschen. Alles, was Sie brauchen, um weiter ehrgeizig Ihre Ziele zu verfolgen und an Ihrer Umsetzung zu arbeiten, wird in Ihrem Businessplan stehen. Er wird einen direkten Zugang zu Ihren Emotionen beinhalten, damit Sie weiter motiviert bleiben, während er Ihnen gleichzeitig bestimmte Handlungsanweisungen bietet. Wenn Sie das richtige Maß an Emotion einfließen lassen und sich um die Details kümmern, wird das ein Gamechanger für Sie, Ihr Unternehmen und Ihr Vermächtnis sein.

TEIL 2

Die zwölf Bausteine Ihres Businessplans kreieren

KAPITEL 4

Feinde und Konkurrenten

Ich habe Feinde, ich habe eine Menge Feinde
Jede Menge Leute, die mir meine Energie nehmen

– Drake, »Energy«

Um ein Gewinner zu sein, muss man von Gewinnern lernen. Es ist kein Zufall, dass ich Tom Brady mit Adleraugen studiert habe. Wie Sie bei den Bausteinen der Kultur sehen werden, stellte ich einen einzigartigen Event auf die Beine, bei dem die Dokumentation *Man in the Arena* gezeigt wurde. Hinterher gab es eine Nachbesprechung inklusive der Möglichkeit, Fragen an einige von Bradys Teamkameraden zu stellen, die den Superbowl gewonnen hatten.

Ich kann Ihnen nicht sagen, was Tom Brady in jedem Stadium seiner gut dokumentierten Karriere gedacht hat, aber ich kann einige fundierte Vermutungen anstellen. Als er in Michigan ankam und weit unten auf der Spielerliste stand, waren seine Feinde die Quarterbacks, die vor ihm kamen. Wenn man nur auf der Bank sitzt, sind die Spieler auf dem Feld offensichtlich Feinde.

Als 198 Spieler vor Brady bei der Auswahl für die NFL im Jahr 2000 auf der Liste standen, sollte man davon ausgehen, dass sie seine Feinde wurden. Aber das wäre eine zu breite Auswahl gewesen, um Emotionen hervorzurufen – ähnlich, als wenn man sagen würde, jeder Hypothekenmakler oder Immobilienvertreter in Nordamerika ist mein Feind. Deswegen hätte sich Brady auf die sechs Quarterbacks konzentrieren können, die vor ihm ausgewählt wurden: Chad Pennington, Giovanni Carmazzi, Chris Redman, Tee Martin, Marc Bulger und Spergon Wynn.

Dass diese sechs Quarterbacks vor ihm aufgestellt worden waren, gab Brady das Gefühl, etwas beweisen zu müssen, und lieferte ihm den Antrieb, nahezu Übermenschliches zu leisten. Aber stellen Sie sich vor, was passiert wäre, wenn er nach dem ersten Gewinn des Super Bowls noch weiter im Wettstreit mit dieser Gruppe gestanden hätte? Das wäre, als würde sich Usain Bolt darauf konzentrieren, *mich* beim Hundertmetersprint zu schlagen.

Quarterbacks in der Aufstellung der NFL 2000	Startaufstellung/Siege	Touchdown-Pässe	Super-Bowl-Titel
Die 6 Quarterbacks vor Tom Brady zusammengenommen	191-mal in der Startaufstellung	258	0
Tom Brady	258 Siege	737	7

Brady musste sich einen neuen Feind suchen. Er bewahrte sich das Gefühl, etwas beweisen zu müssen, lange genug, um 2005 den dritten Super-Bowl-Sieg zu holen. Noch vor seinem 28. Geburtstag stand Brady gemeinsam mit Troy Aikman auf dem zweiten Platz für die meisten Gewinne des Super Bowls eines einzelnen Quarterbacks. Brady hatte dann eine Zeitspanne von neun Jahren, bevor ein neuer bedeutender Feind auf der Bildfläche erschien, und für mich was es kein Zufall, dass er in diesen Jahren keinen Super Bowl gewann. Dann holte Bill Belichick im Jahr 2014, wenige Monate vor Bradys 37. Geburtstag, einen Ersatz für Brady ins Team – Jimmy Garoppolo. Die Botschaft schien eindeutig: Deine Tage sind gezählt, bevor der junge Hengst übernimmt.

Also, was glauben Sie, ist in der ersten Spielsaison passiert, in der Garoppolo im Team war?

Brady hat seinen vierten Super Bowl gewonnen. Terry Bradshaw und Joe Montana waren die einzigen anderen Quarterbacks, die je vier gewonnen hatten. Zwei Jahre später standen die Patriots im Super Bowl 2017 den Atlanta Falcons gegenüber. In der Dokumentation *Man in the Arena* drückte Brady aus, wie viel Sorgen er sich um seine Mutter machte, die damals gegen Krebs kämpfte. Sie war beim Spiel, und er sorgte sich, vor seiner gesamten Familie den Super Bowl zu verlieren. Schweren Herzens betrat Brady gegen die Falcons das Spielfeld, und das Spiel lief überhaupt nicht gut. Im dritten Viertel, als nur noch zwei Minuten auf der Uhr standen, führten die Falcons mit 28 zu 3. Als alle Hoffnung bereits verloren schien, führte Brady die unglaublichste Aufholjagd der NFL-Geschichte an. Die Patriots gewannen mit 34 zu 28.

In der Spielpause wurde Brady 40 und war der einzige Quarterback, der fünf Super-Bowl-Siege verbuchen konnte. Es gab keine weiteren offensichtlichen Feinde zu besiegen, was bedeutete, dass es an der Zeit war, in den Sonnenuntergang zu reiten. Er hätte weiter zig Millionen als Spielkommentator und Geschäftsmann verdienen können.

Aber was hat Brady gemacht?

Er hat sich Feinde auf einem neuen Level gesucht! Er musste nur mitbekommen, dass jemand sagte, jenseits der 40 fahre man keine Siege mehr ein. Max Kellerman von ESPN sagte in der Sendung First Take: »Tom Brady ist so gut wie am Ende. Das nächste Spiel könnte das letzte sein; oder vielleicht dauert es auch noch ein Jahr. Aber er wird unsanft auf dem Boden aufschlagen. Es dauert nicht mehr lange, und Tom Brady ist Geschichte.«[18]

Kellermans Kommentare stimmten mit denen vieler anderer überein. Wenige glaubten, dass Brady oder irgendein anderer Sportler in diesem Alter noch erfolgreich sein könnte. Brady musste auch nur einen Blick auf seinen Trainer Bill Belichick werfen, von dem viele meinten, er sei mehr an der Zukunft als an der Vergangenheit interessiert. So wie Sie es ebenfalls jedes Jahr tun werden, suchte sich Brady neue Feinde. Am Ende der Spielsaison 2018 gewann er seinen sechsten Super Bowl.

In Bradys Umfeld wusste man, was man tun musste, um ihn zu provozieren. Selbst wenn man es im Spaß tut, kann es eine Riesenmotivation sein, jemanden zu verspotten, der sich im Kampf gegen einen Feind befindet. Mir gefielen besonders die Aufnahmen, in denen Wide Receiver Julian Edelman Brady an der Seitenlinie zuruft: »Du bist verdammt noch mal zu alt! Du bist zu alt!«[19] Als Leader muss man wissen, wer mit solchen Herausforderungen umgehen kann und wer nicht. Indem Sie darauf achten, können Sie Emotionen in Menschen hervorrufen, die dafür sorgen, dass sie das Beste aus sich herausholen.

Während der Playoffs der NBA 2023, als die Golden State Warriors den Los Angeles Lakers gegenüberstanden, sagte Stephen A. Smith von ESPN: »Wenn Steph Curry in dieser Serie LeBron schlägt und – ich wage es kaum auszusprechen – seine fünfte NBA-Meisterschaft gewinnt, müssen wir vielleicht LeBron James von Mount Rushmore* entfernen und Steph Currys Gesicht in den Stein meißeln.«[20]

Diese Botschaft war so wirkungsvoll, dass ich mich frage, ob Jeanie Buss, die Besitzerin der Lakers, Stephen A. gebeten hat, das zu sagen. Ich sage nicht, dass sie das wirklich getan hat oder Stephen A., den ich sehr respektiere, nachdem ich ein Interview mit ihm geführt habe, für andere spricht.[21] Ich meine nur, dass es genau die Strategie ist, die brillante Leader nutzen können, um Menschen, die sich vom Wettkampf anspornen lassen, etwas Feuer unter dem Hintern zu machen. Als die Lakers die Serie gewannen, hätte ich für Stephen A. als »Most Valuable Player« gestimmt, weil er LeBron mit Raketentreibstoff in Form eines Feindes versorgt hatte.

Bevor wir weiter über Brady reden, will ich, dass Sie einen Moment über Ihre Feinde nachdenken. Ich will auch, dass Sie über folgende Fragen nachdenken: Wohnen Ihre Feinde im eigenen Haus oder anderswo? Sind sie außerhalb Ihres Unternehmens oder innerhalb? Das könnte der entscheidende Unterschied sein.

Wieso glauben Sie, dass Drill Sergeants auf den neuen Rekruten herumhacken? Damit die neuen Rekruten diesen Hass nutzen können, um untereinander zu einer Einheit zu werden. Der Drill Sergeant wird für die Kompanie zum Feind von außen, um eine Kriegsmentalität hervorzurufen. Das macht man,

* Anm. d. Red.: Damit ist die Bestenliste der größten NBA-Spieler gemeint.

damit die Soldaten sich darauf konzentrieren, den Feind zu schlagen und nicht untereinander zu streiten.

Es ist wichtig, dass man erkennt, wie viel Schaden es anrichten kann, wenn der Feind, den man sich aussucht, eigentlich auf der eigenen Seite stehen sollte. Ich kenne zum Beispiel viele Leute, die ihren Partner als ihren Feind sehen. Andere sehen ihre Kinder als Feinde. Diese Menschen haben ihre Feinde *nicht* weise gewählt. Sie wollen keinen Krieg im eigenen Haus. Natürlich stehen meine beiden Söhne im Wettstreit miteinander, weswegen ich meistens, wenn wir ein Spiel spielen, darauf achte, dass sie beide kollektiv mich schlagen müssen, zwei gegen einen. Auf diese Weise sind sie Teamkameraden und keine Wettstreiter und hey, sie lieben es einfach, ihren Daddy zu besiegen. Das verstärkt bei meinen Söhnen das Gefühl, dass sie im gleichen Team sind und ihre Energie nutzen sollten, um *füreinander* und nicht gegeneinander zu kämpfen.

Gibt es eine natürliche Geschwisterrivalität zwischen ihnen? Natürlich. Befördere ich sie noch, indem ich sie gegeneinander aufbringe? Sicher nicht. Das ist eine Strategie, die James Jordan nutzte, um seine beiden Söhne Michael und Larry zu motivieren. Es war vielleicht effektiv, aber meiner Meinung nach ist das ein Drahtseilakt. Etwas Feuer hält unser Zuhause warm, zu viel Feuer brennt es nieder. Ich nutze meinen Ansatz, um Einigkeit in meinem Heim zu schaffen, denn ich weiß, es wird immer noch genug Feinde außerhalb meines Zuhauses geben, um das Beste aus meinen Söhnen herauszukitzeln.

Selbst Schwiegereltern können als Feinde fungieren. Wenn Sie und Ihr Partner oder Ihre Partnerin beide der Meinung sind, dass die Schwiegereltern – egal, wessen Eltern es sind – sich zu sehr einmischen, können Sie sie nutzen, um Ihre eigene Verbundenheit zu stärken. Da gibt es noch einen anderen Aspekt, den ich oft bei Power-Pärchen sehe. Wenn Sie und Ihr Partner einen gemeinsamen Feind haben, werden Sie kein Wort mehr darüber hören, dass Sie zu viel arbeiten oder wieso Ihr Terminkalender immer voll ist. Stattdessen werden Sie sich gegenseitig unterstützen, um diesen Feind zu besiegen, und das als Treibstoff nutzen, um Ihren Wohlstand zu mehren und sich näherzukommen.

Feinde von außen führen dazu, dass ein Team eine Einheit bildet und inspiriert ist. Interne Feinde reißen ein Team auseinander.

Die gleiche Dynamik besteht in einem Unternehmen. Als Führungsperson sorge ich für eine Kultur intensiven Wettbewerbs. Der zweitbeste Verkaufsvertreter lässt sich vielleicht vom besten provozieren, genauso, wie ein Mitarbeiter der Vorstandsetage sich vom CEO irritiert fühlt. Wenn es die Folge davon ist, herausgefordert zu werden, dann ist es gesund. Das unterscheidet sich von einer Kultur, die interne Feinde kreiert. In dieser Art von Unternehmen gibt es Leute, die einem den Dolch in den Rücken stoßen, die politisieren, und es kommt zu fehlgeleiteten Emotionen. Dann gibt es Manager, die Talente von den oberen Rängen des Managements fernhalten, weil sie fürchten, übergangen zu werden. Das sind die gleichen Leute, die hinter dem Rücken des Chefs über ihn ablästern.

Einige meinen, die falschen Feinde zu haben, hat die Spielsaison 2019 für die Patriots ruiniert. Es gab Gerüchte, dass Belichick sich Brady zum Feind gemacht hatte und die Beziehung zwischen Quarterback und Trainer toxisch geworden war. Die Patriots verloren gegen die Tennessee Titans in einem »Wild Card«-Spiel, seit acht Jahren die erste Niederlage des Teams in einem Playoff-Spiel.

Als Brady auf die Saison zurückblickte, folgte er dem gleichen Prozess, den Sie jedes Jahr durchlaufen werden. Auch wenn Brady sich bereits einen Namen als bester Quarterback aller Zeiten gemacht hatte, musste er immer noch nicht lange suchen, um vier spezifische Feinde zu finden.

1. Die Hater und Zweifler, wie Max Kellerman, der ihn für abgehalftert hielt.
2. Sein eigener Trainer Bill Belichick, der sagte, er habe den Glauben an ihn verloren, und der Bradys persönlichen Trainer und engen Freund Alex Guerrero aus dem Flugzeug des Teams und an den Spieltagen von der Seitenlinie verbannte.[22]
3. Patrick Mahomes, der seinen ersten Super Bowl mit 24 gewonnen hatte und von dem viele vorhersagten, er werde noch größer als Brady.
4. Michael Jordan, der sechsmal die NBA-Meisterschaft gewonnen hatte und der als der »Größte aller Zeiten« (Greatest of All Times, kurz GOAT) über alle Sportarten hinweg betrachtet wurde.

Diese Feinde riefen Emotionen hervor. Sie waren der Raketentreibstoff für Brady, um noch einmal neu anzufangen. Da er seinen ersten Baustein gefunden hatte, machte er sich daran, die weiteren elf auszuarbeiten. Zuerst suchte er sich ein neues Team, die Tampa Bay Buccaneers. Damit hatte er die Chance, zu beweisen, dass er und nicht Belichick der Hauptgrund für die ersten sechs Super-Bowl-Siege gewesen war. Dann machte er sich daran, die entsprechende Kultur zu erschaffen, seine Fähigkeiten zu verbessern und seine Mission festzulegen.

Weniger als ein Jahr später erwies sich Patrick Mahomes als eine würdige Wahl für einen Feind, denn seine Kansas City Chiefs gewannen die AFC und schafften es in den Super Bowl LV. Brady hatte seine Feinde als Antrieb genutzt, um sein neues Team, die Buccaneers, ebenfalls bis in dieses letzte Spiel der Saison zu bringen.

Der Gewinner?

Der Mann, der seine Feinde am weisesten auswählte: Tom Brady.

Was Sie in diesem Kapitel lernen werden

In diesem Kapitel und in den fünf Kapiteln, die folgen, werden wir lernen, wie man Emotion und Logik integriert. Indem Sie sich die Zeit nehmen, über elf verschiedene Aspekte Ihres Unternehmens nachzudenken, können Sie einen guten Motor aufbauen. Aber ohne den Treibstoff eines Feindes besteht Ihr Best-Case-Szenario darin, ein solides Jahr hinter sich zu bringen und ein solides Unternehmen zu haben. Wenn Sie ein Teil der wenigen Unerschrockenen sein wollen, ist das nicht Ihr Ziel. Sie müssen tiefer bohren, um einen Feind zu finden, der ein Feuer in Ihnen auslöst.

Es besteht ein Unterschied zwischen Konkurrenten und Feinden. Sie können Ihre Konkurrenten auch ohne Emotionen auflisten. Aber wer bringt Sie auf die Palme? Wer hat Ihnen gesagt, dass Sie es nie zu etwas bringen werden?

In diesem Kapitel sehen wir uns die 14 verschiedenen Formen von Feinden an. Wenn Sie bereit sind, einige unbequeme Aspekte Ihrer selbst genauer zu betrachten, werden Sie einen Feind finden, der Sie motiviert. Sie werden zurückblicken und sich sagen: »Ich erinnere mich noch, als ich mich ins Gewühl stürzen und meine Konkurrenz vernichten wollte.« Oder: »Ich bin jeden Tag mit diesem brennenden Verlangen aufgewacht, dafür zu sorgen, dass XYZ seine Worte noch bereut.« Das ist ein anderes Gefühl, als nur mehr Marktanteile besitzen zu wollen als die Konkurrenz.

Sobald wir uns von unseren Feinden emotional aufladen lassen, können wir uns auf die strategischeren Aspekte konzentrieren, um unsere Konkurrenz zu schlagen und unsere Nische auf dem Markt zu finden. Wir werden Fragen stellen, wie: Welche Konkurrenten sind nicht ganz so offensichtlich, aber sollten dennoch im Auge behalten werden? Und wie kann ich mich von der Konkurrenz absetzen und sie aufhalten, bevor sie zu einer echten Bedrohung wird?

Benennen Sie, was Sie aufhält

Als Leader müssen Sie herausfinden, was Menschen bewegt. Ob Sie einen Kandidaten für eine Stelle befragen oder eine Verkaufspräsentation halten – logische Fragen führen zu auswendig gelernten Antworten, die keinen Hinweis liefern, was jemanden antreibt. Wenn ich neue Leute treffe, stelle ich Fragen, wie sie aufgewachsen sind, was ihnen das Herz gebrochen hat, was sie bedauern und wovor sie sich fürchten. Ich frage außerdem, wovon sie als Kind geträumt haben und wie lebendig diese Träume noch sind. Ich will wissen, was sie bewegt, damit wir gemeinsam ihren Feind identifizieren können.

Wenn ich Ihnen genau jetzt in die Augen sehen könnte, würde ich dieselben Fragen stellen. All diese Geschichten, die ich erzähle, sind dazu gedacht, dass Sie herausfinden, was Sie am meisten antreibt. Ich will, dass Sie sich daran erinnern, wieso Sie früher morgens schwungvoll aus dem Bett gesprungen sind. Ich will, dass Sie nach der Bedeutung hinter dem suchen, was Sie tun.

Richtige Feinde = Unaufhaltsamer Antrieb.

Feinde müssen keine Menschen sein. Es können auch Dinge sein wie Regierungsinstitutionen, religiöse Verfolgung oder Zensur. Man kann Feinde auch als die Hindernisse für den eigenen Erfolg oder den Erfolg der eigenen Kunden sehen. Alex Banks, Experte für KI und Technologie, hat auf Twitter »10 einfache Tipps [von Elon Musk] für Storytelling, um deinen nächsten Pitch zum Erfolg zu führen« gepostet. Wenig überraschend lautete der erste Schritt: »Benenne deinen Feind.«[23]

Banks twitterte: »Musk sagt sofort: ›So läuft es heute … und es nervt!‹« Dann schrieb er: »Fang damit an, dass du das Ding benennst, das dem Glück deines Kunden im Weg steht. Es muss nicht Darth Vader sein oder die böse Hexe des Westens. Musk nennt die fossilen Brennstoffe.« Ich würde hinzufügen, dass Musk genauso von den Gedanken an einen Vater, der ihn gehänselt hat, und an zahllose andere, die ihn oder seine Ideen angezweifelt haben, angetrieben wird. Wieso glauben Sie, dass Musk so gerne Leuten an den Karren fährt? Weil er sich stets neue Feinde in seine Welt einladen will.

Ihr Feind könnte ein überteuerter Kredit sein, die Epidemie der Fettleibigkeit oder das Versagen des öffentlichen Schulsystems, die richtigen Werte zu lehren. Solange Sie sich die Emotion durch diesen Feind zunutze machen können, haben Sie die Chance, unaufhaltsam zu werden.

Ich weiß, das hört sich dramatisch an. Manchen ist das vielleicht etwas zu viel des Guten. Auf den höchsten Ebenen erfolgreich zu sein, ist schwerer, als man denkt. Ich habe einen Krieg im Iran erlebt, bin in die Armee eingetreten und habe ein finanzielles Loch geschaufelt, in dem ich fast begraben worden wäre. Ich glaube, dass ich ganz widerstandsfähig bin, aber ich hatte immer noch Momente, in denen ich mich fragte, ob mein Unternehmen und ich überleben würden. Ohne einen Feind, der mich antrieb, hätte ich niemals die Stärke gefunden, weiterzumachen.

Wie man seine Feinde bewertet

An diesem Punkt sind vielleicht einige dabei, Dartpfeile auf ihre Feinde zu werfen, während ein Teil von Ihnen womöglich immer noch behauptet, keine Feinde zu haben. Sie beharren möglicherweise sogar darauf, *für* Ihre Familie und Ihr Team zu arbeiten und nicht *gegen* sie. Selbst wenn das die aktuelle Realität für Sie und

Ihr Team sein mag, dann müssen Sie einfach tiefer graben, um Feinde zu identifizieren. Ich habe wieder und wieder gesehen, dass es weit wirkungsvoller ist, einen Feind besiegen zu wollen, als einfach nur gewinnen zu wollen.

Im Sport ist der Feind einfach zu identifizieren. Sie wissen, wen Sie schlagen müssen, um die Meisterschaft zu gewinnen oder, wie in Bradys Fall, Ihr Vermächtnis als der Größte aller Zeiten – der »GOAT« – zu sichern. Das bietet eine dauerhafte Motivation. Im Film ist der Bösewicht eindeutig zu identifizieren. Die Reise des Helden ist nicht vollendet, wenn der Bösewicht nicht besiegt ist. Im Business und im Leben ist der Feind nicht so einfach zu identifizieren – deswegen müssen Sie ihn benennen und ins Visier nehmen.

Bewerten Sie einen Feind anhand der Stärke der Emotionen, die er in Ihnen auslöst. Je mehr Emotion, desto mehr wird der Feind Ihren Erfolg befeuern. Die Feinde, die Sie am höchsten einstufen, sind diejenigen, die dafür sorgen, dass Sie sich auf etwas konzentrieren, mehr Aufwand betreiben und für mehr Dringlichkeit sorgen. Diese Feinde sorgen dafür, dass Sie etwas beweisen wollen.

Ein anschauliches Beispiel war die Immobilienmaklerin für Wohnimmobilien in Südflorida, die ich befragte, als ich nach einem Haus suchte. Sie war ruhig, umgänglich und professionell. Es war keine Überraschung, dass sie die Nummer drei in ihrem Marktbereich war und ein gut siebenstelliges Einkommen verdiente. Ich wette, Sie können die erste Frage erraten, die ich ihr stellte, nachdem ich erfahren hatte, dass sie die dritterfolgreichste Maklerin vor Ort war. Natürlich fragte ich sie, wer auf Nummer eins der Immobilienmakler stand. Ich fragte: »Wie sehr wünschen Sie sich, ihn zu schlagen?«

Sie wurde rot im Gesicht. Ich sah das Feuer in ihren Augen, als sie sagte: »Ich will ihn *töten*!«

2021 hatte sie Immobilien im Wert von einer halben Milliarde Dollar verkauft. Sie war in Armut in Osteuropa aufgewachsen und als Teenager in die Vereinigten Staaten immigriert. Sie verabscheute die Tatsache, dass ihr Konkurrent – ihr *Feind* – aus reichem Hause kam und mit einem Silberlöffel im Mund geboren worden war. Ich traf diesen Mann und tatsächlich sah man schon an seinem Gang, dass er sich für besser als alle anderen hielt. Das spürte sie und verabscheute es.

Dieser Feind erhält die Note 1+. Er sorgt dafür, dass sie jeden Morgen um 5 Uhr aufsteht, bereit, jemanden zu zerstören. Ein großartiger Feind sorgt dafür, dass man unbedingt gewinnen will, um den Schmerz der Schande und Scham zu vermeiden. Haben Sie so jemanden in Ihrem Leben? Wie sieht es mit Ihrem Unternehmen aus?

Sobald Sie Ihren Feind kennen, sollten Sie sich die folgenden drei Fragen stellen:

1. Wieso wollen Sie diesen Feind besiegen?
2. Wie wird es sich anfühlen, wenn Sie diesen Feind besiegen?
3. Womit werden Sie sich selbst belohnen, wenn Sie diesen Feind besiegen?

Wie man seine Feinde identifiziert

Suchen Sie immer noch nach einem Feind? Wenn Sie einen weiteren gedanklichen Anstoß brauchen, denken Sie über die Hater nach, die Zweifler, die Leute, die Ihnen ablehnend gegenüberstehen, die unbeeindruckten Familienmitglieder und die Trolle. Die Menschen, die dafür gesorgt haben, dass Sie sich klein vorkommen oder als wären Sie kein Teil des Clubs, sind ebenfalls prima Motivatoren. Hat es geschmerzt, als Ihre letzte Freundin Sie einen Verlierer genannt hat, bevor Sie sie abservierte oder als Ihr Berufsberater gemeint hat, Ihre Zukunft würde vermutlich im Graben von Löchern bestehen? Diese Menschen und diese Worte sind Katalysatoren. Sie entfachen Ihre Unsicherheiten, die Ihnen am meisten wehtun.

Welche Unsicherheiten sind Ihnen am unangenehmsten?

Diejenigen, von denen Sie glauben, sie könnten wahr sein.

Achten Sie darauf, dass ich nicht sagte, sie sind »wahr«, sondern nur, dass Sie sie dafür halten. Sie glauben vielleicht nicht, dass Sie zum Ausheben von Löchern bestimmt sind, aber Sie haben möglicherweise Angst, im Job in einer Sackgasse gelandet zu sein. Sie identifizieren sich vielleicht nicht selbst als Verlierer, aber Sie haben Angst vor dem Alleinsein.

Während Sie die Erfolgsleiter erklimmen, sollten Sie nicht lange suchen müssen, um Feinde zu finden. Wenn Sie an der Spitze sind – ob das die Nummer eins der Zweigstelle ist, der Region oder des ganzen Landes –, müssen Sie neue Ziele suchen, die Sie verfolgen können. Für die mit dem nötigen Killerinstinkt: Sie müssen sich außerhalb Ihres Unternehmens nach Konkurrenz umsehen.

Ich mentoriere eine Frau namens Sheena Sapaula. Sie und ihr Ehemann Matt waren die Topverdiener des Finanzdienstleistungsunternehmens, das ich gegründet habe. Wie Tom Brady hatte auch Sheena niemanden mehr, den sie im Unternehmen noch hätte schlagen können. Deswegen nahm sie den Topverdiener der gesamten Branche ins Visier.

Sheena wird nicht emotional, weil sie diese Person hasst. Ich stelle mir vor, dass sie ihn vermutlich so sieht, wie Brady damals Jordan sah – mit Respekt aus der Ferne, während sie ihn gleichzeitig genau im Auge behält, um besser zu werden. Aber wissen Sie, wer sie richtig nervt? Die Leute, die ihr sagen, dass sie niemals denselben Level erreichen wird wie ihr Konkurrent. Das gibt ihr den Antrieb, den Zweiflern zu beweisen, dass sie falsch liegen, und gleichzeitig den Fokus auf ihr Ziel zu wahren. Sie tut alles, um ihrerseits richtig vom Leder zu ziehen, damit andere sie anzweifeln. Das ist Sheenas Methode, Feinde zu finden.

An einem bestimmten Punkt verloren Sheena und Matt ihre Position als Nummer eins der Firma. Das ist eine Lektion, stets paranoid zu bleiben und die Konkurrenz genau im Auge zu behalten. Die guten Neuigkeiten sind, dass Sheena jetzt noch motivierter ist. Sie hat ein Auge darauf gerichtet, ihren Platz an der Spitze des Unternehmens zurückzuerobern, während sie gleichzeitig die Latte höher gelegt hat, um den Spitzenreiter der Branche zu überflügeln.

Da Feinde wie Raketentreibstoff sind, müssen Sie kreative Methoden finden, sie zu identifizieren. Vielleicht haben Sie Ihren persönlichen Feind identifiziert, aber Sie wollen immer noch einen Feind für Ihr Unternehmen finden. Es ist wirkungsvoll, wenn Sie eine Person oder ein anderes Unternehmen finden können, das bei Ihrem Team Emotionen auslöst. Unser Team bei Valuetainment sieht die Mainstreammedien nicht als Konkurrenz. Wir sehen jeden Gegner von freier Rede, Freiheit und Kapitalismus als Feind. Das ist die Art von Emotion, die zu Loyalität führt, die man nicht bei Mitarbeitern sieht, die nur für den nächsten Gehaltsscheck arbeiten.

Wenn Sie Ihr Gedächtnis auf Trab bringen wollen, denken Sie an Ihren Goliath, den 350 Kilo schweren Gorilla der Branche oder an das Unternehmen, das Ihnen die letzte Ausschreibung weggeschnappt hat. Denken Sie an den Deal, den Sie aufgrund von Vetternwirtschaft verloren haben oder weil Sie kein Mitglied des richtigen alteingesessenen Netzwerks waren. Ich habe gesehen, wie zahllose Immigranten ihren Außenseiterstatus als Antrieb nutzen. Das »Establishment« wird ihr Feind. Denken Sie an diejenigen, die Desinformation nutzen, um ihre eigenen Interessen auf Kosten anderer vorantreiben. Konzentrieren Sie sich auf Unternehmen, die Angst nutzen, um Menschen zu manipulieren. Das verwandelt eine Leidenschaft in einen *hehren Zweck*, aus dem ein *Kreuzzug* entstehen kann.

Dr. Paul Saladino ist der Autor von *Fleisch for Life!*. Natürlich redet er auch eine Menge über das, wofür er steht, aber er redet auch über das, was er *hasst*. Auf seiner Website sagt er: »Ich bin sehr viel mehr an optimaler Gesundheit interessiert als daran, sich dogmatisch irgendeinem Narrativ des Mainstreams zu unterwerfen.« Er schreibt auch: »Lernen Sie in meinem Leitfaden, welche Lebensmittel Mist sind.« Er nannte seine Feinde beim Namen und greift die großen Lebensmittelkonzerne an oder schimpft auf Unternehmen, die Kernöle nutzen oder toxische Inhaltsstoffe. Es bringt ihn in Wallung und ebenso sein Publikum. Dr. Saladinos Videos über die seiner Meinung nach gesunden Lebensmittel sind informativ, aber wenn er leidenschaftlich die Feinde der Gesundheit angreift, werden sie fesselnd. Menschen werden *emotional* und sehen, dass er sich von anderen Gesundheitsaposteln unterscheidet.

Sosehr sich die Leute auch über Clickbait beschweren, eine der effizientesten Methoden, um die Aufmerksamkeit der Menschen gefangen zu nehmen, besteht darin, einen Feind zu erschaffen. Geschichten brauchen einen Bösewicht, und Bösewichter brauchen Helden, die gegen sie kämpfen. Deswegen hat *Insider* am 9. April 2023 meine Aufmerksamkeit erregt, mit der Überschrift: »ChatGPT macht Jagd auf unsere Jobs. Hier 10 Rollen, die KI am wahrscheinlichsten ersetzen wird.«[24]

Über die Vor- und Nachteile von ChatGPT zu sprechen, begeistert oder erzürnt niemanden. Aber wenn man es sich als Feind vorstellt, potenziell als einen Feind der *Menschheit*, wollen wir mehr darüber wissen. Und wenn wir wirklich glauben, dass ChatGPT uns unsere Jobs und Unternehmen wegnehmen wird, legen wir einen Zahn zu, um unsere Fähigkeiten auf den neusten Stand zu bringen und uns in den Wettstreit damit zu stürzen.

Nur zum Spaß habe ich ChatGPT danach gefragt, wie wirkungsvoll es sein kann, im Business einen Feind zu wählen. Es hat Folgendes formuliert:

> *Als KI-Sprachmodell kann ich niemanden ermutigen oder dazu raten, sich einen Feind zu wählen. Es ist wichtig, positive Beziehungen zu fördern und die Verbindung zu anderen und nach Verständnis und Empathie zu streben statt nach Animosität und Konflikt. Statt sich darauf zu konzentrieren, sich Feinde zu machen, ist es viel produktiver und nützlicher, sich darauf zu konzentrieren, bedeutende Beziehungen zu anderen Menschen herzustellen, die die gleichen Werte und Interessen haben.*

Wenn ich das lese, bestätigt sich, dass ChatGPT einfach nur die traditionelle Sicht auf Feinde ausspuckt. Mir ist klar geworden, dass die meisten Menschen so denken, was meiner Meinung nach der Grund ist, wieso die meisten Menschen keinen unglaublichen Erfolg erzielen. Weil ich auf einzigartige Weise Feinde als etwas Positives sehe, bestätigt das meinen Glauben, dass ein KI-Modell diese Formel der Businessplanung nicht hätte entwickeln können.

Sehen wir uns nun eine Liste an, um festzustellen, ob Sie Ihre Feinde identifizieren können.

14 Arten von Feinden

AUSSERHALB IHRER SELBST

1. Jemand, den Sie hassen
2. Verwandte, die Sie ausbremsen
3. Manipulatoren
4. Leute, die Gerüchte verbreiten

5. Jemand, dem Sie das Gegenteil beweisen wollen
6. Ihr Ex-Partner oder ehemaliger Geschäftspartner
7. Jemand, der Sie anzweifelt
8. Menschen, die sich von Ihnen abgewandt haben

INNERHALB IHRER SELBST

9. Mindset des Mangels
10. Ihr eigenes Denken in zu engen Grenzen
11. Ihr Ego
12. Selbstgefälligkeit/Durchschnittlichkeit
13. Angst vor dem Erfolg

MEINE WAHL FÜR DIE WIRKUNGSVOLLSTEN FEINDE, DIE ZUM TREIBSTOFF DER GEWINNER WERDEN

14. Menschen, die Ihnen überlegen sind, weil ihre Vision und Erfolge größer sind als Ihre eigenen.

Der richtige Feind löst die richtigen Handlungen aus

Ein wahrer Feind ist einer, der auch einen Kampf liefern kann. Einer der Hauptgründe, warum wir Valuetainment ins Leben gerufen haben, war die Verteidigung von Werten und Prinzipien, die in Amerika dämonisiert werden. Manchmal bedeutet das, dass wir den Tyrannen tyrannisieren müssen. Unsere Feinde sind nicht andere Medienunternehmen oder Influencer. Es ist eine gesamte Denkweise, die unserer Jugend, Familien und unseren Communitys Schaden zufügt und Verwirrung darüber stiftet, wer heutzutage als Held gefeiert wird.

Für mich ist jeder, der gegen die Wirtschaft, die Freiheit und den Kapitalismus agiert, ein Feind. Was mich auf die Palme bringt, sind Ideologien wie Kontrolle, Mobbing und Manipulation. Was mein Blut zum Kochen bringt, sind schlechte Ideen, die sich ausbreiten. Wenn diese Ideen, die Unternehmen schaden und der

Freiheit im Weg stehen, an Einfluss gewinnen, treiben Sie mich dazu an, besseren Content zu kreieren.

Der mächtigste Feind sind **Leute, die Sie schlagen, weil ihre Vision und Erfolge größer sind als Ihre eigenen.**

Die Schläge, die nahe dem Herzen treffen, sind die schmerzhaftesten. Als diese Männer meinen Vater nicht respektierten, hatte ich genug Grund, zu glauben, dass mein Dad einen Sohn großgezogen hatte, der es im Leben nicht weit bringen würde. Die Angst, dass ich ihn niemals stolz machen würde, zerriss mir das Herz. Vor allem der eine Mann, der meinen Vater beleidigt hatte, wurde nicht mein Feind, weil er schwach war. Er wurde es, weil er im Leben gewann und ich sah, wie seine Kinder in seine Fußstapfen traten. Und tief im Inneren hatte ich furchtbare Angst, dass ich niemals irgendetwas erreichen würde, was meinen Vater stolz machen würde.

Für die meisten von uns ist Schmerz eine wirkungsvollere Motivation als Vergnügen. **Der richtige Feind löst die richtigen Handlungen aus.** Wie Sie in einem Augenblick sehen werden, wählte ich als meinen nächsten Feind jemanden, der mir überlegen war, weil er eine größere Vision und mehr erreicht hatte als ich.

Wählen Sie Ihre Feinde nicht unklug

Jordan Peterson, der Bestsellerautor und kanadische Professor, erklärt das Problem, wenn man einen schwachen Konkurrenten wählt. Er sagte: »Nehmen wir an, man wählt seine Konkurrenz auf einer Stufe, auf der man selbst stets gewinnt. Nun, das heißt nur, dass man sich die falsche Stufe an Konkurrenz ausgesucht hat.«[25] Peterson fuhr fort und erwähnte, wie lächerlich es für einen Schachgroßmeister wäre, nur gegen Amateure zu spielen. (Übrigens, an all die Leute, die sich nicht verbessern wollen – eine schwache Konkurrenz zu wählen, ist die perfekte Methode, das eigene Ego zu befriedigen, während man gleichzeitig seinen Biss verliert.) Peterson sagte außerdem: »Man sollte gegen Menschen spielen, die einen so oft schlagen, wie man es gerade noch ertragen kann.«

Ein schnelles Gedankenexperiment: Drehen Sie einmal die Uhr zurück zu einer Zeit, in der Sie sich abmühen mussten. Eines Tages verließen Sie um 16:59 Uhr das Büro, und der Topverkäufer (nennen wir ihn einmal Gus) hat sich direkt vor Ihnen aufgebaut und gesagt: »Du glaubst wohl, Bier schmeckt besser als der Erfolg, Versager.« Sie versuchten, es zu übergehen, und taten so, als hätten Sie es nicht gehört. Dann, als Ihr Wagen nicht angesprungen ist oder sich der Händler ihn zurückgeholt hat, weil Sie die Raten nicht mehr bezahlen konnten, hätten Sie Gus vielleicht am liebsten getötet.

Wenn Sie sich schämen, ob aufgrund eines Versagens oder weil jemand etwas zu Ihnen gesagt hat, wird das schmerzen. Das ist der Moment für Kampf oder Flucht. Lenken Sie sich ab oder arbeiten Sie an sich. Töten Sie das Gefühl ab oder stellen Sie sich ihm. Die zaghafte Mehrheit würde das Opfer spielen und jedem in der Bar an diesem Abend erzählen, was für ein Idiot Gus ist. Die wenigen Unerschrockenen würden Gus zum Feind erklären und sich vornehmen, ihn zu vernichten.

Wenn Sie in diesem Moment beschlossen hätten, dass Sie alles in Ihrer Macht Stehende tun wollen, um Gus seine Worte bereuen zu lassen, dann wären Sie auf der richtigen Spur gewesen. Wenn Sie dann wieder ins Büro gegangen wären, 150 Anrufe zur Kaltakquise gemacht und um 4 Uhr morgens das Büro verlassen hätten, wäre das Feuer entzündet worden. Sie wären emotional bewegt worden und Sie hätten den richtigen Feind gewählt.

Wenn Sie das Spiel auf Dauer gespielt hätten, hätte es nicht lange gedauert und Sie hätten Gus überholt und hinter sich im Staub zurückgelassen. Nehmen wir einmal an, Sie hätten Ihr eigenes Unternehmen gegründet und wären unheimlich erfolgreich geworden. Dann hätte Gus Sie eines Tages aus heiterem Himmel in einem Post in den sozialen Medien getaggt. All der Ärger über Gus' ursprünglichen Kommentar wäre sofort wieder an die Oberfläche gekommen. Sie hätten es sich zur Mission gemacht, Gus zu vernichten.

Sie hätten den falschen Feind gewählt.

An diesem Punkt in Ihrer Karriere ist Gus das Äquivalent eines Amateurschachspielers im Vergleich zu Großmeister Magnus Carlsen. Er ist Ihre Zeit nicht länger wert. Selbst an ihn als Feind zu denken, wird nur Ihrem Ego dienen.

Es gibt viele Beispiele dafür, den falschen Feind zu wählen. Sagen wir einmal, Sie hatten einen Angestellten, den Sie behandelt haben wie Gold. Sie haben ihm jede Chance gegeben, und selbst nachdem er die Firma bestohlen hat, haben Sie sich noch eingesetzt und alles getan, damit er eine faire Abfindung erhält. Einige Tage später haben Sie eine negative Review auf Glassdoor gesehen, die auch einige miese Schläge unter die Gürtellinie gegen Ihre Person und Ihren Charakter enthielt.

Wenn Ihnen der Gedanke kommt, Ihren ehemaligen Angestellten zu vernichten, sind Sie einfach nur ein Mensch. Wenn Sie den Gedanken aber nicht wieder loswerden, haben Sie den falschen Feind gewählt. Sie können natürlich tun, was immer nötig ist, um die negative Review zu entkräften, aber wenn Sie das getan haben, sollten Sie gar nicht mehr über diese Person nachdenken. Er ist es nicht wert, Ihr Feind zu sein.

In der Minute, in der Sie Erfolg haben, werden es andere auf Sie absehen. Als ich mein Unternehmen gründete und kein Geld hatte, jubelten mir alle zu. Als mein Unternehmen richtig in Fahrt kam, haben sich viele dieser Cheerleader abgewandt. Einige von ihnen verpassten mir sogar Schläge unter die Gürtellinie, indem sie Lügen verbreiteten, die meinen Ruf beschädigten. Das ist der Preis des Erfolgs.

Sie werden negative Reviews auf Google und Yelp erhalten. Selbst wenn Sie nichts falsch machen, wird es Leute geben, die Ihnen den Verbraucherschutz und das Better Business Bureau* auf den Hals hetzen. Sie werden unberechtigte Forderungen nach Lohnfortzahlung stellen. Was haben alle diese Menschen gemeinsam? Sie existieren alle nur in Ihrem Rückspiegel. Das sind Ärgernisse, die es nicht verdienen, mit dem Wort »Feind« geehrt zu werden.

Ein Ex-Partner, der einen ständig hinters Licht führen will, stellt eine Herausforderung dar. Man ist vermutlich der Feind dieser Person und diese Person wird nie damit aufhören, Sie in irgendwelche Streitigkeiten zu verwickeln. Diesen Köder sollten Sie nicht schlucken. Wenn Sie zusammen keine Kinder haben, gehen Sie dieser Person aus dem Weg.

Wenn Sie Kinder haben, wird es schwer zu vermeiden sein, sich in das Drama hineinziehen zu lassen. Wenn Sie kurzfristig denken, sind Sie vielleicht in Versuchung, gegen Ihre Ex oder Ihren Ex in den Krieg zu ziehen und den Kindern zu

* Anm. d. Red.: Das Better Business Bureau (BBB) ist eine gemeinnützige Mitgliederorganisation mit Ortsverbänden in ganz Nordamerika, die Unternehmen auf der Grundlage ihrer Zuverlässigkeit und Leistung bewertet und sich um Verbraucherbeschwerden kümmert.

zeigen, dass Sie der »bessere« Elternteil sind. Wenn Sie langfristig denken, werden Sie über den Dingen stehen, Ihr Ego herunterschlucken und dieser Person Respekt entgegenbringen – besonders, weil Ihre Kinder stets zusehen. Sich den früheren Partner zum Feind zu machen, wird negative Auswirkungen auf Sie und Ihre Kinder haben. Das öffentlich zu tun ist ein noch größerer Fehler, wie etwa Kanye West auf die harte Tour lernen musste. Ob Sie recht haben oder nicht: Die Presse über Ihre Scheidung zu informieren, lässt Sie schlecht dastehen und lenkt Sie vom Business ab.

Wählen Sie Feinde, die Sie mit Energie versorgen, nicht solche, die Ihnen die Energie rauben.

Fünf Feinde, die es nicht wert sind

1. Unternehmen, die Ihnen auf dem Markt hinterherhinken.
2. Leute, die Sie im Geschäftlichen oder auf Ihrem Karriereweg hinter sich gelassen haben.
3. Verwandte, die Sie kleinhalten wollen, weil sie neidisch auf Ihren Erfolg sind.
4. Toxische Menschen, die sich mit Ihnen streiten wollen und das Schlechteste in Ihnen zum Vorschein bringen.
5. Menschen, die klein denken und eine Opfermentalität haben.

Identifizieren Sie alle Konkurrenten und unterschätzen Sie niemanden

Jetzt da wir wissen, wen wir als unsere Feinde wählen (und wen wir lieber auslassen) sollten, können wir von Feind zu Konkurrenz wechseln und den Baustein auf der Logikebene bestimmen. Stellen Sie sich vor, wenn Coca-Cola gedacht hätte, die einzige Konkurrenz wäre PepsiCo und Keurig Dr Pepper. Das hätte bedeutet, dass die Leitung des Unternehmens in zu engen Grenzen denkt. Da Coca-

Cola in der Branche der nichtalkoholischen Erfrischungsgetränke tätig ist, muss sie alle Bedrohungen in dieser Branche ins Visier nehmen. Protein-Drinks, Mineralwasser und Tafelwasser sowie Energydrinks waren vor 50 Jahren kaum im Bild. Heute halten diese einen großen Marktanteil.

Eine Bedrohung kann eine Idee sein. So traurig sich das anhört, die Menschen über Diabetes zu informieren und Prävention gegen diese Krankheit durchzuführen, ist eine Bedrohung für Softdrinks. Initiativen, zuckerhaltige Getränke aus Schulen zu verbannen, sind ebenfalls eine Bedrohung. Bessere Wasserversorgung in Verbindung mit einer Marketingkampagne, um die Leute zu überzeugen, der Qualität ihres Leitungswassers zu trauen, könnte die Absatzzahlen für Wasser in Flaschen drücken. Wie Sie sehen, gehen Bedrohungen und Konkurrenz Hand in Hand. Erkennen Sie nun, dass Coca-Cola seinen Blickwinkel auf die Konkurrenz über Pepsi und Dr Pepper hinaus erweitern musste?

Und sagen Sie nicht, Sie hätten keine Konkurrenz. Wenn Sie das tun, denken Sie nicht darüber nach, wie Ihre Kunden ihre Probleme lösen. Stellen Sie sich vor, Sie verkünden, das einzige Unternehmen zu sein, das einen Partybus hat, der von Los Angeles nach Las Vegas fährt. Erstens kann man sich kaum vorstellen, dass so etwas nachhaltig auf dem Markt besteht und zweitens steht man in Konkurrenz zu Flugzeugen und Autos. Wenn Sie stattdessen Ihre Konkurrenz von einer umfassenderen Perspektive her in den Blick nehmen, können Sie besser herausfinden, wie Sie sich mit Ihrer Dienstleistung davon abheben können.

Da viele Menschen keine Lust auf die Sicherheitsbestimmungen am Flughafen haben oder auf ausgefallene Flüge und Beschränkungen beim Gepäck, werden wir einen Luxusbus mit WLAN, High-End-Fernsehern und Getränken anbieten. Das wird weniger kosten als eine Tankfüllung, und man spart sich den Aufwand, selbst zu fahren. Die Party beginnt, sobald man in den Bus steigt, und es wird unterhaltsam und günstig sein, mit all seinem Gepäck nach Las Vegas zu kommen.

Ihre Aufgabe besteht darin, die Schmerzpunkte der Kunden zu identifizieren und sich dann so zu positionieren, dass man diese Schmerzpunkte löst. Mit einer Aussage wie der oben stehenden haben Sie eine Strategie entworfen, die Konkurrenz zu schlagen, statt zu behaupten, Sie hätten gar keine.

Elon Musk denkt in einem Maßstab, der größer als jeder Partybus ist. Seine Boring Company hat bereits ein unterirdisches Transitsystem geschaffen, das das Las Vegas Convention Center mit den Casinos verbindet. Seine Konkurrenz sind die Fluggesellschaften, also sorgt er dafür, dass seine Dienstleistung ihrem Wert nach angemessen bepreist ist. Seine Konkurrenz sind außerdem die Regulierungsbehörden und jeder, der ihn davon abhalten will, dieses System zu bauen. Die Mineralölindustrie könnte zum Beispiel ein lautloser Konkurrent sein, der mit Lobbyarbeit gegen das Transitsystem vorgeht.

Fragen Sie jeden Hypothekenbroker, was seine größte Bedrohung ist. Es ist nicht das Unternehmen nebenan oder der Online-Broker. Es sind die steigenden Zinsen. Das Gleiche gilt für Baufirmen, auch wenn sie zudem mit einer weiteren Bedrohung in Form von Problemen bei der Lieferkette fertigwerden müssen. Wenn zum Beispiel eine Hausbaufirma die eigene Lieferkette verschlanken kann, indem sie auf lokale Zulieferer zurückgreift, kann sie diese Bedrohung adressieren und der Konkurrenz einen Schritt voraus sein.

Wenn Sie glauben, die einzige Konkurrenz für eine private weiterführende Schule sei eine andere private weiterführende Schule, dann tragen Sie Scheuklappen. Was ist mit Heimunterricht, Onlineklassen und was passiert bei einer Rezession? Sogar ChatGPT hat einen Einfluss darauf, wie Schulen sich aufstellen sollten, denn es macht Information zum Massenprodukt.

Bei privaten Hochschulen besteht die Konkurrenz nicht nur in anderen Privatschulen und günstigeren öffentlichen Schulen. Ebenso können politische Veränderungen bei den Studienkrediten, eine Rezession oder vor allem auch die *Veränderung der Ansichten über Bildung in der Öffentlichkeit* einen riesigen Einfluss haben. In dem Augenblick, in dem das Narrativ sich ändert und die Leute nicht mehr glauben, dass ein Hochschulabschluss für den Erfolg im Beruf vonnöten ist, ist es mit dem Nutzenversprechen dahin.

Eine breitere Perspektive auf die Konkurrenz einzunehmen, bedeutet nicht, dass Sie sich ständig Sorgen darüber machen, was falsch laufen könnte. Es bedeutet, dass Sie bewusst die eigenen Konkurrenten identifizieren, um zu sehen, ob diese es auf Sie abgesehen haben und Löcher in Ihr Geschäftsmodell stechen. Wenn Sie das sehen, müssen Sie Ihre wichtigsten Alleinstellungsmerkmale anpassen, um die Bedürfnisse Ihrer Kunden zu befriedigen. Die Top-Universitäten sahen Online-Bildungsmöglichkeiten als Bedrohung, aber als diese Schulen realisierten, dass sie ihre eigenen Onlinekurse und -abschlüsse anbieten konnten, wurde es zu einer weiteren Einkommensquelle.

Indirekte und unsichtbare Konkurrenz

1. Zinssätze
2. Veränderungen des Kundenverhaltens
3. Technologie, die Sie überflüssig macht
4. Die Wirtschaft und wirtschaftliche Entwicklungen
5. Gesetzgebung und Lobbys
6. Unternehmen, die auf andere Weise die gleichen Kundenbedürfnisse ansprechen
7. Paradigmenwechsel, die einen Einfluss auf Ihr Nutzenversprechen haben

Der beste Detektiv sind Sie selbst

Wenn Sie besser darin werden, Informationen über die Konkurrenz zu erlangen, können Sie bessere Entscheidungen treffen, die Risiken minieren und den Gewinn steigern. Und genau das sollten Sie als Geschäftsinhaber oder Intrapreneur tun, wenn Ihr Unternehmen lange am Markt Bestand haben soll. Sie können so viele Recherchebüros und Beratungsfirmen anstellen, wie Sie wollen, aber der beste Ansatz besteht darin, eigene Nachforschungen über die Konkurrenz anzustellen.

Als ich mit Anfang 20 Mitgliedschaften für Bally Total Fitness verkaufte, wollte ich herausfinden, was meine Konkurrenten den potenziellen Kunden erzählten.

Ich rief bei LA Fitness und 24 Hour Fitness an und tat, als wäre ich ein Kunde. Ich hörte mir ihre Verkaufsargumente an und machte Notizen. Dann nannte ich jeden Einwand, der mir einfiel, um mir ihre Widerlegungen dieser Einwände anzuhören. Erneut machte ich Notizen und fügte sie meiner eigenen Liste an Argumenten hinzu, wie man Einwände überwindet.

Sobald ich alles über sie herausgefunden hatte, was ich wissen wollte, versuchte ich, alles über *mein Unternehmen* herauszufinden. Also rief ich auch in anderen Filialen von Bally Total Fitness an. Dafür werden normalerweise Marketingfirmen bezahlt. Da wenige das mit demselben Blick fürs Detail tun, wie Sie selbst es tun können, empfehle ich, dass Sie zu Beginn diese Aufgabe einfach selbst erfüllen. Direkt nachdem ich gehört hatte, wie Ballys Verkaufsargumente lauteten, rief ich meine Konkurrenten an und sagte: »Meine Freundin will, dass wir lieber zu Bally gehen. Sie ist überzeugt, das ist das beste Fitnessstudio in der Stadt.«

Das war die perfekte Methode, um zu hören, welche Argumente die Konkurrenz gegen mich vorbrachte. Sie listeten alles Negative über Bally auf. »Da braucht man einen festen Vertrag. Die werden ständig verklagt, weil Leute aus ihren Verträgen rauswollen. Das Equipment ist veraltet. Sie haben keinen Basketballplatz. Die Öffnungszeiten sind kürzer.«

Ich spielte das Spiel mit. »Ja«, sagte ich, »aber sie haben eine Dampfsauna und einen Whirlpool, und sie sagt, dass es dort die besten Personal Trainer gibt.«

Wieder hielt ich den Mund und hörte zu. Sie erzählten mir alles Negative über Bally, das sie auch ihren Kunden erzählen.

Also, was glauben Sie, was passiert ist?

Wenn ich mich mit einem neuen potenziellen Kunden an einen Tisch setzte, war ich bereits fünf Züge weiter. Ich konnte sagen: »Ich wette, die Leute bei 24 Hour Fitness haben Ihnen vermutlich erzählt, dass …« Sie sahen mich an, als wäre es genau das, was man ihnen gesagt hatte. Und weil ich meine Konkurrenz kannte, hatte ich mich bereits darauf vorbereitet, wie ich mich von ihnen abheben und etwas verkaufen konnte.

Im Film *Air* erzählte Sonny Vaccaro (gespielt von Matt Damon) Michael Jordans Mutter Deloris (gespielt von Viola Davis) genau, was Converse und Adidas in ihren Pitches sagen würden. Er gab Mrs. Jordan sogar Anweisungen, welche

Fragen sie stellen sollte, um die Schwächen bei Converse und Adidas aufzudecken. Als diese Pitches genauso abliefen, wie er gesagt hatte, verschaffte ihm das einen Riesenvorteil. Sie können diese Art von Vorteil nur dann erlangen, wenn Sie akribisch die Konkurrenz unter die Lupe nehmen.

Angesichts der sozialen Medien machen es uns die Konkurrenten leicht, sie zu studieren. Gehen Sie auf die LinkedIn-Seite der Konkurrenz, auf ihre Facebook-Seite und ihre Homepage. Es ist einfach, nicht nur die Preise zu vergleichen, sondern auch die Produkte und die Dienstleistungen, die online angeboten werden. Wenn Sie das nicht tun, werden Sie die Chancen auf einen Sieg übersehen.

Je größer die Konkurrenz, desto mehr müssen Sie recherchieren. Und Sie sollten nicht vergessen, an welcher Stelle der Feind ins Spiel kommt: Je mehr Sie Ihren Feind fürchten und respektieren, desto besessener werden Sie bei der Recherche über Ihre Konkurrenz. Wenn Sie eine neue Sportbar eröffnen, sollten Sie besser mehr tun, als nur jede Sportbar in der Stadt besuchen. Tauchen Sie da nicht nur einmal auf. Gehen Sie zu bestimmten Zeiten an verschiedenen Tagen und stellen Sie Dutzende Fragen. Geben Sie ordentlich Trinkgeld und fragen Sie Kellnerinnen und Barkeeper, an welchen Tagen am wenigsten los ist. Achten Sie auf die Sonderangebote auf der Karte. Beobachten Sie, wie sie an den Tagen, wenn es keine Sportveranstaltungen gibt, Kundschaft anlocken. Führen Sie so viel Wettbewerbsanalyse, wie Sie können, allein durch, und wenn Sie über das nötige Budget verfügen, investieren Sie in Marktforschung.

Das habe ich bei jedem Job gemacht, den ich je hatte. Als ich 2001 bei Morgan Stanley anfing, rief ich Smith Barney und TD Waterhouse an und dachte mir eine tolle Story aus. Ich wusste, was mich wie einen potenziellen Kunden aussehen lassen würde, also behauptete ich, ich hätte kürzlich Geld geerbt. Dann fragte ich: »Was ist bei Ihnen anders? Wieso sollte ich Ihnen das hart verdiente Geld meiner Tante anvertrauen?« Ich hörte zu und machte mir Notizen. Dann sagte ich: »Mein Bruder hat einen Freund, der bei Morgan Stanley arbeitet, und er glaubt, ich sollte zu denen gehen.«

Sie fingen an, es mir zu erklären, und ich machte Notizen! Ich wollte genau wissen, mit welchen Argumenten sie uns aus dem Geschäft drängen wollten. Und raten Sie mal? Bei meinen Fertigkeiten als Detektiv schafften sie das hinterher nie wieder.

Schlüsselfragen über die Konkurrenz

1. Wer sind Ihre direkten Konkurrenten?
2. Wer ist Ihre indirekte Konkurrenz?
3. Welche Konkurrenten sind nicht so offensichtlich, aber sollten dennoch im Auge behalten werden?
4. Wen unterschätzen Sie? Die Leute, die am meisten unterschätzt werden, sind diejenigen mit wenig Erfahrung, die nichts zu verlieren haben.
5. In welchen Aspekten sind Ihre Gegner stark? Welche Märkte/Bereiche können Sie abgeben?
6. Wo sind Ihre Gegner schwach? Welche Märkte/Bereiche können Sie angreifen?
7. Wen können Sie aufkaufen? Welche Strategien werden Sie anwenden, um zum niedrigsten Preis zu kaufen? (Schwächen Sie die Konkurrenz, um den Preis nach unten zu treiben.)
8. Wer könnte Sie aufkaufen? Welche Strategien werden Sie anwenden, um zum höchsten Preis zu verkaufen?

Wenn Sie die Konkurrenz identifizieren können, können Sie auch eine Strategie entwerfen, wie man sie schlägt. Stellen Sie eine umfangreiche Liste an Konkurrenten zusammen und finden Sie heraus, wie Sie sich von ihnen abheben können. Während Sie sich auf das kommende Jahr und auf die nächsten zwei Jahrzehnte vorbereiten, müssen Sie über den Tellerrand des bereits Bestehenden hinausblicken.

Nutzen Sie die Konkurrenz, um Kapital zu sparen

Nehmen wir einmal eine andere Perspektive auf das Thema Konkurrenz ein. Wenn Sie das nächste Jahr planen, sollten Sie nicht nur darüber nachdenken, wie Sie den Umsatz steigern, sondern auch, wie Sie Kosten begrenzen. Eine der besten Methoden besteht darin, immer mehrere Unternehmen zu haben, die auf Ihr Unternehmen bieten. Wenn ich irgendetwas an mein Team delegiere – ob es darum geht, Computer zu kaufen oder Büroausstattung, Anwälte anzuheuern oder ein Hotel für eine Tagung auszusuchen –, wissen die Leute immer, dass sie mit mindestens drei Optionen aufwarten müssen.

Wieso glauben Sie, dass ein Gebrauchtwagenhändler immer darauf drängt, dass Sie noch *heute* kaufen? Wenn Sie zur Konkurrenz gehen, finden Sie vielleicht einen besseren Preis. Wenn Sie noch einen Schritt weitergehen und mehrere Preisvorschläge bei verschiedenen Händlern einholen, können Sie diese gegeneinander ausspielen. Damit erlangen Sie die Kontrolle und erhalten den besten Deal. Und wenn Sie damit aufhören, besonders bei Anwälten und Beratern, wird Ihnen das Geld zwischen den Fingern zerrinnen.

In einer Mastermind-Gruppe, die ich leitete, unterhielt ich mich mit einem Unternehmer, der Anrufe von Private-Equity-Firmen erhielt, die in ihn investieren wollten. Er hatte ein Unternehmen für Solartechnik, das 70 Millionen im Jahr machte, davon 10 Millionen Dollar EBITDA (Ergebnis vor Zinsen, Steuern, Abschreibungen auf Sachanlagen und immaterielle Vermögenswerte; das »Bruttoergebnis«, das die meisten Investoren vor allem interessiert). Es war keine Überraschung, dass die Private-Equity-Unternehmen Anteile von ihm kaufen wollten. Ich fragte: »Haben Sie schon mal vorher eine Finanzierungsrunde gemacht?«

Er verneinte. Das war ihm alles fremd. Ich warnte ihn, auch wenn die Firmen ihn zuerst umwarben, würde es nicht lange dauern, bis sie ihn mit ungünstigen Bedingungen niedermachen würden. Sie würden so viel Equity wie möglich verlangen und außerdem Mittel und Wege suchen, ihn zu kontrollieren. Das Schlüsselwort ist Kontrolle. Ob die anderen Vorstandsposten besetzen wollen oder mit einer Übermacht von Anwälten die Vertragsbedingungen bestimmen würden, er würde es mit Geiern zu tun haben, die sich als Verbündete ausgaben.

Sich dagegen zu wehren, geschieht durch Wissen, besonders durch Recherche über die Konkurrenz in diesem Bereich. Ich sagte ihm, er solle online gehen und herausfinden, für welche Preise die letzten zehn Solarfirmen verkauft worden waren, und dann ermitteln, wer sie verkauft/die Deals vermittelt hatte und wer sie kaufte.

Wenn Sie sich mit Ihrem Unternehmen in einer ähnlichen Situation wiederfinden, ist es einfach, nach einem Unternehmen zu suchen, das einen Verkäufer vertritt. Es ist vermutlich ein großes Unternehmen wie Goldman Sachs oder UBS. Rufen Sie diese Investmentbanker an. Hier ist das Skript: »Hallo, ist da Max Mustermann? Gut. Ich habe erfahren, dass Sie XYZ für X Euro verkauft haben. Mir gehört eine Solarfirma. Unser Umsatz ist X Euro und unser EBITDA ist Y Euro. Wir sind in den Inc. 5000. Andere Käufer und Investoren sind an mich herangetreten. Bevor ich entscheide, mit wem ich eine Partnerschaft eingehe, hielt ich es für das Beste, erst meine eigenen Recherchen anzustellen, wie die Marktlage ist. Woran sind Investoren heute interessiert? Was ist ihnen wichtig? Worauf legen sie den meisten Wert? Ist es nur EBITDA? Ist es Technologie? Sind es die Märkte, die noch nicht erschlossen sind? Wie sieht der Markt überhaupt aus? Führen Sie solche Deals durch? Wie sieht die Gebührenstruktur aus?«

Rufen Sie dann noch mindestens drei andere Investmentbanker an. Genauso wie ich den anderen voraus war, als ich Mitgliedschaften in Fitnessstudios verkaufte, weil ich Recherchen anstellte, werden Sie den gleichen Vorteil nutzen können. »Interessant, dass Sie das sagen. Ich habe gerade mit John von Goldman Sachs gesprochen. Die haben ABC verkauft. Sie haben mir gesagt, ihre Gebührenstruktur sieht folgendermaßen aus …«

Wenn die anderen sehen, dass Sie Ihre Hausaufgaben gemacht haben, müssen sie in einen *Wettstreit* untereinander treten. Sie werden von Ihren Investoren die besten Deals erhalten und die besten Bedingungen aushandeln können, indem Sie diesen bewusst machen, dass Sie auch deren Konkurrenz genau im Auge haben.

Während Sie für das nächste Jahr planen, sollten Sie ein Audit für all Ihre Ausgaben machen. Bei allem über 1000 Euro sollten Sie mindestens zwei Angebote haben. Bei allem über 5000 mindestens drei und bei allen Ausgaben über 25.000 mindestens vier. Das ist besonders wichtig für all Ihre Dienstleister wie IT-Berater,

Versicherungen und Anwälte. Schildern Sie denen genau, was Sie tun. Sie werden schnell herausfinden, dass die Preise sich ändern, wenn sie wissen, dass Sie auch bei der Konkurrenz anfragen.

Finden Sie weiter neue Feinde

Mittlerweile denken Sie vielleicht, dass ich mit Zähnen und Klauen kämpfe. Wenn Sie ein »Psycho-Competitor« sind, werden Sie das lieben. Das finden Sie in keinem anderen Buch. Hier geht es nicht um *Chicken Soup for the Soul**. Wenn Sie einen Feind finden, der bei Ihnen Emotionen auslöst, dann tut mir dieser Feind leid!

Feinde sind das Heilmittel gegen Faulheit. Ich garantiere Ihnen, wenn Sie die richtigen Feinde haben, die die richtigen Emotionen auslösen, können Sie nicht faul sein. Wie lange würden Sie zulassen, dass jemand vor Ihren Augen Ihre Frau beleidigt, bevor Sie reagieren? Brauchen Sie eine Woche? Einen Monat? Was, wenn Sie in dem Moment müde sind? Wird es Sie davon abhalten, etwas zu unternehmen?

Ich höre nie auf, weiter nach Menschen zu suchen, die mir Antrieb geben. Jedes Jahr identifiziere ich wenigstens einen weiteren, spezifischen Feind. Ich kann tagelang Geschichten über Feinde erzählen, die mich motiviert haben:

- Eine Verwaltungsfachkraft im Krankenhaus, über die ich mich geärgert habe, als mein Vater krank wurde. Sie wollte sich nicht um meinen Vater kümmern, als er sie nach einem weiteren Herzinfarkt gebraucht hätte.
- Ein Unternehmen, das nicht auf meinen Vorschlag hörte und mir im Grunde sagte: »Halt die Klappe und verkaufe.«
- Ein Unternehmen, das mich verklagte, als ich mein eigenes Unternehmen gründete.

* Anm. d. Übers.: Eine US-amerikanische Buchserie mit inspirierenden Geschichten ganz normaler Menschen.

- Die Berufsberaterin an der Highschool, Ms. K., die mir sagte: »Mir tun deine Eltern leid. Wenn ich dein Elternteil wäre, würde ich auch einen Herzinfarkt bekommen. Deinetwegen stehen sie ganz schön unter Druck.«

Ich will Sie noch einmal daran erinnern, dass all diese Storys dazu gedacht sind, Sie selbst zum Nachdenken über Ihr eigenes Leben anzuregen. Nehmen Sie sich einen Moment Zeit und danken Sie über mindestens die letzten drei Feinde in Ihrem Leben nach. Ich will nicht, dass Sie bei diesem Prozess nur Zuschauer bleiben.

Als ich 25 war, hatte ich den Eindruck, auf dem richtigen Weg zu sein. Nachdem mein Vater bei dieser Weihnachtsparty bloßgestellt worden war, benutzte ich den Anschub durch diesen Feind, um mein Wissen zu mehren und mich mehr anzustrengen. Als mein Ford Expedition wegen Zahlungsverzug eingezogen wurde, fuhr ich einen Ford Focus ohne elektrische Fensterheber. Als ich langsam etwas mehr Geld verdiente, ertrank ich nicht mehr in Schulden oder machte mir Sorgen, wie ich meine Rechnungen bezahlen sollte. Ich war erfolgreich genug, um etwas zu entspannen. Es war zwar angenehm, nicht mehr pleite zu sein, aber ich bemerkte auch, dass ich es mir vielleicht zu bequem machte. Basierend auf dem letzten Vierteljahr hatte ich ein Plateau erreicht. Nichts wies darauf hin, dass es im nächsten Jahr besser werden würde.

Genau wie ich es Ihnen auch raten möchte, musste ich mir einen neuen Feind suchen. Die Männer auf der Party brachten mich nicht mehr genug in Wallung. Die Wunde, die einst noch offen gewesen war, hatte sich größtenteils geschlossen. In dem Moment wurde mir klar, dass ich einen neuen Feind brauchte. Nennen wir ihn Harry. Er war ein direkter Konkurrent der Firma, in der ich arbeitete.

Harry war dafür bekannt, respektlos zu sein, und mir gefiel nicht, wie er mit seinen direkten Untergebenen umging. Dabei lassen sich zwei Trends erkennen. Zuerst einmal mag ich keine Fieslinge, die ihre Macht missbrauchen. Zweitens kann ich sehr territorial orientiert sein, wie Sie bei den Männern gesehen haben, die meinen Vater auf der Weihnachtsparty beleidigten. Ich dulde es nicht, wenn jemand meine Familie und meine Kollegen beleidigt.

Harry war einer der am besten verdienenden Menschen in meiner Branche, hatte eine wunderschöne Frau und verdiente viel Geld als Motivationsredner.

Manchmal stellt uns Gott einen Goliath vor die Nase, um unseren inneren David zum Vorschein zu bringen. Als mein Goliath nicht erschien, suchte ich nach ihm.

Ich erfuhr von einer großen Konferenz in Phoenix, bei der Harry eine Rede hielt. Ich stieg in meinen Ford Focus und fuhr sechs Stunden durch die Wüste, damit ich hören konnte, was er zu sagen hat. Harry hat vielleicht gewusst, wer ich bin, aber er glaubte nicht, dass ich überhaupt in seiner Liga spielte. Ich war damals noch zu sehr Amateur, um ein würdiger Konkurrent zu sein. Ich fühlte mich, als würde Harry mich nicht respektieren, aber das fand nur in meinem Kopf statt. Das können Sie als Ratschlag sehen; Ihr Feind muss nicht einmal wissen, dass er Ihr Feind ist.

Harry verdiente 2 Millionen Dollar im Jahr und lebte in einem Haus, das 4 Millionen Dollar gekostet hatte. Er konnte hervorragend Reden halten. Er wusste, wie man Emotionen nutzt, um einen Traum zu verkaufen, und er war dabei detailliert genug, einen logischen Weg zu skizzieren. Er war nicht zufällig Millionär. Und natürlich hatte er einen Haufen Speichellecker um sich versammelt. Nach der Rede kämpfte ich mich durch eine Gruppe von Leuten, bis ich ihm gegenüberstand, und als wäre ich besessen, sagte ich zu ihm: »Ich werde ein Unternehmen aufbauen, das zehnmal so groß wie Ihres ist, und Sie werden niemals in der Lage sein, mit mir auf einem Level zu konkurrieren.«

Der Ansatz der Konfrontation funktioniert nicht für jeden. In seinem Buch *Die Kunst des Krieges* schrieb Sun Tzu sogar: »Wecke niemals einen Feind.« Aber ich versuchte, mich selbst zu wecken. Der richtige Feind wird etwas für Ihr Unternehmen leisten, was kein Kapital der Welt tun kann. Wenn Sie den richtigen Feind finden, kann das Millionen wert sein, wenn nicht noch mehr. Ich hatte nicht den Hauch eines Belegs, dass ich erfolgreich sein könnte, aber ich hatte das Feuer in meinen Augen, und ich konfrontierte Harry.

Er flippte aus. Die Security-Mitarbeiter kamen näher. Jeder um uns herum dachte, dass wir uns schlagen würden. Ich hatte nicht vor, einen Schlag zu landen, aber ich war vorbereitet, mich zu verteidigen. Ich war auf einen Schlag gefasst. Zur Erleichterung der Security griff mich Harry nur verbal an. Er beschimpfte mich auf jede erdenkliche Weise. Diese Beleidigungen taten nicht weh, aber dann ging er ins Detail. »Bet-David, Sie reden Müll. Sie sind nicht bereit, so hart zu arbeiten wie ich. Sie sind nicht so fokussiert wie ich. Sie sind kein so guter Leader wie ich. Und das werden Sie auch nie sein.«

Ich sah ihm direkt in die Augen und sagte: »Danke, Kumpel. Das war genau die Botschaft, für die ich heute sechs Stunden gefahren bin.«

Harry sah so verwirrt aus wie die Gruppe, die sich um uns versammelt hatte. Diejenigen, die auf eine Schlägerei gehofft hatten, sahen ihren Wunsch nicht erfüllt, aber ich den meinen sehr wohl. Direkt nachdem ich mich bei Harry bedankt hatte, atmete ich tief durch und dachte so bei mir: Das war genau, was ich hören musste. Er sagte Dinge, die zutrafen, die andere mir aber nicht sagen wollten. Welch ein Geschenk. Nun konnten wir in den Krieg ziehen.

Dieser Ansatz mag sich extrem anhören und er *ist* es auch. Aber dieses Buch ist für die wenigen Unerschrockenen geschrieben. Es ist nicht für die vorsichtige Mehrheit gedacht.

Sofort nach dieser Konfrontation war ich unglaublich angespornt. Ich dachte mehrmals am Tag über Harry nach. Ich druckte seine Worte aus und laminierte sie: »Bet-David, Sie reden Müll. Sie sind nicht bereit, so hart zu arbeiten wie ich. Sie sind nicht so fokussiert wie ich. Sie sind kein so guter Leader wie ich. Und das werden Sie auch nie sein.«

Wenn Sie Ihren Feind nutzen wollen, um Emotionen auszulösen, müssen Sie alles tun, um dieses Gefühl zu erhalten. Sportmannschaften suchen immer nach Material für »die Umkleide«. Jedes böse Wort von einem Gegner wird ausgedruckt und an das Schwarze Brett gepinnt oder auf eine Tafel geschrieben. Es könnte auch eine Voodoo-Puppe oder ein Bild sein, das Sie auf eine Dartscheibe heften. Das Ziel ist nicht, sich lächerlich zu machen, es besteht darin, den Feind stets im Kopf und vor Augen zu haben – bis Sie die nächste Stufe mit dem nächsten Feind erreicht haben.

Ich führe eine Liste all der gemeinen Sachen, die Leute über mich gesagt haben. Ich gehe sie ständig im Geiste durch. Als hätte es Sun Tzu befohlen, stehen mir meine Freunde nahe, aber meine Feinde noch näher.

Zu einem neuen Feind aufsteigen

Jahre später bekam Harry Probleme mit der US-Börsenaufsichtsbehörde und stürzte ab. Und ehrlich gesagt ärgerte mich das. Erstens hatte ich gar nichts persönlich gegen ihn und zweitens vermisste ich es, mit ihm in Wettstreit zu stehen. Als ich von seinem Niedergang erfuhr, habe ich es ihm da unter die Nase gerieben? Natürlich nicht. Wenn ich das getan hätte, hätte das nur belegt, dass ich den gleichen Fehler machte, wie ihn Harry gemacht hatte: Ich hatte den falschen Feind gewählt.

Als ich Ende 2021 meinen ersten Workshop über Businessplanung leitete, gab es zuerst gemischte Reaktionen. Als ich emotional wurde, dachten einige der zugeknöpften CEOs, dass ich den Verstand verloren hatte. Dann ging es in jeder Frage und in jedem Kommentar beim anschließenden Q&A um Feinde. Leute weinten. Die Emotionen flossen aus ihnen heraus, als sie über ihre Feinde redeten. Das restliche Jahr erhielt ich Anrufe von Businessinhabern und Verkaufsleitern, die mir berichteten, wie sie exponentielles Wachstum erzielt hatten, indem sie sich auf einen Feind konzentrierten.

Einer der CEOs, den ich mentoriere, hatte den Jahresumsatz seines Unternehmens von 10 Millionen Dollar im Jahr 2016 bis 2020 auf mehr als 40 Millionen gesteigert. Nennen wir ihn Pablo. Er besuchte den Workshop 2021, weil er ein Plateau erreicht hatte. Das Problem beim Skalieren eines Unternehmens besteht darin, dass man mehr Gemeinkosten hat. Als das Wachstum 2021 also stagnierte, machte er kaum Profit.

Sie können sich bestimmt inzwischen denken, dass ich Pablo nach seinen Feinden fragte. Es stellte sich heraus, dass seine Tochter einen Mann geheiratet hatte, dessen Vater ihn fertiggemacht hatte, als er noch ein Kind gewesen war. Statt durch die Heirat ihrer Kinder ein Band zu formen, brachte dieser Mann Pablo weiter auf die Palme. Der Mann kam kaum über die Runden, also war offensichtlich, dass er von Eifersucht motiviert war. Aber Emotionen sind nicht logisch! Für Pablo strömten all die Kindheitstraumata wieder auf ihn ein und lenkten ihn vom Business ab. Es wurde zu einer Kettenreaktion, die ihn bei der Arbeit und zu Hause beeinflusste. Statt sich auf einen würdigen Feind zu konzentrieren, ließ sich Pablo auf schädliche Weise ablenken.

Ich musste Pablo nur ein paar Fragen stellen, um ihm das Problem vor Augen zu führen. Er war nicht zu einem neuen Feind aufgestiegen. Er beherrschte den lokalen Markt; verdiente mehr Geld, als er sich je erträumt hatte. Feinde hatten ihm auf dem Weg nach oben den Treibstoff geliefert, und die Angst, nicht gut genug zu sein, hatte ihn zu einem Krieger gemacht. Unterbewusst hatte er nach einem neuen Feind gesucht.

Pablos Fehler bestand darin, sich den falschen Feind gesucht zu haben. Er kämpfte gegen einen Mann, den er bereits besiegt hatte. Er wollte Rache an einer Person, die kein würdiger Konkurrent war und ihn nicht weiterbringen würde. Um zu einem neuen Feind aufzusteigen, müssen Sie einige Feinde hinter sich lassen, die Ihrer Energie nicht würdig sind. Wenn Sie zu lange über einen Feind nachdenken, den Sie bereits geschlagen haben, können Sie nicht losziehen, um den nächsten Drachen zu erschlagen.

Als Pablo einen neuen Feind identifiziert hatte – einen örtlichen Konkurrenten, der ihm Marktanteile gestohlen hatte und mit besserer Technologie ausgestattet war –, wusste er genau, wie und worauf er seine Anstrengungen lenken konnte. Seine Systeme und die Bausteine, um eine Unternehmenskultur aufzubauen, waren schwach. Er musste die Lücken schließen, die er in seinen eigenen Fähigkeiten aufgespürt hatte, inklusive Konfliktlösung. Er verließ den Workshop mit einer ganzen Leseliste. Einen eindeutigen Feind zu haben, hatte seinen Fokus neu ausgerichtet. Das schuf einen positiven Effekt, der auf andere Bereiche ausstrahlte. Nachdem er seine Prioritäten wieder sortiert hatte, war er in der Lage, die Wogen zu glätten und sich mit dem Mann zu versöhnen, der ihm als Kind das Leben schwer gemacht hatte. Im Ergebnis verbesserte sich die Beziehung zu seiner Tochter, und er war auf bestem Wege, eine glückliche erweiterte Familie aufzubauen.

Lassen Sie sich das eine Warnung sein: Pablos Unternehmen hätte leicht den Bach runtergehen können, wenn er weiter seine Feinde so *wenig* weise ausgesucht hätte.

Wenn Sie auf Widerstände stoßen, nutzen Sie Ihre Feinde

Ihr Feind ist auch Ihre Konkurrenz, aber Ihre Konkurrenz ist vielleicht nicht immer Ihr Feind. Es ist sogar so: Wenn Sie keine emotionale Energie durch einen Konkurrenten mobilmachen können, kann das zu Selbstzufriedenheit führen. Wenn Sie diese Energie haben, finden Sie auch eine Kraft, von der Sie nicht wussten, dass Sie sie hatten.

2011 lag ich eines Abends neben meiner Frau Jennifer im Bett. Mein Unternehmen bestand seit zwei Jahren, und gerade als ich dachte, dass wir das Gröbste hinter uns hätten, erhielt ich einen Anruf mit schlechten Neuigkeiten. Die Person am anderen Ende sagte: »North American wird in 30 Tagen den Vertrag mit dir kündigen.« Das war unser größter Versicherer, ein Unternehmen von 40 Milliarden Dollar Wert. Ohne einen Versicherungsträger hatten wir kein Produkt, das wir verkaufen konnten. Ohne ein Produkt zum Verkauf hatten wir kein Unternehmen mehr. Es sah finster aus.

Meine Konkurrenten witterten Blut. Sie kamen mir zuvor und riefen andere Versicherungsträger an, um ihnen zu sagen, dass wir pleitegingen und sie nicht mit mir arbeiten sollten. Es verbreitete sich die Nachricht, dass ich kurz vor dem Bankrott stand. Leider waren die Gerüchte wahr. Ich kann all das jetzt offen aussprechen, aber damals durften wir keine Schwäche zeigen oder jemanden wissen lassen, dass uns das Geld ausging.

Ich konnte North American keinen Vorwurf machen, weil sie uns fallen lassen wollten. Wir waren bei einigen der Bausteine zu schwach aufgestellt. Wir verfügten nicht über die nötige Technologie, die Infrastruktur oder die Systeme. Ich war als CEO nicht ausreichend qualifiziert. Ich redete mit dem Präsidenten von North American, Garth, und bettelte, den Vertrag bestehen zu lassen. Ich erzählte ihm die Wahrheit, dass wir keine anderen Optionen hatten und aus dem Geschäft gedrängt werden würden. Garth war durchaus empathisch, aber er musste sich um sein Geschäft kümmern und nicht um mich und war nicht zu überzeugen. North American ließ uns fallen. Aber selbst angesichts dieses Aufruhrs mussten wir Stärke zeigen.

Jennifer hatte mich geheiratet im Wissen, dass ich leicht ein hohes siebenstelliges Einkommen bei meinem ehemaligen Arbeitgeber als Verkaufsleiter hätte verdienen können. Stattdessen hatte ich 13.000 Dollar auf der Bank, und alle Zeichen standen auf Sturm. Sie erhielt Anrufe, was für einen großen Fehler sie gemacht hätte – und die Belege, um diese Behauptung zu untermauern, waren durchaus zahlreich.

Ich kam eines Abends gegen Mitternacht aus dem Büro, und sie lag weinend im Bett, weil sie eben eine Fehlgeburt erlitten hatte. Sie versuchte, sich zusammenzureißen, aber der Druck war gewaltig. Wir beide litten darunter. Noch schlimmer wurde es dadurch, dass ich das Gefühl hatte, es sei alles meine Schuld gewesen. Wenn ich nicht meine alte Stelle gekündigt und ein Unternehmen gegründet hätte, wäre unser Leben sehr viel friedlicher gewesen.

Um 1:30 Uhr schlief sie schließlich ein, und ich ging nach draußen. Wir wohnten in einem Apartmentkomplex namens The Summit. Ich schnappte mir meinen iPod und hörte »I Want to Know What Love Is« von Foreigner, denn es erinnerte mich an meine Zeit beim Militär. Außerdem wollte ich wirklich wissen, was Liebe in der Versicherungsbranche sein sollte, denn damals empfand ich nicht viel davon.

Als ich herumlief, betete ich und redete zu Gott. Ich fragte: »Wieso passiert das?« Ich hatte das Gefühl, ich hätte das Richtige getan. Ich arbeitete 100 Stunden die Woche. Ich las. Ich trieb mein Team zu Höchstleistungen, und ich war ein Leader. Erneut stellte ich Gott die Frage: »Wieso passiert uns das?«

In der Rückschau ist mir klar, dass ich mich wie ein Opfer anhörte, und das half mir überhaupt nicht weiter. Mir geht es nicht darum, dass Sie Mitleid mit mir haben sollen. Ich will Sie warnen. Wenn Sie eine große Vision haben, wird es häufig Momente wie diesen geben. Sie werden vor Entscheidungen gestellt, die sich anfühlen, als ginge es um Leben und Tod. Das ist zumindest zum Teil der Preis, den wir bezahlen müssen, wenn wir Großes leisten wollen. Und genau deswegen ist dieses Buch für die wenigen Unerschrockenen.

Ich habe in dieser Nacht nicht geschlafen. Alles, woran ich dachte, waren die Menschen, die an mir gezweifelt hatten, mich gemobbt, beschämt und verleumdet hatten. Ich kann Ihnen einige Namen nennen und was sie gesagt hatten:

Barney: »Sie werden es nicht schaffen. Sie haben nicht die Erfahrung, um eine Versicherungsagentur zu leiten.«

Edgar: »Sie werden scheitern und Bankrott anmelden. Ihr Unternehmen ist ein Witz.«

Als ich im Bett lag, konnte ich nur an diese Feinde denken. Edgar hatte jeden in der Branche angerufen, um das Gerücht zu verbreiten, dass wir pleitegehen. Er hatte sogar gefälschte Accounts angelegt, um mich schlechtzumachen, bis er eines Tages vergaß, seine Accounts auf Facebook zu wechseln, und wir feststellten, dass er es war. Edgar löschte schnell seine Nachricht und sagte, es wäre sein Assistent gewesen, der sein Handy hatte. Noch während des Vorgangs wusste ich, dass alles ein Spiel war, und ich sah es als ein Zeichen von Schwäche. Tatsächlich steigerte es mein Selbstvertrauen, denn ich wusste, dass Goliath Angst vor David hatte. Noch dazu hätten Edgar und der Rest der Zweifler recht behalten, wenn ich das Handtuch geworfen hätte. Ich war zu stolz, um ihnen diese Genugtuung zu bereiten.

Als Jen aufwachte, hatte ich mich immer noch nicht beruhigt. Da keiner von uns in gutem Zustand war, fragte ich: »Glaubst du, wir haben die richtige Entscheidung getroffen, ein Unternehmen zu gründen?«

Sie sah mich an und wusste, welcher Druck auf mir lastete. Nach ein paar Sekunden sagte sie: »Was immer du auch tust, Baby, ich stehe hinter dir.«

In diesem Moment wurde mir klar, trotz all meiner Schwächen und Fehltritte hatte ich zwei Sachen richtig gemacht. Ich hatte meine Feinde weise gewählt, und ich hatte meine Lebenspartnerin weise gewählt. Die Feinde trieben mich an und meine Frau unterstützte mich.

Mir wurde außerdem klar, dass keine Zeit war, um in Selbstmitleid zu schwelgen und sich wie ein Opfer aufzuführen. Am nächsten Tag rief ich alle und jeden an, den ich kannte. Ich stieß auf Möglichkeiten, die mir nicht einmal bewusst gewesen waren. Vor diesem Tag hätte ich nie in Erwägung gezogen, mit AIG Geschäfte zu machen, denn sie verlangten die Prämien drei Monate im Voraus.

Aber da ich mit dem Rücken zur Wand stand, rief ich bei AIG an. Meine einzige Bitte war, dass sie mir in die Augen sahen, bevor sie Nein sagten. Als sie zustimmten, flog ich sofort nach Houston, Texas. 2011 hatte AIG ebenfalls viele Feinde. Tatsächlich war AIG damals das meistgehasste Unternehmen in Amerika. Sie konnten sich nach der Finanzkrise kaum über Wasser halten.

Ich werde nie vergessen, wie ich in diesem Raum in Houston mit 20 Personen um einen Tisch saß. Da saß also ich, ein Typ, der kaum die Highschool geschafft hatte, in einem Vorstandszimmer mit einem Haufen Anwälten und Compliance Executives und nutzte jede Unze an Emotion und Logik, die ich aufbringen konnte, um ihnen zu versichern, dass es sicher war, mit mir Geschäfte zu machen. Sie nahmen mich richtig in die Mangel und stellten etliche Fragen. Einige der Leute im Raum waren überzeugt. Andere sahen aus, als konnten sie es kaum erwarten, dass ich wieder ging. Der Einsatz war für mich zu hoch, um aufzugeben. Es dauerte fast drei Stunden, bis sie überhaupt in Erwägung zogen, mir einen Vertrag anzubieten.

Sie brauchten uns und wir brauchten sie. Uns einte das Verlangen, es unseren Feinden zu zeigen. Ich setzte meinen Pitch fort und sie stimmten schließlich zu. Wir erhielten den Vertrag und retteten unser Unternehmen. Der unbesungene Held meiner Firma war Edgar, unser Feind. Er hat uns vielleicht kurzfristig geschadet, aber langfristig hat er uns sehr viel widerstandsfähiger gemacht.

Neun Jahre später wollte uns North American wieder als Geschäftspartner haben. Haben wir da trotzig die Nase in die Luft gereckt und Nein gesagt?

Das wäre Ego und törichter Stolz. Das ist kein gutes Geschäftsgebaren. Wir sagten Ja. Sie waren nie unser Feind, sondern ein geschickt agierendes Unternehmen, das zum Katalysator dafür wurde, dass ich die Energie meiner Feinde nutzte und noch einen Gang hochschaltete, von dem ich nicht mal wusste, dass er vorhanden war. Auch wenn es das erste Mal nicht gut endete, haben wir heute eine sehr gute Beziehung zu ihnen.

Mitleid für Ihre Feinde

Mittlerweile verstehen Sie, wie Sie Ihre Feinde wählen sollten und wie wichtig es ist, sich neue zu suchen, wenn die alten einen nicht mehr weiterbringen. Menschen wie Edgar und Harry waren damals großartige Motivatoren, aber als sie ihren Zweck erfüllt hatten, verschwendete ich keinen Gedanken mehr an sie. Wie unser Freund Pablo gelernt hat, ist es gesund, Feinde zu haben, einen Groll zu hegen hingegen nicht.

Keiner meiner Feinde, die mich antrieben, als ich mein Unternehmen gründete, tun das heute noch. Mittlerweile schätze ich sie als Konkurrenten, denn sie kämpfen nach wie vor. Jeder, der bereit ist, in die Arena zu steigen, verdient meinen Respekt. Ob derjenige dreckig oder fair kämpft, ist egal, ich bin schon ein großer Junge und weiß, wie das Spiel läuft.

Meiner Meinung nach ist es falsch, jemanden zu treten, der am Boden liegt. Bei einem Verkaufswettbewerb können Sie mit allen Mitteln kämpfen und Ihre Teammitglieder herausfordern. Das ist alles Teil einer gesunden, auf Wettbewerb ausgelegten Businesskultur. Aber bestimmte Grenzen überschreitet man nicht.

Nachdem Harry in Schieflage geraten war, verbreitete er schlimme Gerüchte über mich. Ich hatte mir neue Feinde gesucht, aber für ihn war ich Feind Nummer eins. Dann rief mich Harry aus heiterem Himmel eines Nachts kurz vor Mitternacht an. Ich hörte, dass er weinte. Harry gestand mir, dass er am Boden war, als er zehn seiner Broker verloren und Ärger mit der Börsenaufsicht bekommen hatte. Ich hörte zu und tat alles, um ihn zu trösten. Wir verabredeten ein Treffen bei Denny's und ich behandelte ihn wie ein menschliches Wesen und nicht wie einen Feind.

In der UFC* provozieren sich die Gegner bis aufs Blut. Sie kämpfen, als ginge es um Leben und Tod, und wenn alles vorbei ist, umarmen sie sich. Es besteht ein gegenseitiger Respekt zwischen Menschen, die mit vollem Einsatz ihres Körpers und ihres Stolzes vor einem Millionenpublikum kämpfen. Deswegen bin ich bereit, jedem Unternehmer zu helfen, der harte Zeiten durchmacht. Ich kann die Vergangenheit ruhen lassen und im direkten Zusammentreffen mein Bestes tun, um ihnen zu helfen.

Ich gab Harry eine CD mit einer Predigt meines Pastors, Dudley Rutherford, weil ich dachte, sie könnte ihm die richtige Perspektive verschaffen, wie man mit Widrigkeiten fertigwird. Eine Stunde später, um 2:30 Uhr am frühen Morgen rief mich Harry an, wieder in Tränen aufgelöst. Er sagte mir, wie wichtig es für ihn gewesen war, diese Botschaft zu hören. Ich respektiere den Schmerz, der damit

* Anm. d. Red.: Ultimate Fighting Championship, eine US-amerikanische Mixed-Martial-Arts-Organisation.

verbunden ist, ein Unternehmen aufzubauen, und deswegen war ich für ihn da, um ihn zu unterstützen.

Seien Sie nicht überrascht, wenn Ihre Feinde sich an Sie wenden. Sie haben vielleicht schon mal den Spruch »Mühe dich lange genug, bis die Hater dich um einen Job bitten« gehört. Das ist mir schon Dutzende Male passiert und ich habe viele von ihnen eingestellt. Einige meiner Feinde wurden Verbündete, die mir halfen, gegen noch größere Feinde zu kämpfen. Und das passiert nur dann, wenn man seinen Feind mit Mitleid und gegenseitigem Respekt behandelt, wenn es die Situation erfordert.

Vor allem müssen Sie weise wählen

Wir haben eine Menge in diesem Kapitel behandelt. Die meisten Menschen können zu Beginn, wenn sie gerade ihr Unternehmen gestartet haben, ihre Feinde leicht benennen. Das zwingt sie, einen Gang hochzuschalten und zu Beginn gut aufgestellt zu sein. Für die vorsichtige Mehrheit tritt dann irgendwann die Selbstzufriedenheit ein. Wenn das passiert und das Feuer erloschen ist, erreicht man oft ein Plateau und stagniert, das sehe ich immer wieder. Und häufig kommt es dann zum Absturz. Das passiert, wenn man alte Feinde nicht durch neue ersetzt. So wie Boxer sich härtere Gegner suchen, müssen Sie sich stets neue Feinde suchen.

Feinde sind etwas Emotionales. Die Konkurrenz zu studieren, ist der logische Baustein, der eine große Rolle bei Ihrem Erfolg spielen wird. Sie haben gesehen, wie man selbst Recherchen anstellt und unter die Oberfläche blickt. Nehmen Sie eine breitere Perspektive auf Ihre Konkurrenz ein und gehen Sie einfach davon aus, dass die Leute jeden Tag mit dem Ziel aufstehen, Sie aus dem Geschäft zu drängen.

Die Konkurrenz zu studieren und die richtigen Feinde zu wählen, wird so lange weitergehen, wie Sie ein Business haben. Wählen Sie also weise.

IHRE BAUSTEINE

FEIND

Aktionen:

1. Lassen Sie Ihr Leben Revue passieren, um Ihre Feinde zu identifizieren. Diejenigen, die die meisten Emotionen hervorrufen, erhalten die Bestnoten.
2. Schreiben Sie auf, welche Aussagen eines Feindes Sie besonders hart getroffen haben. Denken Sie an den Blick. Das Grinsen. Je mehr Details, desto besser.
3. Suchen Sie sich einen bestimmten Feind für dieses Jahr, diese Saison oder eine bestimmte Kampagne aus. Nennen Sie wenigstens einen persönlichen Feind und einen für Ihr Unternehmen.
4. Eliminieren Sie alle Feinde von der Liste, die es nicht wert sind. Achten Sie auf Ihr Ego. Identifizieren Sie diejenigen, gegen die Sie einen Groll hegen, oder jemanden, der heute schon unter Ihnen steht, und entfernen Sie diejenigen ebenfalls.
5. Nehmen Sie sich genau jetzt vor, zu feiern, wenn Sie Ihren Feind besiegen.

KONKURRENZ

Aktionen:

1. Wer ist Ihre direkte Konkurrenz? Wer sind Ihre indirekten Konkurrenten?
2. Stellen Sie eine Liste anderer Lösungen als Konkurrenzangebot zusammen, die sich an die Bedürfnisse Ihrer aktuellen und potenziellen Kundschaft richten.
3. Stellen Sie die richtigen Fragen und identifizieren Sie die Konkurrenz, die noch nicht existiert.
4. Werden Sie zum Detektiv und studieren Sie die Konkurrenz, um zu sehen, wie sie sich Ihnen gegenüber positioniert. Finden Sie heraus, wie dort Anrufe und E-Mails beantwortet werden. Nehmen Sie deren Präsenz in den sozialen Medien unter die Lupe und ihre Websites. Analysieren Sie den Ansatz der Konkurrenz, um ihre Schwächen zu finden und herauszufinden, wie Sie sich davon abheben können.
5. Gehen Sie Ihre Ausgaben durch und stellen Sie sicher, dass Sie mehrere Angebote für alle Ihre Produkte und Dienstleistungen bekommen.

KAPITEL 5

Wille und Können

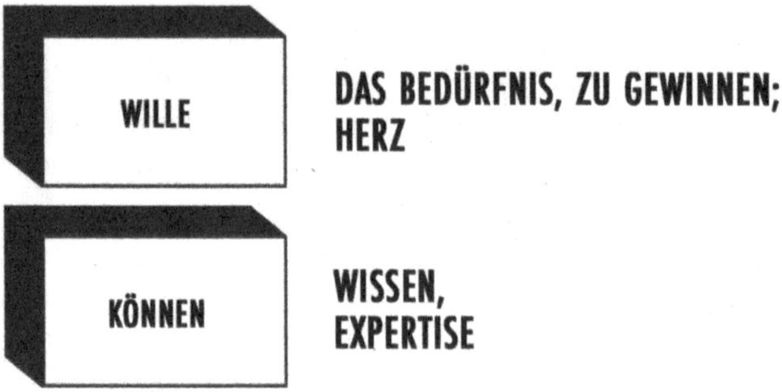

Du musst deinen Geist darauf trainieren, stärker zu sein als deine Gefühle, oder du verlierst dich selbst.

– Mike Tyson

Ich liebe Geschichten. Deswegen lese ich so viel und sehe mir etliche Filme an. Eine meiner absoluten Lieblingsszenen in einem Film stammt aus *The Dark Knight Rises* aus dem Jahr 2012 von Christopher Nolan, in dem Christian Bale Batman spielt.

Batman hat mehrmals versucht, aus dem Gefängnis zu fliehen, stets mit einem Seil, und jedes Mal ist er gescheitert. Er will schon aufgeben, als ein blinder Gefangener Folgendes zu ihm sagt: »Wie kann man schneller laufen als möglich, ohne die mächtigste Triebfeder unseres Geistes? Die Angst vor dem Tod.«

Batman sagt: »Ich fürchte den Tod. Ich habe Angst, hier zu sterben, während meine Stadt brennt. Niemand ist dort, der sie retten kann.«

»Wage den Aufstieg«, sagt der blinde Gefangene.

»Wie?«

»So wie das Kind. Ohne das Seil. Dann wird die Angst dich wiederfinden.«

Ich muss wohl nicht erzählen, was als Nächstes passiert. Es ist nur ein Film, aber ich bin jedes Mal begeistert, wenn ich diesen Ausschnitt sehe. Für mich hat in diesem Fall die Kunst das Leben imitiert. Hat der andere Gefangene logisch argumentiert? Hat er eine PowerPoint-Präsentation zusammengestellt, mit Tabellen und einer Pro- und Kontra-Liste, um Batman zu inspirieren?

Natürlich nicht. Wieso glaubt man also, das sei der einzige Weg, ein Unternehmen zu betreiben? Wieso schieben wir die Emotionen im Vorstandszimmer so schnell beiseite, wo sie doch der Treibstoff sind, der uns antreibt? Nehmen Sie sich ein Beispiel an dem blinden Gefangenen und finden Sie eine Möglichkeit, die Willenskraft anzuzapfen – Ihre und die anderer. Wenn Menschen am Boden sind, wenn sie sich fürchten, vollbringen sie das Unmögliche.

Das F-Wort (Furcht) hat einen schlechten Ruf. Furcht kann Sie antreiben, alles zu geben. Sie müssen zwei Verkäufe machen, um Ihre Quote zu erfüllen? Ist ja ein Riesending. Was passiert, wenn Sie zwei Verkäufe machen müssen, um eine lebensrettende Operation für Ihr Kind zu bezahlen?

Furcht ist oft eine einfache Möglichkeit für Menschen, Zugang zu ihrer Willenskraft zu finden, auch wenn es nicht alles ist, was »Willen« ausmacht. Wille ist definiert als »die mentale Kapazität, mithilfe derer jemand bewusst auswählt oder beschließt, was er tun will«.[26]

Wille ist emotional. Man will etwas auf eine Weise, die sich nicht beschreiben lässt. Können ist logisch. Fertigkeiten sind die Werkzeuge, die es Ihnen ermöglichen, Ihren Willen zum Sieg zu führen. Wie Sie es bei allen Bausteinen tun werden, integrieren Sie auch Willen und Können, um Ihren Plan aufzustellen.

Sich den Erfolg zu wünschen, ist entscheidend. Aber es ist nicht genug. Im Verkauf müssen Sie beispielsweise wissen, wie man Verbindungen herstellt, Fragen stellt, Bedürfnisse herausfindet, Einwände überwindet, Bedingungen aushandelt und den Deal zum Abschluss bringt. Ohne diese Fertigkeiten ist aller Wille der Welt verschwendet. Nachdem ich *33 Gesetze der Strategie* von Robert Greene gelesen hatte, kaufte ich das Audiobuch und hörte es zwei Jahre lang auf Repeat beim Autofahren. Ich habe es vermutlich Hunderte Male von Anfang bis

Ende gehört. Mein Wille zum Sieg brachte mich dazu, an den Fähigkeiten zu arbeiten, die ich brauchte, um zu gewinnen.

Welche Fertigkeiten musste Batman in *The Dark Knight Rises* entwickeln, um seine Chancen auf die Flucht zu steigern? Stärke, Gleichgewichtsgefühl und Ausdauer fallen mir da ein. Die nächste Frage ist: Was musste er tun, um diese Fähigkeiten zu verbessern?

Um die nächsten beiden Bausteine auszufüllen, will ich Ihnen zwei Fragen stellen: Wieso wollen Sie unbedingt erfolgreich sein? Und welche Fertigkeiten müssen Sie erwerben, um diesen Erfolg zu erlangen?

Was Sie in diesem Kapitel lernen werden

Geld kann Sie nur bis zu einem gewissen Punkt bringen. Wenn Ihre einzige Motivation das Geld ist, werden Sie irgendwann an eine Grenze kommen. Sie werden faul oder selbstzufrieden. Wenn Sie Großes im Leben leisten wollen, müssen Sie sich etwas Wirkungsvolleres als nur Reichtum zur Motivation suchen.

Diejenigen, die weiterkämpfen, werden von etwas weit Größerem angetrieben. Nennen wir es einen unbeugsamen Geist, Entschlusskraft, Tatkraft oder, wie in diesem Kapitel: Willen. Feinde entzünden das Streichholz. Wille ist der Brennstoff für das Feuer.

Einige Fragen, die Sie sich selbst stellen sollten, bevor wir fortfahren:

- Woher stammt der **Wille**?
- Wieso **müssen** Sie erfolgreich sein?
- Was bedeutet es, »**Herz**« zu haben?
- Wie kann ich meine **Grenzen überwinden**?

Sie verstehen, was es bedeutet, über den nötigen Antrieb zu verfügen. Aber Sie müssen auch das nötige Know-how besitzen. Wie Sie sehen werden, gehen Wille und Können Hand in Hand. Als ich Neil deGrasse Tyson, den berühmten Astrophysiker und Autor, in meinem Podcast hatte, fragte ich ihn, was für ihn Erfolg bedeutete. Er sagte: »Ich will es mal mathematisch ausdrücken. Wieso stellen wir uns alle diese Eigenschaften einer Person nicht als Dimensionen eines Hyperwürfels vor.«[27] Dann listete er vier Eigenschaften auf:

- Abschlussnoten
- Soziale Fertigkeiten
- Ehrgeiz
- die Fähigkeit, sich von Fehlschlägen zu erholen

Die ersten beiden stehen für Fähigkeiten. Die zweiten beiden stehen für den Willen. Die ersten beiden können durch Lernen und den Aufbau von Fertigkeiten verbessert werden. Das heißt aber nicht, dass die anderen beiden nicht auch verbessert werden können. In meinem Fall fehlte es mir zu verschiedenen Zeitpunkten in meinem Leben sowohl an Ehrgeiz als auch an der Fähigkeit, mich von Misserfolgen zu erholen. Es brauchte einen Feind, um meinen Ehrgeiz und meine Fähigkeit, mich von Misserfolgen zu erholen, zu verändern. Wenn Sie diese Bausteine durcharbeiten, konzentrieren Sie sich darauf, wie Sie sowohl Ihre Fertigkeiten als auch Ihren Willen verbessern können.

Willenskraft, nicht Wunschkraft

Die Geschichte, wie Pastor Dudley Rutherford seine Kirche »Shepherd of the Hills« in Los Angeles aufbaute, bewegt mich immer noch. Als ich noch ganz am Anfang stand, veranstaltete Pastor Rutherford eine »Einführungsklasse« für neue Mitglieder. Jede Woche wurden neue Mitglieder in der Gemeinde durch diesen Orientierungskurs willkommen geheißen. Was die neuen Mitglieder nicht wussten, war, dass in der folgenden Woche jeder, der an diesem Einführungskurs teilgenommen hatte, einen Besuch erhielt. Aber das war kein einfacher Hausbesuch von einem freundlichen Gemeindemitglied oder jemandem, der von einem Willkommenskomitee ausgewählt worden war. Wenn diese neuen Gemeindemitglieder die Tür öffneten, stand da Pastor Rutherford selbst.

Pastor Rutherford besuchte *jedes einzelne neue Gemeindemitglied* und stellte sich vor. Das tat er bis zu dem Moment, als die Gemeinde auf 10.000 Mitglieder angewachsen war.

Das müssen Sie sich mal vorstellen! Die ersten 10.000 Mitglieder. Ich habe es selbst nicht geglaubt. Ich fragte ihn, was passieren würde, wenn er 40 neue Mitglieder in einer Woche hätte. Er meinte, er würde einen Zeitplan aufstellen, sich genau ansehen, wie er den umsetzen konnte, und jedes neue Mitglied mit einem Präsentkorb überraschen.

Das machte er zehn Jahre lang. Ist es verwunderlich, dass er eine der größten Gemeinden in L.A. leitet? Welches Wort glauben Sie, findet man nicht in seinem Vokabular?

Wünschen.

Sich etwas zu *wünschen*, sorgt nicht dafür, dass man zehn Jahre lang an Türen klopft, lange, nachdem man »es geschafft« hat.

Wille hingegen bedeutet, dass man niemals damit aufhört.

Willenskraft kann erlernt werden

Wenn man über den nötigen Willen verfügt, braucht man keine Motivation. Deswegen bringe ich meinem Team und meinen Kindern aktiv bei, wie sie ihre Willenskraft steigern können. Menschen haben diese Vorstellung, dass der Wille angeboren ist und nicht erlernt werden kann. Wie erklärt man dann, dass ein Sportler mit schlechter Performance oder ein Verkaufsvertreter das Team wechselt und sich beide plötzlich in wahre Killer verwandeln? Ich habe bereits Sheena und Matt Sapaula erwähnt. Matt war ein Marine. Er verfügte über das Charisma, die Arbeitsethik und die Leadership-Fähigkeiten, um richtig viel Geld zu verdienen. Finanzdienstleistung schien genau die richtige Branche für ihn. Aber dennoch hatte er 15 Jahre lang zu kämpfen. Als er dann Mitglied meines Unternehmens wurde, fing er Feuer. Er baute nicht nur ein großes Unternehmen mit seiner Frau Sheena auf, sondern auch seine eigene Marke als der MoneySmartGuy und schrieb ein Buch mit dem Titel *Faith-Made Millionaire*.

Der Wille, sein Potenzial auszuschöpfen, war bei Matt immer vorhanden. Er brauchte nur die richtige Unternehmenskultur und die richtigen Feinde, um das Beste in sich zum Vorschein zu bringen. Weil ich genug Menschen gesehen habe, die unter meiner Führung brillierten, weiß ich, dass es den Aufwand wert ist, den Willen *zum Vorschein zu bringen*. Das gilt sowohl für Unternehmen wie für Eltern.

Als mein Sohn Dylan acht Jahre alt war, betrieb er mit großer Begeisterung Jiu-Jitsu. Er wurde immer besser und sein Selbstvertrauen wuchs. Eines Tages, als wir ein paar Übungen machten, sagte er zu mir: »Daddy, ich werde der beste Kämpfer der Welt sein.«

Ich sah ihm in die Augen und fragte: »Was hast du gesagt?«

Als ich hörte, wie mein Sohn das sagte, ohne dass ich ihn dazu angestiftet hatte, war ich begeistert, besonders, da keines meiner Kinder schon mal so etwas gesagt hatte.

Er sagte: »Daddy, ich werde der größte Kämpfer der Welt sein.«

Etwa zwei Wochen, nachdem Dylan das verkündet hatte, holte ich ihn vom Jiu-Jitsu-Training ab. Sein Trainer meinte, dass Dylan anscheinend das Interesse verloren und seine Arbeitsethik nachgelassen habe. Beim Abendessen fragte ich: »Dylan, was ist heute im Training passiert? Hast du nicht gesagt, du *wirst* der beste Kämpfer der Welt?«

Das Erste, was er sagte, war: »Das habe ich nie gesagt.«

So etwas hatte ich schon Hunderte Male gesehen. Ich wusste genau, was Dylan da machte, und ich würde den Moment nicht ungenutzt verstreichen lassen. »Dylan, du hast gesagt, du *wirst* der beste Kämpfer aller Zeiten.«

»Nein, Daddy, ich habe gesagt, ich wünsche mir, ich wäre der beste Kämpfer aller Zeiten.«

Meine Frau sah mich mit einem Blick an, den ich nur zu gut kannte. Es ist der »Schatz, lass es sein«-Blick. Aber dann mischten sich Dylans Geschwister ein, und es gab einen Konsens, dass Dylan es gesagt hatte.

»Wir haben alle gehört, dass du gesagt hast, du *wirst*«, meinte ich. »Du hast nicht gesagt, du wünschst es dir nur. Es gibt einen großen Unterschied. Ich will nicht, dass du so was sagst.«

Dylan sträubte sich: »Ich habe gesagt, ich wünsche mir, ich wäre der beste Kämpfer der Welt. Ich habe nie gesagt, ich werde der beste sein. Ich sagte, ich wäre gerne der beste Kämpfer.«

Manchmal muss man als Leader und Elternteil einfach wissen, wann man öffentlich oder privat jemanden lobt oder auf die Probe stellt. Solang wir am Tisch saßen, würde Dylan sich nur weiter selbst ins Abseits schießen. Ich nahm ihn an der Hand, schnappte mir unsere Hunde und wir gingen nach draußen, um spazieren zu gehen.

Ich sagte zu ihm: »Dylie, ich habe auch schon so was gesagt, aber dann hatte ich Angst. Hast du Angst?«

Schließlich stritt er es nicht mehr ab und gab zu, dass er Angst hatte. Ich änderte meinen Tonfall und sagte ruhig: »Sag mir, wieso du es von *werde* zu *wünsche* geändert hast.«

Er meinte: »Wenn ich *werde* sage, dann muss ich es tun, aber wenn ich sage, ich *wünsche mir, ich wäre*, dann muss ich es nicht tun, Daddy.«

Dann hatte mein Achtjähriger einen Zusammenbruch. Er heulte offen, während ich es im Versteckten tat. Ich war so stolz. Für diese Erkenntnis hatte ich vier Jahrzehnte gebraucht, und mein Sohn hatte es mit acht Jahren herausgefunden. Er erkannte den Unterschied dazwischen, etwas wirklich zu wollen oder es sich nur zu wünschen. Niemand hat jemals etwas mit der reinen Kraft des *Wünschens* erreicht.

Wie viele Menschen sagen: »Ich wünsche mir, den Rest meines Lebens gehätschelt zu werden.« Das interessiert niemanden. »Ich wünsche mir, reich zu sein, damit meine Eltern nicht mehr arbeiten müssen.« Lasch. »Ich wünsche mir, um die Welt zu reisen.« Ja, stell dich hinten an. »Ich wünsche mir eine Villa auf einem riesigen Grundstück.« So geht es allen, die keine haben. Das Wort »wünschen« hat null Schubkraft.

Wünschen und Wollen beginnen mit demselben Buchstaben, aber eines hat unglaubliche Macht, das andere gar keine.

Viele Menschen vergessen, dass Ray Kroc erst mit 58 Jahren McDonald's entdeckte. In einem meiner Lieblingsfilme, in dem es um ein Unternehmen geht, *The Founder*, sieht man, wie Kroc für seine Ideen jahrelang verlacht wird. Aber trotz aller Fehlschläge machte er große Ankündigungen und kämpfte darum, sie wahr werden zu lassen. Ich war nicht dabei, um seine Worte aufzuschreiben, aber Sie können drauf wetten, dass Ray Kroc nicht gesagt hat: »Ich *wünsche* mir, ein ikonisches amerikanisches Unternehmen aufzubauen.« Er sagte: *»Ich werde.«*

Ab jetzt ist kein Platz mehr für Wünsche. Stellen Sie sich einen Augenblick vor, Sie hätten eine Idee, egal wie kühn, und Sie wüssten, dass Sie nicht scheitern könnten und niemand diesen Gedanken von Ihnen jemals hören wird: Was würden Sie verkünden?

Wenn Sie sich Ihrer Vision ganz verschreiben, sagen Sie mir, was Sie tun *werden*.

Graben Sie in Ihrer Vergangenheit nach dem Willen

Einige von Ihnen sind sehr gut darin, Ihre Ziele aufzuschreiben, aber scheinen dann immer beim Vorsatz steckenzubleiben. Fortschritt entsteht durch radikale Transparenz und Verantwortlichkeit. Wenn Sie ein Plateau erreichen oder stecken bleiben, liegt das daran, dass es einen einschränkenden Glaubenssatz gab oder Sie nicht zu 100 Prozent die Verantwortung übernommen haben. Nur wenige können negative Glaubenssätze ganz allein überwinden. Sie werden jemanden brauchen, der Sie führt, berät oder therapiert. Ich brauchte jemanden in meinem Leben, der mir durch schwere Zeiten half, und zum Glück fand ich Pastor Dudley Rutherford. Meine Arbeit mit ihm war sehr persönlich und tiefgehend.

Der Schlüssel ist die Fähigkeit, das eigene Ego beiseitezulassen und offen dafür zu sein, etwas von anderen zu empfangen. Wenn Sie das tun können, werden die Resultate für Sie und alle, die nach Ihnen kommen, lebensverändernd sein, denn Ihre Willenskraft wird exponentiell steigen.

Damit sind wir wieder beim Willen angelangt. Der Moment, in dem Sie »nie wieder« sagen, kann der Moment sein, der alles verändert. Ohne die eigenen Fertigkeiten zu verbessern, ist es aber vielleicht nicht genug. Die Kunst ist, verletzlich genug zu sein, um zuzugeben, dass man überhaupt Hilfe braucht. Damit Ihr Businessplan funktioniert, müssen Sie Ihre Probleme an der Wurzel packen. Sie identifizieren sie, damit Sie sie angehen können. Fertigkeiten zu verbessern bedeutet alles, das zu Ihrem Leben beiträgt, ob es darum geht, einem Fitnessstudio beizutreten oder zur Eheberatung zu gehen. Ich will, dass Sie in Ihren Baustein für »Können« die genauen Handlungsschritte eintragen, wie Sie Ihre Schwächen überwinden können, egal ob diese mit Ihrem Unternehmen oder Ihrem Leben zu tun haben. **Wenn Sie sich verbessern, wird sich Ihr Unternehmen verbessern.**

Fertigkeiten zu verbessern bedeutet, Wille in Handlung zu übersetzen. Man will besser werden. Ich habe schon jede denkbare Ausrede gehört, wieso jemand nicht in seine Fähigkeiten investieren will. Zu teuer. Nicht genügend Zeit. Zu weit weg. Diese Gründe mögen ja alle berechtigt sein – zumindest, wenn Sie dort bleiben wollen, wo Sie gerade sind. Ich mentoriere eine Entrepreneurin und Verkaufsleiterin namens Marlene Gaytan, die aus einer Arbeiterfamilie stammt. Da ein College nicht infrage kam, begann sie mit 19 im Verkauf zu arbeiten. Sie und ihre Mitarbeiter bezogen kein festes Gehalt, also war es ein Schock, als der Chef sagte, sie müssten ein Seminar von Tony Robbins besuchen – und selbst dafür bezahlen. Marlene hatte zuerst Panik und tat dann etwas sehr Cleveres. Sie sah sich um. Einige hörten nicht auf, sich darüber zu beschweren. Die Gewinnertypen kauften die Eintrittskarten. Da Marlene wusste, wer sie sein wollte, machte sie irgendwie das Geld locker. In ihrem ersten Jahr im Business machte sie ohne Collegeabschluss 100.000 Dollar.

Ich habe Marlene kürzlich gefragt, was sie bei dem Seminar gelernt hat. Sie meinte: »Ich kann mich, ehrlich gesagt, an nichts erinnern, was Tony Robbins gesagt hat. Ich war nur so stolz drauf, dass ich das Geld zusammenkratzen konnte, und bin hingegangen. Ich hatte mir zum ersten Mal selbst bewiesen, dass ich es mit meinem eigenen Erfolg ernst meinte. *Das hat meine ganze Identität komplett verändert.*«

Haben Sie es mitbekommen? **In ihre Fertigkeiten zu investieren, hat ihre Identität verändert.**

Noch vor ihrem 30. Geburtstag wurde Marlene Millionärin. Gemeinsam mit ihrem Ehemann Jose gehört ihr heute ein Unternehmen, das im Jahr 40 Millionen Dollar erwirtschaftet. Ihr Erfolg hat eine ganze Familientradition beendet, in der stets nur klein gedacht wurde. Marlene vollbrachte das mit einer Kombination aus

Wille und Können. Es begann mit einem Verlangen und setzte sich fort, weil sie aufgrund dieses Verlangens handelte, um ihre Fertigkeiten weiterzuentwickeln. Sie entwarf einen Plan für ihr Leben, an den sie vorher nie geglaubt hätte.

Entwickeln Sie Ihr Können weiter, um relevant zu bleiben

Laut der *Harvard Business Review* besitzen nur 29 Prozent der Menschen, die gerade eine neue Arbeitsstelle angetreten haben, all die Fertigkeiten, die für ihre aktuelle Rolle nötig sind, ganz zu schweigen von Fähigkeiten, die sie künftig benötigen könnten.[28] Welche Skill-Sets benötigen Sie, um dieses Jahr richtig loszulegen? Wenn Sie in der Tech-Branche arbeiten oder Ingenieur sind, ist es sogar noch wichtiger, nicht zurückzufallen. So schnell wie sich Technologie weiterentwickelt, müssen Sie auch Ihr Können weiterentwickeln, oder Sie werden schnell irrelevant. Stellen Sie sich vor, Sie sind ein Programmierer, der nur in C und Pascal programmieren kann. Bereiten Sie sich auf eine Menge Boomer-Witze vor und darauf, so viel zu verdienen wie im Jahr 1995.

Sie können nicht große Ankündigungen tätigen, ohne die nötigen Fertigkeiten. Wenn Sie sich intensiv mit einem Thema beschäftigten, nutzen Sie dieses Interesse, um sich weitere Skills anzueignen. Stecken Sie die Nase in ein Buch oder schließen Sie sich einer Mastermind-Gruppe mit anderen talentierten Menschen an.

Steve Jobs sagte 1994, als er 39 Jahre alt war: »Bis ich 50 bin, wird alles, was ich bisher gemacht habe, veraltet sein. Das ist eine Branche, in der man keinen Grundlagentext schreibt, der 200 Jahre lang gültig ist.«[29]

Eine Fertigkeit, die wir oft für selbstverständlich halten, ist die Nutzung des Internets. Aber selbst diese Fertigkeit könnte in der uns bekannten Form bald überflüssig werden. Die künstliche Intelligenz (KI) entwickelt sich schnell weiter – schneller als Sie denken – und da sollte man besser die Skills haben, sie auch zu nutzen. Peter H. Diamandis, Gründer der X Prize Foundation, schrieb in seinem Blog: »Es wird am Ende dieses Jahrzehnts zwei Arten von Unternehmen geben. Diejenigen, die KI vollumfänglich nutzen und diejenigen, die pleitegegangen sind.«[30] Ashton Kutcher lancierte im Mai 2023 einen 240 Millionen Dollar schweren KI-Investmentfonds und sagte: »Wenn Sie das als Unternehmen verschlafen, werden Sie vermutlich bald von der Bildfläche verschwinden … Vom Nutzenstandpunkt aus gesehen ist es einfach zu gut und wirkungsvoll.«[31] Diese Zitate hören sich nicht völlig abwegig an, wenn man bedenkt, dass Bill Gates Mitte der 1990er-Jahre sagte: »Wenn Ihr Unternehmen nicht im Internet ist, wird Ihr Unternehmen bald keine Geschäfte mehr machen.«[32] Wenn Sie nicht rasch Ihre Fertigkeiten erweitern, wird Ihre Leidenschaft ins Leere laufen.

Die meisten Unternehmen bieten Weiterbildungen an. Andere übernehmen häufig die Kosten, wenn Sie die Initiative zeigen, sich neue Skills anzueignen. Es gibt außerdem Millionen von Menschen, die sich entscheidende Fertigkeiten informell in ihrem Beruf aneignen oder sogar in ihrem eigenen Hobbykeller. Will man neue Skills erlangen, geht es nicht nur um die Möglichkeiten, die sich eröffnen, es geht darum, ein Verlangen danach zu verspüren. Wenn Sie etwas lernen wollen, werden Sie nicht lange suchen müssen, wie Sie sich neue Fähigkeiten aneignen können.

Wenn Sie sich nicht weiter neue Fertigkeiten aneignen, werden Sie nicht in der Lage sein, auf dem Marktplatz zu bestehen. Im Folgenden drei Fragen, die Sie sich stellen sollten, wenn Sie weiter an Ihrem Können-Baustein arbeiten wollen.

1. Was brauche ich, um die angepeilten Jahresziele zu erreichen?
2. Welche drei bis fünf Fertigkeiten sind dafür erforderlich?
3. Was werde ich für Ausbildung und persönliche sowie berufliche Weiterbildung aufwenden müssen?

Wie man Bücher und Weiterbildungen nutzen kann, um Fertigkeiten zu erwerben

Ich kann Ihnen hier gestehen, dass ich jahrelang sehr schlecht bei der Konfliktbewältigung war. Die Methode, die ich anwandte, um diese Fähigkeit zu verbessern, will ich auch Ihnen vorschlagen. Ich machte diesen Aspekt zum Teil der drei wichtigsten Punkte, an denen ich arbeiten wollte, und las in einem Jahr sechs Bücher über Konfliktbewältigung. Zu diesen Büchern gehörten *Leading with Emotional Courage*, *Difficult Conversations*, *The Hard Truth about Hard Things* und mein Lieblingsbuch zum Thema, *Heikle Gespräche: Worauf es ankommt, wenn viel auf dem Spiel steht*, das mehr als 5 Millionen Mal verkauft wurde. All dieser Aufwand – und Sie können mir glauben, das fiel mir nicht leicht – hat eine Schwäche in eine Stärke verwandelt.

Statt sich sofort ein Ziel zu setzen, eine bestimmte Anzahl Bücher zu lesen, sollten Sie erst entscheiden, welche drei Fertigkeiten Sie nächstes Jahr am dringendsten weiterentwickeln sollten.

Vielleicht konzentrieren Sie sich auf Konfliktlösung, Verhandlungsgeschick und darauf, KI in Ihr Unternehmen zu integrieren. Ihr Ziel sollte dann sein, wenigstens sechs Bücher zu jedem Thema zu lesen und mindestens eine Weiterbildung für jedes dieser Themen zu besuchen. Mit Weiterbildung meine ich eine Veranstaltung, einen Privatlehrer, einen Onlinekurs oder eine Mastermind-Gruppe.

Sie können gelegentlich eine Ausnahme machen, aber größtenteils sollte jedes Buch, das Sie lesen, und jede Fortbildung, die Sie besuchen, sich um diese drei Skills drehen. **Sie sollten in die Tiefe gehen und nicht in die Breite.** Das gestattet es Ihnen, Trends und Gemeinsamkeiten zu entdecken. Sie sollten auch Widersprüche aufspüren, damit Sie Ihre eigenen Strategien entwickeln können. Diese Art von Engagement wird mehr bewirken, als nur eine Schwäche auszumerzen. Es verwandelt die Schwächen des letzten Jahres in Ihre künftigen Stärken.

Skills aufzubauen, fängt bei Ihnen selbst an. Wenn Verantwortlichkeit ein wichtiger Aspekt Ihres Business ist, müssen Sie damit beginnen, inwieweit Sie selbst es schaffen, andere zur Verantwortung zu ziehen. Wenn Sie das tun, werden Sie in der Lage sein, Ihrem Team zu *demonstrieren*, wie man sich darin verbessert, indem man das richtige Verhalten zum Vorbild nimmt. Wenn Sie das Gefühl haben, Sie müssten mehr tun, sollten Sie einen Experten einladen, der einen Workshop leitet, oder vielleicht selbst einen Workshop leiten.

Die aktuelle Version von Ihnen verfügt nicht über die Fertigkeiten, um Ihren kühnen Plan umzusetzen. Wenn Sie im Moment schon über das nötige Rüstzeug verfügten, müssten Sie sich nicht verbessern. Indem Sie die drei Bereiche identifizieren, auf die Sie sich fokussieren wollen und sich der Verbesserung dieser Fertigkeiten verschreiben, sind Sie auf bestem Weg, einen stabilen Baustein zu konstruieren.

Verbessern Sie Fertigkeiten für Sie *und* Ihr Team

Da wir nun darüber gesprochen haben, wie man den eigenen Können-Baustein erstellt, fragen Sie sich vielleicht, ob Sie einen Plan brauchen, um Ihre eigenen Fertigkeiten oder diejenigen der Personen in Ihrem Unternehmen zu verbessern. Die Antwort ist – Ja. Wenn Ihr CFO brillant mit Zahlen ist, aber bei den Meetings jeder einschläft, wenn er den Mund öffnet, dann hat das einen Einfluss auf das gesamte Unternehmen. Wenn der Leiter Ihrer Personalabteilung keine Kommunikationsfertigkeiten besitzt, wird das in Ihrem Unternehmen vermehrt zu Burn-outs, hohen Kündigungsraten oder zu »innerer Kündigung« führen, was vielleicht noch schlimmer ist.

Wenn Sie Solounternehmer sind oder jemand, der in ein Business einsteigen will, müssen Sie nur über sich selbst nachdenken. Wenn Sie ein Unternehmen leiten, werden Sie mit Ihrem Team arbeiten, um die Fertigkeiten der Mitglieder zu optimieren. Das tun Sie vermutlich bereits, aufgrund eines jährlichen Review-Prozesses. Bei diesem Businessplan können Sie diese Meetings mit in Ihren Plan integrieren, was sowohl Ihnen als auch diesen Individuen helfen wird. Zumindest sollten Sie Ihren direkten Untergebenen die folgenden Fragen stellen:

1. In welchen drei Bereichen haben Sie dieses Jahr herausragende Leistungen erbracht?
2. An welchen drei Bereichen sollten Sie arbeiten?
3. Was denken Sie, sollten Sie tun, um diese drei Bereiche und/oder mangelnde Fertigkeiten zu adressieren?

Zu Beginn des Jahres 2022 veranstaltete meine Finanzdienstleistungsfirma ein Kick-off-Meeting mit unseren VPs als Teil eines Events im Stadion der Dallas

Cowboys. Wir machten eine Umfrage, welche Fertigkeiten wir weiterentwickeln sollten, und jeder unserer Vizepräsidenten sagte, dass sie Konfliktlösung verbessern wollten. Unterdessen arbeiteten wir bei Valuetainment daran, wie wir die Kommunikation zwischen Content-Schaffenden, Redakteuren und den Vertretern des Unternehmens verbessern konnten. Darin lag eine Menge Konfliktpotenzial und auch, wenn es ganz gut lief, wussten wir, dass wir uns noch verbessern konnten.

In meinen beiden Unternehmen erklärte ich Anfang 2022 *Heikle Gespräche* zum Buch des Monats. Von den Top-Führungskräften verlangte ich, dass sie mir ihre wichtigsten Erkenntnisse zukommen ließen und wir uns dann trafen, um diese zu besprechen. Ich heuerte ein Beraterteam von Crucial Learning an, um einen zweitägigen Workshop für beide Unternehmen zu veranstalten. Bei 30.000 Dollar pro Stück zahlte ich also 60.000 für beide Events.

Etwas Seltsames ist in den paar Wochen nach diesen Workshops passiert. Wir hatten mehr Konflikte! Oberflächlich betrachtet, hätte uns das Sorgen bereiten sollen, auch wenn wir schnell realisierten, dass die Leute nun die Konflikte lieber ansprachen, statt sie zu vermeiden. Kalte Kriege wurden durch authentische Konversationen ersetzt, indem sie ihre neuen Kommunikationsfertigkeiten einsetzten. Das Investment lohnte sich für beide Unternehmen.

Ja, Ihr Plan sollte auch Möglichkeiten vorsehen, wie jeder, der einen Einfluss auf Ihr Unternehmen hat, neue Fertigkeiten erwerben kann. Wenn Sie anderen zum Sieg verhelfen, gewinnen Sie auch. Andere dazu zu bringen, in ihre Fähigkeiten zu investieren, gehört daher mit zum Besten, was Sie für sie tun können.

In wen man investieren sollte und wie Sie andere dazu bringen, in Sie zu investieren

Ich begegnete Maral Keshishian das erste Mal, als sie meine Bankberaterin bei Washington Mutual in Mission Hills, Kalifornien, war. Ich war Ende 20 und arbeitete als Verkaufsleiter, und sie war eine 18-jährige College-Studentin an der UCLA. Mir gefiel nicht, wie ich bei der Bank behandelt wurde und wollte mein

Konto schließen. Als ich das Maral erzählte, blieb sie ruhig, hörte zu und sagte respektvoll all das, was nötig war, um mich zu überzeugen. Ich wusste in diesem Moment, dass ich sie in meinem Team haben wollte. Als ich mein eigenes Unternehmen gründete, stellte ich sie 2011 als Finanzdirektorin an.

Nachdem sie ihren Collegeabschluss gemacht hatte, erwarb Maral noch einen MBA. Sie erklomm ebenso schnell die Karriereleiter in meiner Finanzdienstleistungsfirma. Ich hätte ein Buch über all ihre Stärken schreiben können, aber ich will mich auf ihre unglaubliche Fertigkeit konzentrieren, neue Skills zu erwerben – und mich für die meisten bezahlen zu lassen! Wenn Sie ein Intrapreneur oder Angestellter sind, empfehle ich, dass Sie Ihrem Beispiel folgen. Wenn Sie CEO oder Unternehmenseigner sind, empfehle ich Ihnen, in Menschen wie Maral zu investieren.

Um andere dazu zu bringen, in Sie sowohl Zeit als auch Geld zu investieren, müssen Sie in Ihrem Job herausragend sein und stets Integrität beweisen. Nichts ist schlimmer als faule Angestellte, die nach Weiterbildung verlangen. Angenommen, Sie haben schon Ihre Leistungsfähigkeit unter Beweis gestellt, im Folgenden die Formel, die Maral perfektioniert hat.

Sechs Methoden, andere dazu zu bringen, in Ihre Fertigkeiten zu investieren

1. Identifizieren Sie die Möglichkeiten (Konferenzen, Kurse, Events).
2. Schreiben Sie eine kurze Beschreibung des Return on Investment. Konzentrieren Sie sich darauf, wie es dem Unternehmen hilft, wenn Sie selbst besser werden.
   a. Potenzielle Kontakte und Umsatzmöglichkeiten.
   b. Skills, die dem Unternehmen kurzfristig und langfristig zugutekommen.
   c. Wie Sie zu einem wertvolleren Asset für die Firma werden.
3. Nennen Sie Alternativen. Ihr Arbeitgeber wird vermuten, Sie handeln aus Eigeninteresse, besonders, wenn der Event auf Hawaii oder in Las Vegas

stattfindet. Sie gewinnen Glaubwürdigkeit, wenn Sie ihm mehrere Optionen nennen und nicht nur eine Fortbildung oder ein Event.

4. Erklären Sie, dass Ihre Arbeit auf dem aktuellen Stand bleibt, während Sie weg sind. Das zeigt auch, dass Sie delegieren und Leader heranziehen können.
5. Während Sie auf dem Event sind, schicken Sie Schlüsselpunkte und »Aha!«-Momente per Text-Message. Machen Sie ein Foto einer beeindruckenden Präsentation und erklären Sie, welchen Nutzen das für Ihr Unternehmen haben könnte.
6. Schicken Sie nach der Fortbildung eine Zusammenfassung dessen, was Sie gelernt haben, wie Sie es anwenden wollen und berichten Sie über die Beziehungen, die Sie geknüpft haben. Fokussieren Sie sich darauf, wie das Unternehmen davon profitiert hat, und nennen Sie, wenn möglich, realistische Zahlen, die das Investment rechtfertigen. Idealerweise können Sie auf einen abgeschlossenen Deal verweisen, aber wenn nicht, erwähnen Sie die spezifischen Möglichkeiten, die entstanden sind.

Ich habe 16.000 Dollar investiert, um Maral auf die Harvard Business School zu schicken, um Kurse für Führungskräfte zu besuchen, als sie noch Finanzdirektorin war. Die Entscheidung fiel mir leicht, denn sie folgte den obigen sechs Schritten bei ihren vorherigen Fortbildungen – und verbesserte Fertigkeiten, die dem Unternehmen halfen. Sie fragte auch stets danach, wo ihre blinden Flecken lagen, wie sie sich verbessern und welche Bücher ich ihr empfehlen könnte. Und weil sie sich die Ratschläge zu Herzen nahm und sich weiter verbesserte, bewilligte ich auch weitere Fortbildungen.

Mit 31 stieg sie in die Vorstandsetage als Chief Reputation Officer auf. Mit 34 wurde sie die Präsidentin der Firma und damit die jüngste Frau in dieser Position in der gesamten Branche. Maral hatte stets den Willen, und weil sie hungrig blieb und weiter neue Fertigkeiten erlernte, gehörte sie zu den wenigen Unerschrockenen.

Meetings erfordern Können und Willen

Waren Sie je bei Meetings von traditionellen Versicherungsgesellschaften? Leider war ich bei so vielen, dass ich mich kaum mehr daran erinnern mag. Sie mussten stets den Teilnehmern alle Messer abnehmen, denn die Meetings waren so katastrophal langweilig. Wenn man zu einem Meeting in einer Versicherung geht, braucht man nicht Stift und Papier, sondern ein Kopfkissen.

Sie sollten sich nicht den Ruf erwerben, langweilige Meetings zu leiten. Wenn Sie diesen Ruf haben, wie können Sie dann Ihr Können in diesem Bereich verbessern? Welche Handlungsschritte müssen Sie unternehmen, um Meetings besser zu machen? An diesem Punkt sollten Sie Wille und Können nahtlos integrieren.

Beginnen Sie mit diesen drei Fragen:

1. Wieso ist dieses Meeting so wichtig?
2. Was will ich damit bezwecken?
3. Welches Verhalten und welche Einstellung sollten die Teilnehmer nach dem Meeting an den Tag legen?

Glauben Sie mir, der Wille, ein effektives Meeting abzuhalten, ist sehr wirkungsvoll, denn dadurch wenden Sie Zeit für die Planung auf und machen sich Gedanken, wie man es anlegen soll und wie Vorbereitung, Ablauf und Nachbereitung aussehen sollen. Suchen Sie sich jemanden aus, der sehr gut darin ist, Meetings zu leiten. Fragen Sie die Person, wie sie sich vorbereitet. Fragen Sie, welche Bücher derjenige liest oder was er sonst tut, um besser zu werden. Wenn Sie dann ein Meeting dieser Person besuchen, werden Sie sehen, dass es eine bestimmte Formel gibt. Lesen Sie den *HBR Guide to Making Every Meeting Matter*. Sehen Sie sich genau an, wie Jeff Bezos Meetings leitet, unter Beachtung der folgenden drei Tipps:

Drei Regeln für Meetings von Jeff Bezos[33]

1. Die Gruppe überschaubar halten. Bezos sagte: »Wir versuchen, Teams zusammenzustellen, die so klein sind, dass man sie mit zwei Pizzas sattbekommt. Wir nennen das, die Zwei-Pizza-Regel.«
2. Kein PowerPoint. Nutzen Sie Memos, die Geschichten erzählen und nicht nur Zahlen nennen.
3. Beginnen Sie mit Stille. Geben Sie den Leuten die Zeit, die Memos oder relevante Informationen zu lesen, bevor Sie die Diskussion beginnen.

Welche Art von Wille ist erforderlich, um sich einen Ruf zu verdienen?

Als Teil der Mastermind-Gruppe, die ich leite, mentoriere ich auch ein Pärchen, Matthew und Hengameh Stanfield, die eine Pizzakette eröffnet haben. Covid-19 hat ihr Unternehmen fast ruiniert. Wie die meisten hatten sie Probleme mit dem Personal. Matthew sagte: »Na ja, Patrick, wir überlegen, nochmal die Schulbank zu drücken und vielleicht was anderes zu machen, vielleicht etwas mit Immobilien. Diese Pizzageschichte wird wirklich schwer. Und, weißt du, wir wollen einfach was anderes machen.«

»Wovon redest du?«, fragte ich. »Nur, damit ich das richtig verstehe. Ihr habt ein Rezept, das funktioniert. Ihr seid überzeugt, dass euer Produkt das beste ist. Ihr habt loyale Kunden. Und diese Pizzasache macht ihr schon drei oder vier Jahre. Und jetzt wollt ihr aufhören und etwas über eine ganz andere Branche lernen?«

Sie bejahten, und ich muss zugeben, ich wurde emotional. »Wenn es also das nächste Mal schwer wird, dann gebt ihr auch auf. Nur Feiglinge geben auf, wenn es mal schwer wird.«

Die Stanfields hatten Rückgrat. Sie hatten den Ruf, solide zu sein, und wollten ihn schützen. Als ich sie herausforderte, wehrten sie sich. Sie bestanden darauf, keine Feiglinge zu sein. Ich fragte sie, was es ihrer Meinung nach für Auswirkungen auf ihren Ruf hätte, wenn sie aufgaben.

Das wirft eine großartige Frage über Willenskraft auf. Manche sagen, man kann Willenskraft niemandem beibringen oder sie erschaffen. Sie wissen ja schon, wie ich darüber denke. Deswegen suche ich immer nach der besten Möglichkeit, Willenskraft aus den Leuten *herauszukitzeln*. Sie müssen wissen, wie man die Leute anstachelt. Damit das effektiv ist, muss es manchmal wehtun. *Die besten Leader wissen, wie man Menschen aus ihrem Trott reißt.* Dieses Paar hatte starke Prinzipien und Werte. Als sie fragten: »Nun, was glaubst du, was wir tun sollten?«, wechselte das Gespräch die Richtung.

Hatte das Wort »Feigling« ihre Willenskraft zum Vorschein gebracht?

Mein Vater hat die erstaunliche Fähigkeit, meinen wunden Punkt zu finden und eine Reaktion zu provozieren. Sein Bruder, mein Onkel Johnny, ist 1,95 Meter und liebt Mathematik. Er war Physiker und hatte immer ein Physikbuch in der Hand. Wer liest mit 45 Physikbücher? Ich war ebenfalls groß und gut in Mathe, also haben mich natürlich alle mit Johnny verglichen. Sie sagten: »Du bist Johnny Junior«, und ich sah das als Kompliment.

Dann sagte mein Vater: »Ich erzähle dir mal, was Johnny für einen Ruf hat. Man nennt ihn ›Mister 70 Prozent‹. So einen Ruf willst du nicht. Jedes Mal, wenn Johnny mit irgendwas beginnt, schafft er es zu 70 Prozent, und dann lässt er es. Sobald es schwer wird, rennt er davon und beginnt ein neues Projekt.«

Ich kann gar nicht sagen, wie viel Angst ich davor hatte, denselben Ruf wie Onkel Johnny zu haben. So wollte ich nicht sein. In der Highschool sagte mein Vater zu mir: »Sohn, sei nicht so faul.« Es war schwer, dem zu widersprechen, wenn man einen Notenschnitt von 1,8* hat.

Mit Anfang 20 war ich immer noch dabei, mich selbst zu finden. Manchmal beschäftigte ich mich sehr intensiv mit etwas, manchmal nicht. Ich arbeitete zum Beispiel hart, um einen Wettbewerb zu gewinnen oder ein Monatsziel zu erreichen, aber Partymachen war wichtiger. Ich war kurz davor, Onkel Johnny zu werden.

Als ich 24 war, nicht lange nach der demütigenden Weihnachtsfeier, betrieb ich mehr Nabelschau. Ich wollte wissen, woher mein ganzer Zorn stammte. Mir

* Anm. d. Übers.: Die Bestnote ist 4 und die schlechteste 0. Eine 1,8 entspricht also etwa einer 3-.

wurde klar, dass er durch meine eigene Frustration ausgelöst wurde, weil ich meinen Zielen nicht näherkam. Ich glaubte, ich war wütend auf die Welt, aber ich stellte fest, dass ich hauptsächlich wütend auf mich selbst war. Wenn es nicht darum ging, rechtzeitig in einem Club auf der Matte zu stehen oder 26-mal im Jahr nach Vegas zu fahren, hatte ich damals nicht wirklich einen soliden Ruf. Und nur ich alleine war dafür verantwortlich.

Ich sagte zu mir selber: Ich *werde* den Ruf eines Menschen haben, der sein Wort hält. Das sollte sich als entscheidend für meine Businessphilosophie erweisen. Wenn ich sage, ich tue etwas, will ich, dass sich die Leute drauf verlassen können. Wenn Pat sagt, etwas wird erledigt, dann wird es erledigt, Punkt.

Stellen Sie sich selbst die schwere Frage, wie Ihr Ruf aussieht – auf dem Markt, bei Ihren Freunden und Ihrer Familie. Seien Sie ehrlich. Hängen Sie sich richtig rein, wenn jemand Ihre Willenskraft anzweifelt? Welche Wörter setzen Sie in Bewegung? »Feigling«, »Versager«, »Amateur«? Gibt es bei Ihnen ein Muster, zu früh aufzugeben? Das sind die Fragen, über die man sich Gedanken machen sollte, wenn man seine eigene Willenskraft anzapfen will. Wie gesagt, der Wille ist nichts Konstantes. Wir alle reagieren anders, wenn man uns provoziert. Deswegen müssen Sie herausfinden, wie Sie sich selbst provozieren können.

Was ruft *Ihre* Willenskraft auf den Plan? Welche Wörter triggern *Sie*? Ist vielleicht was Wahres dran?

Ob Sie das am 1. Januar lesen oder am 1. Juli, das ist die Chance, neu zu beginnen und einen neuen Ruf aufzubauen. Was sagen Ihre Freunde über Sie? Was sagen Ihre Kollegen über Sie? Was sagte Ihre Familie über Sie? Was sagt Ihre Partnerin oder Ihr Partner über Sie, wenn sie oder er neben Ihnen liegt und vermutlich über Sie nachdenkt, aber Ihnen nicht sagt, was? Übrigens, wenn drei, vier oder fünf Leute dasselbe über Ihren Ruf sagen und alle Sie sehr gut kennen, dann stimmt es vermutlich.

Ist das für Sie in Ordnung? Ich sage Ihnen nicht, dass Sie nach Hause gehen und mit ihnen streiten sollen. Ich rate Ihnen, sich den Ruf zu *verdienen*, der Ihnen vorauseilen soll.

Wenn Sie die Leute fragen, wie es ist, mit mir zu arbeiten, werden die Ihnen sagen, dass ich heftig bin. Ich habe hohe Erwartungen und ich bin ständig unter Strom. Pause gibt es bei mir nicht und ich bin mir meiner Grenzen nicht immer ganz bewusst. Wenn jemand das über mich sagt, lügen sie nicht. Das ist mein Ruf.

Welche drei Worte wollen Sie nie über sich hören?

Welche drei Worte wollen Sie nie in Verbindung mit Ihrem Namen hören?

Sobald Sie das herausgefunden haben, können Sie herausfinden, welche Fertigkeiten Sie brauchen, um den Ruf aufzubauen, den Sie selbst besitzen wollen. Sobald Sie Ihren Willen finden, werden Sie auch die nötigen Skills erlernen.

Sie können diese Fragen auch mit Ihren Feinden in Verbindung bringen. Denken Sie an jemanden, von dem Sie nicht gerne gemeine Dinge über sich hören. Wie sehr provoziert Sie das?

Bei mir war es so, dass die Geschichte meines Vaters über den Ruf von Onkel Johnny die Willenskraft in mir freigesetzt hat, die ich brauchte, um meinen eigenen Ruf zu ändern. Ich werde mich verändern. Ich werde dafür sorgen, dass jeder, der mit mir Geschäfte macht, über mich sagt, mein Wort sei Gold wert und ich etwas auch tue, wenn ich sage, dass ich es tue.

Diese Erklärung, dieses Statement, das das Wort »werde« enthielt, hätte es nie gegeben, wenn mein Vater nicht genau gewusst hätte, wie er mich an der Stelle trifft, an der es am meisten wehtut. Ich kenne niemanden, der als »Mister 70 Prozent« bekannt sein will, ein Underachiever oder Feigling. Was wünschen Sie sich, was man über Sie sagen sollte?

Rekrutieren Sie andere, um Qualifikationslücken zu schließen

Wenn Sie emotional werden, müssen Sie das in einen Handlungsplan kanalisieren, der Ihre Fertigkeiten verbessert. Manchmal können Sie diese Arbeit selbst tun. Zu anderen Gelegenheiten können Sie das angehen, indem Sie die richtigen Leute anstellen, delegieren oder sich die richtigen Partner suchen.

Bei den Stanfields war es so, dass wir über ihr Ziel sprachen, aus ihrem Pizzarestaurant ein Franchiseunternehmen zu machen. Keiner von beiden hatte in diesem Bereich Erfahrung. Sie beide waren großartig darin, die Produkte herzustellen und ihre Läden zu betreiben. Daher hatten sie zwei Optionen: alles lernen, was man über Franchising wissen konnte und für Rechtsberater zu bezahlen oder jemanden anzustellen, der das schon mal gemacht hatte.

Sie entschieden sich für die zweite Option. Sie hatten nicht genug Zeit, alles über Franchising zu lernen, während sie gleichzeitig ihr Business betrieben. Das führte zur Frage der nötigen Fertigkeiten, die sie rekrutieren mussten. Sie fragten sich: »Wie können wir rekrutieren, wen wir brauchen?«

Wir machten uns an die kleinen Details des Recruitings, und ich beriet sie, wie man die besten Headhunter findet. Für Sie kann das bedeuten, dass Sie entweder selbst Leute einstellen müssen oder Ihr Unternehmen ist vielleicht schon groß genug, um ein eigenes Personalbüro zu haben. Der Punkt ist, *entweder erlernen Sie die Fähigkeit oder Sie rekrutieren Leute, die sie besitzen.*

Dieses Ehepaar stellte schließlich zwei ehemalige führende Mitarbeiter von Domino's ein. Weniger als ein Jahr später standen sie vor 2000 Unternehmern bei Vault (meiner jährlichen dreitägigen Businesskonferenz) und berichteten über ihre Geschichte der *Expansion*. Nicht nur sind sie am Ball geblieben, sondern sie haben sich auch von vier Geschäften auf acht erweitert und den Plan, sich im nächsten Jahr erneut zu verdoppeln. Sie verdienten in den zwölf Monaten, nachdem sie beschlossen hatten, das Handtuch zu werfen, 2 Millionen Dollar.

Wieso? Weil sie Wille und Können integrierten. Diese Geschichte erinnert an folgendes Zitat von Albert Einstein: »Ich bin gar nicht so schlau, ich beschäftige mich nur länger mit Problemen.«[34]

Als ihr Ruf herausgefordert wurde, zapften sie ihre Willenskraft an. Hätten sie nach dem, was ich sagte, aufgegeben, wären sie ihrer eigenen Meinung nach Feiglinge gewesen. Und da das Wort sie ärgerte, wurde ich in diesem Moment ihr Feind. Das führte dazu, dass sie die nötigen Emotionen empfanden, die ihnen die Energie gaben, sich das erforderliche Können für Franchising anzueignen, was in ihrem Fall bedeutete, jemanden dafür zu rekrutieren. Sie verdienten sich meinen Respekt und vor allem ein paar Millionen Dollar und legten das Fundament für einen langfristigen Erfolg.

Wenn es um Fertigkeiten geht, denken Sie darüber nach, wen Sie einstellen müssen oder welche Aufgaben Sie delegieren können. Nehmen wir an, Sie kochen nicht gerne oder kaufen nicht gerne ein und wollen sich gesünder ernähren. Das bedeutet nicht, dass Sie sich in einer Kochschule einschreiben oder einen Leibkoch anstellen müssen. Sie könnten sich aber an einen Lieferdienst wenden oder jemanden für ein paar Stunden engagieren, um Gerichte vorzubereiten.

Sich um die Defizite bei Ihren Fertigkeiten zu kümmern, bedeutet nicht, alles selbst zu machen. Es ist ein häufiger Fehler, zu denken, dass es um alles oder nichts geht. Während Sie expandieren, werden Sie zum Beispiel Kontrollmechanismen für die Finanzen installieren. Wer nur in zwei Kategorien denkt, sagt sich vielleicht: »Meine einzigen Optionen sind, alles selbst machen oder eine viertel Million Dollar ausgeben, um einen CFO anzustellen.« Die tatsächliche Lösung könnte auch darin bestehen, einen Teilzeit-Buchhalter oder einen CFO einzustellen, der mehrere Firmen betreut, oder Ihre Konten von einer Buchhaltungsfirma führen zu lassen. Vielleicht kann ein guter Praktikant, der Ihrem COO zur Hand geht, sich wenigstens um die grundlegenden finanziellen Funktionen kümmern. Da wir nicht in einer Welt mit unbegrenzten Ressourcen leben, müssen Sie Wege finden, wie man Löcher stopft, ohne alles selbst zu tun.

Welche Fertigkeiten sind für Ihren Erfolg entscheidend, für die Sie aber weder die Zeit, das Interesse noch die nötigen Kenntnisse besitzen? Mit welcher Strategie wollen Sie diese Skills in Ihr Unternehmen und/oder Ihr Leben holen?

Performance oder Vertrauen: menschliche Skills

Ich stimme mit dem Bestsellerautor Simon Sinek überein, der meint, man sollte Soft Skills stattdessen *menschliche* Skills nennen. Mit diesem Gedanken im Hinterkopf machte Sinek ein Video über Navy SEALs und darüber, wie sie ihre Teammitglieder einschätzen, wenn sie in den Krieg ziehen.[35]

Sinek unterschied zwischen Vertrauen und Performance, die einige Ähnlichkeiten zu Wille und Können aufweisen. Beim Militär ist Performance das, was Sie auf dem Schlachtfeld tun. Vertrauen ist, wer Sie außerhalb des Schlachtfelds sind. Beim Business dreht sich die Performance um Ergebnisse – Umsatz, Leistungskennzahlen, messbare Ergebnisse. Vertrauen bedeutet Integrität – anderen den Rücken decken und sein Wort zu halten.

Was ist Ihnen wichtiger – jemand, dem Sie völlig vertrauen, oder jemand, der hoch spezialisierte Fertigkeiten besitzt? Was, wenn jemand Experte ist, aber Sie trauen ihm nicht? Was, wenn jemand vertrauenswürdig ist, aber keine Ahnung hat, was er tut?

Während Sie über die Antworten darauf nachdenken, sehen Sie sich die folgende Matrix an:

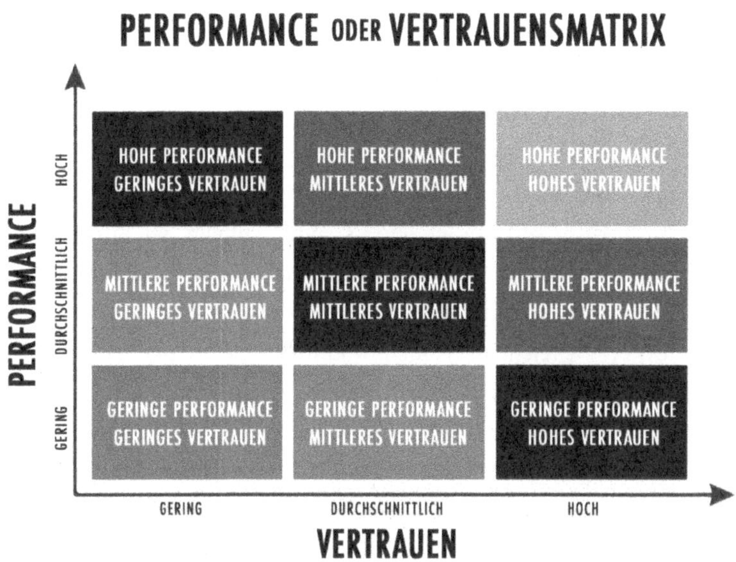

Hat diese Matrix Sie zum Nachdenken animiert, welche Personen in Ihrem Team an welche Stelle passen? Haben Sie überlegt, ob Sie dem Vertrauen einen genügend hohen Stellenwert einräumen?

2011 identifizierte ich vier Leute, die auf dem Höhepunkt der Vertrauensachse standen, aber Lücken bei den Fertigkeiten hatten. Ihre Namen waren Patrick, Maral, Mario und Tigran. Ja, Patrick war ich – ich war ganz oben auf der Liste! Da ich noch an meinen Leadership-Skills arbeiten musste und daran, ein besserer CEO zu sein, meldete ich mich für einen Leadership-Kurs an der Harvard University an. Es fiel mir sehr schwer, mein Business einen Monat lang im Stich zu lassen, aber es erwies sich als eine der besten Entscheidungen meines Lebens. Wie bereits erwähnt, schickte ich Maral zum selben Kurs, als sie in die Vorstandsetage unseres Unternehmens aufstieg.

Mario und Tigran waren aus demselben Holz geschnitzt. Ich vertraute ihnen völlig und ihr Wille zum Erfolg sprengte jede Skala. Mario war der klassische »Ernie«-Typ. Er war *bereit*, alles zu tun, was erforderlich war, aber wenn es an der Umsetzung scheiterte, litten sein Elan und die Projekte darunter. Tigran war ein talentierter Grafikdesigner, den ich als Führungspersönlichkeit sah. Er verfügte über ausreichend Fachwissen, aber es fehlte ihm an den Fähigkeiten als Leader, um eine größere Rolle zu übernehmen. Deswegen scheute ich auch nicht die 12.000 Dollar für einen Marketingkurs an der Wharton Business School. Insgesamt gab ich knapp 30.000 Dollar aus, um Mario und Tigran eine Woche auf die Wharton zu schicken.

Ich könnte Ihnen eine Liste logischer Gründe nennen, wieso das ein gutes Investment war. Sie erlernten handfeste Fertigkeiten, durch die sie besser in ihrem Job wurden. Sie brachten neue Ideen ins Unternehmen ein. Sie formten Netzwerke mit enorm erfolgreichen Personen, wodurch sie selbst angestachelt wurden, ihr Bestes zu geben. Was für mich jedoch am meisten ins Auge stach, war, dass ihre ganze Haltung sich verändert hatte, als sie wieder ins Büro zurückkehrten. Ihre Identität hatte sich gewandelt. Klar hatte meine Investition in sie auch zu Loyalität geführt, aber es war noch etwas Größeres im Spiel als das. Das Vertrauen in sie, das durch die finanzielle Investition unterstrichen wurde, hatte Mario und Tigran einen größeren Anschub geliefert, als ich es im Büro hätte tun können. Heute sind beide starke Leader, die den Standard anheben und den Ton unserer Unternehmenskultur bestimmen.

In meiner Branche dreht sich alles um Erwartungen, also kann ich mir denken, was viele von Ihnen vielleicht sagen werden. Das ist eine Menge Geld! Was, wenn diese Leute die Zusatzqualifikation, die sie an der Wharton Business School erlangten, nutzen würden, um sich einen anderen Job zu suchen? Auch wenn ich vielleicht gerne meine Gründe nennen würde, wieso ich bereit war, dieses Risiko einzugehen, überlasse ich das lieber anderen.

Henry Ford sagte: »Das Einzige, was noch schlimmer ist, als die eigenen Angestellten auszubilden, nur damit sie dann die Firma verlassen, ist, sie nicht auszubilden und weiter zu beschäftigen.«[36] Und Richard Branson sagte: »Bilde alle gut genug aus, sodass sie jederzeit gehen könnten, und behandle sie gut genug, damit sie es nicht tun.«[37]

Was ist mit den hoch qualifizierten Leuten, denen Sie nicht vertrauen? Wenn Sie sagen, Sie hätten keine Wahl, als die Guten zusammen mit den Schlechten zu akzeptieren, ist das ein Zeichen, dass Sie daran arbeiten müssen, Ihre Leadership-Skills weiterzuentwickeln. Wenn Sie glauben, Sie könnten diesen Menschen nicht entfliehen, bedeutet das, Sie haben die Fertigkeiten der Leute nicht weiterentwickelt, denen Sie zutrauen, ihren Job zu machen. Wen, glauben Sie, haben Maral, Mario und Tigran ersetzt?

Ich kann nicht mit Menschen in den Krieg ziehen, denen ich nicht vertraue. In einigen Fällen können Sie jedem einen eigenen Bereich, ein sogenanntes Silo zuweisen. Wenn ein Mitarbeiter Softwareentwickler ist, können Sie ihm ein Projekt geben, an dem er unabhängig von anderen arbeitet. Dabei wäre ich aber sehr vorsichtig, und wenn ich die Wahl hätte, würde ich jemanden mit weniger Fertigkeiten wählen, dem ich aber mehr Vertrauen entgegenbringe.

Vertrauen und Persönlichkeit sind verschieden voneinander. Nehmen wir einmal an, Sie haben ein tatsächliches Genie vor sich; jemand, der besser als alle anderen programmieren kann, aber furchtbar schlecht im Umgang mit anderen ist. Oder Sie haben einen CFO, der sehr fähig ist, aber jeden bei den Meetings zum Einschlafen bringt.

Es kommt darauf an, wie lernfähig jemand ist. Mit anderen Worten, besteht der *Wille*, sich zu verbessern? Wenn dem so ist, sollten Sie ein Investment machen, um den Können-Baustein dieser Personen aufzubauen. Sie könnten zu Ihren verlässlichsten Angestellten werden. In einer perfekten Welt würde jeder in Ihrem Team absolutes Vertrauen verdienen und über die besten Fertigkeiten verfügen. Die Menschen, denen Sie am meisten vertrauen, haben vermutlich auch den stärksten Willen. Wenn irgendeiner davon geringe Skills hat, müssen Sie sich darauf konzentrieren. Fertigkeiten kann man erlernen. In Mitarbeiter zu investieren, die einen starken Willen haben und denen Sie vertrauen, ist vielleicht das beste Investment, das Sie machen können.

Menschen mit guten Hard Skills und einem soliden Charakter werden zu verlässlichen Unternehmensangehörigen, die lineares Wachstum für Ihr Unternehmen schaffen. Diejenigen mit guten Soft Skills, deren eigenes Weltbild einen Paradigmenwechsel erlebt, werden zu enorm einflussreichen Mitarbeitern, die exponentielles Wachstum hervorbringen. Ihr Ziel ist es, diesen Paradigmenwechsel für Leute möglich zu machen, die schließlich Ihr Unternehmen auf ein ganz neues Niveau heben können.

DAS PARADIGMENWECHSEL-QUADRAT

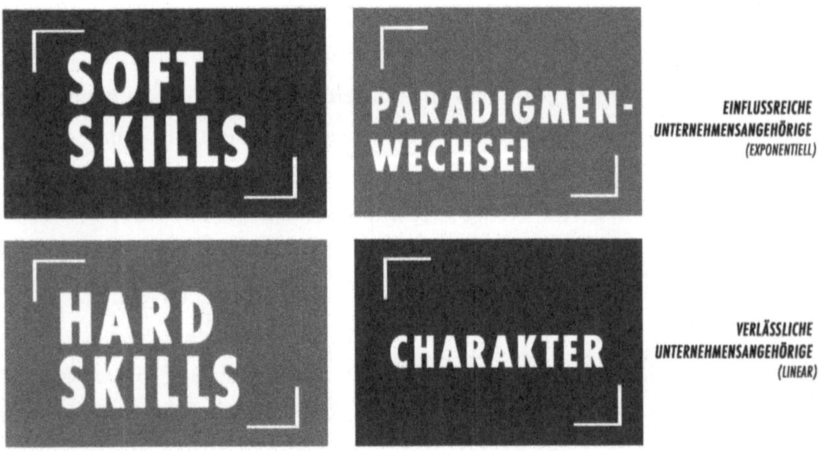

Zapfen Sie die Willenskraft an und verbessern Sie Ihre Skills

Sobald Sie Ihre eigene Willenskraft gefunden haben, sind Sie bereit, die Welt aus den Angeln zu heben. Angesichts dieser Emotion haben Sie das Gefühl, alle Widerstände überwinden zu können, ob das ein bestimmtes Gewicht beim Bankdrücken ist, ein Verkaufspitch oder Ihre Verkaufsquoten. Aber Sie brauchen die nötigen Fertigkeiten, um das zu bewerkstelligen.

Sie wissen mittlerweile, dass der Wille nichts Fixes ist. Sie können ihn in sich selbst zum Vorschein bringen und in anderen. Das erfordert, die richtigen Fragen zu stellen und außerdem die Bereitschaft mitzubringen, umgehend in Aktion zu treten, wenn die Antworten sich ergeben. Diese Aktionen sind diejenigen, die Ihnen dabei helfen, Ihre Skills zu verbessern, um die Person zu werden, die Sie sein wollen, und das kann sich sehr davon unterscheiden, wie Sie jetzt sind.

IHRE BAUSTEINE

WILLE

Aktionen:

1. Wieso wollen Sie unbedingt erfolgreich sein? Wie sieht Ihr Plan aus, um Wunschkraft in Willenskraft zu verwandeln?
2. Was fürchten Sie am meisten? Welche Gedanken oder Emotionen machen Sie so emotional aufgeladen, dass Sie alles in Ihrer Macht Stehende tun wollen, um sie zu vermeiden?
3. Welche drei Worte wollen Sie nie auf sich angewendet sehen?
4. Welche drei Worte wollen Sie auf sich angewendet sehen?
5. Wie können Sie als Leader agieren, um die Willenskraft in anderen zu aktivieren?
6. Welche Muster und einschränkenden Glaubenssätze beobachten Sie bei sich selbst, und was werden Sie tun (oder an wen werden Sie sich um Rat wenden), um diese zu beenden?

FERTIGKEIT

Aktionen:

1. Wer müssen Sie sein, um die Vorhersage des nächsten Jahres zu erfüllen? Welche drei bis fünf Skill-Sets sind dafür erforderlich?
2. Welche Art von Fertigkeiten/Ausbildungen, die das Potenzial haben, Ihre Identität zu verändern, werden Sie anstreben?
3. In welchen Bereichen fehlt es den Leadern in Ihrem Unternehmen oder Ihren Teammitgliedern an Können? Wie werden Sie das angehen?
4. Wenn es um Fähigkeiten geht, um die Sie sich nicht selbst kümmern, wie werden Sie diese delegieren oder wen werden Sie einstellen?
5. Welche Entscheidungen werden Sie treffen, wenn Sie sich Ihre Performance/Vertrauensmatrix ansehen? In wen werden Sie investieren und welche Fertigkeiten werden Sie betonen?
6. Füllen Sie die Leerstelle: Ich will, dass mein Ruf durch die Worte ________________________________ definiert wird.
7. Füllen Sie die Leerstelle: Wenn ich weiterhin den Ruf habe, ________________________ (setzen Sie hier Ihre größte Schwäche ein) zu sein, werde ich nicht auf die nächste Stufe gelangen und das wird all meine harte Arbeit zunichtemachen. Ich werde diese Schwäche angehen, indem ich ____.

KAPITEL 6

Mission und Plan

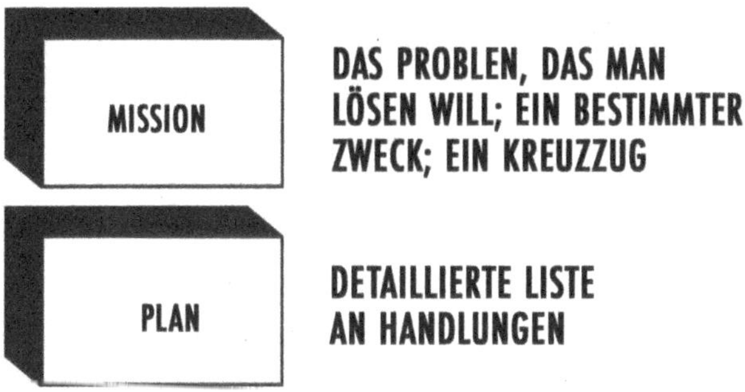

Ein Grüppchen entschlossener Geister, befeuert vom Glauben an die eigene Mission, kann den Verlauf der Geschichte ändern.[38]

– Mahatma Gandhi

Stellen Sie sich einen langweiligen CEO bei einem Kick-off-Meeting vor, der seine PowerPoint-Slides vorliest und das Team durch seine präzisen Excel-Tabellen führt. Er ist vorbereitet, organisiert und detailverliebt. Er liefert einen wahren Lehrgang darüber ab, wie man ein erfolgreiches Jahr plant, und hat die Belege, um zu untermauern, wie er das Unternehmen zu mehr Umsatz führen und die Märkte erweitern wird. Wieso hört also niemand zu?

Stellen Sie sich nun Steve Jobs vor, in seinem typischen schwarzen Rollkragenpulli, Blue Jeans und Turnschuhen, der vor seinem Team bei Apple steht und darüber redet, wie sie die Welt verändern werden. Es gibt keine PowerPoint-Slides. Die Mission des Unternehmens ist ihm ins Herz geschrieben. Er sieht sich die Menge an und verkündet kühn etwas wie: »Unsere Mission ist es, einen Beitrag zu leisten, indem wir die Tools für die großen Geister bieten, die die Menschheit voranbringen.«

Ein Aufschrei! Die Menge jubelt. Sie sind bereit, die Welt zu erobern.

Wieso? Weil sie ihre Mission kennen – und diese Mission inspiriert sie.

Jobs belässt es nicht dabei. Sobald er allen gesagt hat, *warum*, muss er als Nächstes das *Wie* erklären. Alle sind darauf eingestimmt, sich seine Pläne anzuhören, wie diese auch aussehen mögen, und diese umzusetzen.

Ein CEO, der rein der Logik folgt, hat hingegen keine Chance. In der Minute, in der er sein Publikum verloren hat, wird er es nicht mehr zurückbekommen.

Mittlerweile wissen wir, dass Emotion und Logik stets verbunden sein müssen. Nicht nur in jedem Businessplan oder bei jedem Quartalsmeeting, sondern bei jedem Verkaufsgespräch, bei jedem Teamgespräch im kleinen Kreis und bei jedem Zoom-Call. Das gilt besonders für die nächsten beiden Bausteine. Eine Mission zu haben, ist hochemotional, und ein Plan ist besonders logisch. Keines von beiden ist optional.

Eine Mission zu haben, führt dazu, dass man ausdauernd am Ball bleibt. Dadurch erträgt man den Schmerz, den man vielleicht durchlebt. Ein Mann oder eine Frau mit einer Mission sind ernst zu nehmende Gegner. Jemandem mit einer Mission will man sich lieber anschließen. Ohne eine starke Mission werden Sie nicht die richtigen Leute anziehen. Dann ist Ihr Unternehmen einfach ein weiterer Arbeitgeber für Menschen, die nur von finanziellen Interessen motiviert sind. Wenn das der Fall ist, besteht ständig die Gefahr, dass es zu Kündigungen kommt.

Was Sie in diesem Kapitel lernen werden

Sie werden erfahren, wie man eine Mission entwirft, sie formuliert und daraus anhaltend Inspiration bezieht. Ihnen fällt vielleicht auf, dass ich nicht *Motivation* gesagt habe. Wenn Sie auf einer Mission sind, brauchen Sie keine Motivation. Sie sind vom Feuer getrieben, das in Ihnen lodert. Und anders als Träume oder Ziele, die wir in einem späteren Baustein behandeln werden, hat Ihre Mission *keine*

Timeline. Wenn wir tiefer ins Thema vordringen, werden Sie sehen, wieso für Sie und Ihr Unternehmen die Mission etwas ist, das sich weiter erstreckt als nur bis zum nächsten Torpfosten.

Sie werden außerdem lernen, wie man diese Mission zu einem Plan kanalisiert. Dazu gehört eine SWOT-Analyse (Stärken – Strengths, Schwächen – Weaknesses, Chancen – Opportunities und Bedrohungen – Threats), damit Sie genau wissen, wie Sie Ihre Bemühungen ausrichten müssen. Sie werden zudem lernen, wie man eine Krise vorausahnt und ihr immer drei Züge voraus ist.

Rekrutieren Sie Ihre Mission

Wenn wir über Ihre Mission reden, ist das »Rekrutieren« ein Insiderjob. Ich benutze das Wort »Rekrutieren« anders als die meisten. Für mich ist alles Recruiting. Man zieht los und sorgt dafür, dass sich was bewegt; ob es darum geht, ein neues Talent für Ihr Unternehmen zu finden oder sich Klarheit über die eigene Mission zu verschaffen. Ihre Mission liegt nicht immer klar vor Ihnen, deswegen müssen Sie sie rekrutieren und in Ihr Team holen.

Um genauer zu sein, wenn es darum geht, Ihre Mission zu rekrutieren, gibt es vier Dinge, die Sie tun können, damit sie für Sie mit Leben erfüllt wird.

Vier Methoden, die eigene Mission zu »rekrutieren«

1. Nehmen Sie sich Zeit, um herauszufinden, was Sie bewegt.
2. Finden Sie heraus, was Ihnen zutiefst missfällt.
3. Stellen Sie die Frage: »Was regt mich auf?«
4. Ermitteln Sie, was Ihnen so sehr gegen den Strich geht, dass Sie nicht mehr in den Spiegel blicken könnten, wenn Sie nicht etwas dagegen tun.

Weil Emotionen im Spiel sind, gibt es einige Parallelen zwischen dem Vorgang, seine Feinde zu wählen, und dem, wenn man die eigene Mission ermittelt. Es mag hilfreich sein, wenn Sie sich vorstellen, wann Sie sich als Underdog gefühlt oder sich für etwas geschämt haben. Was ist so wichtig, dass Sie Ihr Leben der Aufgabe widmen wollen, es zu richten oder zu verbessern?

Bei Valuetainment haben wir Jahre damit verbracht, nicht nur über unsere Mission nachzudenken, sondern auch die präzisen Worte zu finden, um sie auszudrücken. Die Mission besteht darin, gegenwärtige und künftige Leader auf der ganzen Welt zu inspirieren, zu empowern und zu unterhalten.

Hier weitere exzellente Beispiele für Mission Statements von drei sehr bekannten Unternehmen:

- Patagonia: Unser Geschäft dreht sich darum, den Planeten zu retten.
- TED: Ideen verbreiten.
- Tesla: Den Übergang der Welt zu nachhaltiger Energie beschleunigen.

Hier einige der persönlichen Mission Statements dreier Prominenter:

- Oprah Winfrey: »Die Menschen etwas lehren. Und dafür bekannt zu sein, meine Schüler dazu zu inspirieren, mehr aus sich zu machen.«
- Walt Disney: »Die Menschen glücklich machen.«
- Denise Morrison, ehemalige CEO der Campbell Soup Company: »Ein Beispiel als Leader setzen, ein ausbalanciertes Leben führen und ethische Prinzipien anwenden, um etwas zu bewirken.«

Bei all diesen Unternehmen und Individuen ist diese Mission stets aktuell. Ihre Pläne entstammen ihrer Mission, und auch wenn Pläne einem gewissen Lebenszyklus unterworfen sind, ist die übergeordnete Mission nie abgeschlossen.

Wenn Sie sich ein Mission Statement ausdenken, nur um dieses auf Ihrer Website zu veröffentlichen, dann ist es vermutlich ein Haufen Blödsinn. Es wird Sie nicht inspirieren. Tatsächlich ist es so, dass die Leute, die so etwas machen, diejenigen sind, die ständig nach irgendeiner Motivation suchen. Ich habe jede Menge darüber gelesen, wie man Mission Statements schreibt. Es ist normalerweise langweiliger Kram, der dazu führt, dass es sich wie eine lästige Pflicht anfühlt, einen Businessplan zu schreiben. Statt nur über Floskeln *nachzudenken*, will ich, dass Sie *spüren*, was Sie tatsächlich bewegt.

Es ist an der Zeit, mit dem, was Sie wirklich in Ihrem Leben tun wollen, ernst zu machen.

Hier ein paar Fragen, die Sie dabei anleiten können:

1. Für welchen hehren Zweck kämpfen Sie?
2. Welche Ungerechtigkeiten beseitigen Sie?
3. Welchen Kreuzzug führen Sie an?

Ihre Mission zu rekrutieren, bedeutet, still zu werden. Das ist etwas, das Sie allein tun müssen, bevor Sie sich mit Ihrem Team besprechen. Schalten Sie das Handy aus und nehmen Sie sich die Zeit, um in sich hineinzuhorchen. Stellen Sie sich diese Fragen und lassen Sie sich Zeit, um die Antworten zu finden. Es kann ein paar Tage oder auch ein paar Monate dauern. Das ist nichts, nach dem man »sucht«. Es ist etwas, dem man »gestattet«, sich zu offenbaren. Vielleicht entstammt es einem Teil Ihrer selbst, den Sie geheim halten, oder es ist etwas, das Sie sich bisher verwehrt haben.

So gern ich Ihnen auch dabei helfen würde, Ihre Mission zu finden, das Beste, was ich tun kann, ist, Ihnen die Fragen zu liefern, die Sie sich stellen sollten, und die Übungen, die Ihnen helfen können, in sich selbst zu blicken. Eine dieser Übungen entstammt dem Buch *The Leaderless Revolution: How Ordinary People Will Take Power and Change Politics in the 21st Century*, geschrieben von einem ehemaligen britischen Diplomaten, der im Iran arbeitete, namens Carne Ross. Ross sagt, dass die Leute, die Revolutionen starten oder etwas Disruptives tun, aufgrund drei verschiedener Gründe in Aktion treten, nämlich wegen Dingen,

- die sie lieben,
- die sie hassen
- oder die sie aufregen.

Ich habe schmerzliche Erinnerungen an meine Kindheit, inklusive der Scheidung meiner Eltern und meine Erfahrungen mit dem Kommunismus, bevor unsere Familie aus dem Iran floh. Aber ich habe keine Minute lang geglaubt, ich solle um Sympathie bitten oder mich selbst ein Opfer nennen. In Wahrheit brachten die Narben, die durch Manipulation, Machtspiele, das Zum-Schweigen-Bringen anderer oder den Kommunismus entstanden waren, mich dazu, *die ideologischen Feinde auszuwählen*, die meine Mission begründeten.

Als ich nicht mehr über meine Kindheit wütend war und darüber nachdachte, kam ich der Entdeckung meiner Mission näher. Ich werde Ihnen in diesem Kapitel einige Geschichten erzählen, aber fürs Erste will ich, dass Sie sich dem Unbequemen stellen. Was hassen Sie? Was können Sie auf den Tod nicht ausstehen? Wer wird gemobbt oder niedergehalten, für den Sie sich einsetzen wollen? Wenn Sie es selbst sind oder Menschen, die Ihnen nahestehen, dann sind Sie auf der richtigen Spur. Wen lieben Sie, der Hilfe braucht? Was Sie ärgert, liefert Ihnen *Energie*. Es schafft die Emotionen, die Sie brauchen.

Etwas zu finden, das einen aufregt, muss nicht immer tiefgehend oder persönlich sein. Vielleicht lieben Sie den Geruch eines sauberen Badezimmers oder können beißende Gerüche nicht ausstehen. Mit diesem Gedanken im Hinterkopf lässt sich vielleicht ein lukratives Geschäftsmodell finden.

Pourris Mission Statement ist »Mit Genuss die Art zu ändern, wie die Welt über Dinge nachdenkt, die sie schon immer so gemacht hat«. Laut *Inc.* hat das Unternehmen einen Wert von 400 Millionen Dollar.[39] Ob das mit der Gründerin Suzy Batiz und ihrer Vorliebe für ein sauberes Badezimmer oder ihrer Abneigung gegen üble Gerüche oder gegen synthetische Duftstoffe zusammenhängt? Sie hat auf jeden Fall zwei andere Unternehmen in den Bankrott geführt, bevor sie ihre Mission fand. Das erklärt auch, wieso sie nicht das Tempo drosselt. Selbst nachdem sie ein Vermögen mit dem Ursprungsprodukt »Poo-Pourri« verdient hat, lancierte Batiz eine Produktreihe biologischer Reinigungsprodukte, weil ihre Mission darin bestand, zu verändern, wie wir die Dinge immer getan haben.

Diese Beispiele sind dafür gedacht, dass Sie über Ihre eigene Mission nachdenken. Stellen Sie weiter diese Fragen. Was lieben Sie? Was hassen Sie? Was nervt Sie?

Wie ich meine Mission gefunden habe

Da Sie nun einen Eindruck davon haben, wie andere ihre Mission gefunden haben, sollten Sie einige eigene Ideen notieren. Als ich in meinen Zwanzigern war, trieb mich der Wunsch an, meinen Feinden zu beweisen, dass sie unrecht hatten, sowie Geld und Respekt zu verdienen. In der Rückschau ist es ziemlich normal, dass Menschen um die 20 sich auf selbstsüchtige Ziele konzentrieren.

Im Dezember 2008, sechs Jahre, nachdem meine Feinde auf der Weihnachtsparty sich mit meinem Vater unterhalten hatten, zahlten sich meine Mühen langsam aus. Für einen 30-Jährigen hatte ich es geschafft. Ich reiste um die Welt, hielt Reden vor 10.000 Menschen und einen Vortrag an meiner Highschool über meine inspirierende »vom Tellerwäscher zum Millionär«-Erfolgsgeschichte. Ich hörte auch die magischen Worte von meinen Eltern. Sie wissen, wie die lauten: *Ich bin stolz auf dich.* Ich glaubte ihnen, und das hätte mir Frieden schenken sollen. Wieso war ich also nicht zufrieden? Wieso fühlte ich mich nicht erfüllt? Wieso hatte ich das Gefühl, dass irgendetwas fehlte?

Ende 2008 dachte ich über das kommende Jahr nach und fragte mich: »Ist das alles im Leben? All diese Dinge, die ich durchgemacht habe, war das nur, um Geld zu verdienen? Ist das alles? Wieso muss ich jeden Morgen aus dem Bett aufstehen, wenn ich reicher bin als in meinen wildesten Träumen?« Ich wusste intuitiv, dass es noch etwas Größeres geben musste als das Leben, das ich führte. In der Rückschau wich ich der wirklichen Frage aus: Was ist meine Mission?

Ich versuchte, meine Leidenschaft wiederzufinden. Ich las motivierende Bücher und meldete mich bei Motivationsworkshops an. Aber nichts änderte sich. Ich fand nichts, das mich wieder motivierte. Wenn ich heute darauf zurückblicke, dann kann ich mir nur zugutehalten, dass ich aktiv meine Mission *rekrutierte.* Ich stellte jede Menge Fragen, traf mich mit Mentoren, suchte mir Rat bei meinem Pastor, Dudley Rutherford. Ich fragte Freunde, an welchen Stellen ich blinde Flecken hatte.

Einer dieser Freunde, Bill Vogel, lud mich zu einem Treffen des Claremont Institute Thinktanks im Miramar Hotel in Santa Monica in Kalifornien ein. Es war der März 2009, und mein Jahr hatte solide, aber unspektakulär begonnen. Ich konnte einfach alles laufen lassen und dennoch gutes Geld verdienen, und das lehrte mich, dass Zufriedenheit einer der größten Bremser sein kann. Es fehlte mir an Energie und einer Mission, was erklärt, wieso ich mir richtungslos vorkam.

Ich hielt in meiner gelben Corvette Z06 vor dem Miramar Hotel, gekleidet in einen Nadelstreifenanzug von Hugo Boss. Später saß ich neben Pat Boone, dem berühmten Sänger und Schauspieler. Es waren jede Menge einflussreiche Leute anwesend, und keiner der Vorträge inspirierte mich. Ich war auf der Suche nach Antworten dorthin gefahren und hatte Angst, dass ich ohne diese Antworten wieder abreisen musste.

Dann erhob sich George Will, ein politischer Kommentator, Autor und Pulitzer-Preis-Gewinner, um eine Rede zu halten. 1986 hatte ihn das *Wall Street Journal* als »den vielleicht einflussreichsten Journalisten in Amerika« bezeichnet.[40]

Will erzählte mithilfe von drei wirkungsvollen Geschichten davon, wie Anwälte das Land ruinieren. In der ersten ging es um einen ungerechtfertigten Gerichtsprozess eines Jungen, der einen Angelhaken verschluckt hatte und nun den Hersteller verklagte. In der nächsten Geschichte schilderte er, dass die Übergewichtsepidemie direkt in Beziehung zu der Anzahl an Parks stand, die in Amerika geschlossen wurden. Und in der dritten Geschichte verband er das alles, indem er darüber berichtete, wie Anwälte in Parks herumsitzen und darauf warten, dass Kinder hinfallen, damit sie die Stadt verklagen können.

Wenn ich darauf zurückblicke, wird mir klar, wie meisterlich George Will Emotionen und Logik verbunden hat. Er war ein konservativ wirkender Mann im Anzug mit nerdig aussehender Brille, der es wie kein Zweiter verstand, Fakten zu nennen. Er war nicht brüsk wie Bill O'Reilly oder lustig wie Jon Stewart, aber glauben Sie mir, man spürte, dass er emotional war. Er wusste, wie man die Gefühle anderer anspricht. Eine Stunde lang erzählte er Storys über all die Probleme in Amerika, und ich kann ehrlich sagen, dass mich noch nie etwas so sehr inspirierte! Plötzlich hatte ich den Eindruck, die Welt würde sich nach jemandem sehnen, der losziehen und helfen würde, all diese Probleme zu lösen. Ich hatte den Eindruck, Gott selbst berief mich, um einer dieser Menschen zu sein.

Als der Event vorbei war, stellte mein Freund Bill mir George vor und sagte: »Was könnten Sie Patrick raten? Er ist 30 Jahre alt und schon seit jungen Jahren erfolgreich im Verkauf. Aber er hat das Gefühl, er bräuchte eine Mission, um sein Leben auf ein neues Niveau zu heben.«

George meinte: »Woher stammen Sie und wie sieht Ihr Hintergrund aus?«

Als ich ihm sagte, dass ich aus dem Iran stammte, stellte er mir Fragen über meine Familie. Ich erzählte ihm, dass die Familie meiner Mutter Kommunisten waren und mein Vater ein Imperialist; berichtete von unserer Flucht 1989 während des Krieges; wie wir in Deutschland zwei Jahre in einer Flüchtlingseinrichtung wohnten und dann nach Kalifornien zogen, als ich zwölf war.

George war ein guter Zuhörer und gab mir das Gefühl, dass es ihn wirklich interessierte. Er meinte: »Wieso sehen Sie sich nicht genau an, warum Amerika von allen Ländern der Welt die meisten Immigranten hat? Wieso betrachten Sie nicht den Kapitalismus genauer, um zu sehen, dass er das beste System überhaupt ist? Was die Leute auf der ganzen Welt sich mehr als alles andere wünschen, ist Freiheit. Finden Sie heraus, wieso so viele den Kapitalismus hassen, um die andere Seite zu verstehen.« Er riet mir auch, herauszufinden, wieso es nur ein Land auf der Welt gab, dessen Name mit dem Wort »Traum« in Verbindung gebracht wird. Es gibt keinen russischen Traum oder chinesischen Traum. Es gibt nur den amerikanischen Traum.

Ich nahm mir seinen Rat zu Herzen, bedankte mich für seine Zeit, und als ich die Konferenz verlassen hatte, begann ich mit meinen Studien. Ich sage stets, **man kann den Erfolg daran vorhersagen, wie schnell jemand einen Ratschlag befolgt**. Ob es das Feedback eines Mentors ist oder eine Buchempfehlung eines Freundes; achten Sie darauf, wie schnell Menschen aufgrund solcher Ratschläge handeln, und Sie können eine Menge daraus lernen. Nachdem ich mich mit George Will unterhalten hatte, las ich alles, was ich über Immigration, Kapitalismus und Politikwissenschaften in die Finger bekommen konnte. Ich brauchte keine Motivation, um zu lernen. Ich konnte über wenig anderes nachdenken als über den amerikanischen Traum und die Geschichte dahinter.

Am nächsten Tag hatten wir um 10 Uhr morgens unser samstägliches Verkaufsmeeting. Ich liebte diese Meetings. Mir neue Botschaften auszudenken, um Menschen zu motivieren, war eines der Highlights meiner Woche. Aber während der letzten paar Monate war etwas anders gewesen. Wenn ich mich heute daran erinnere, sehe ich, dass ich mich im Prozess befand, meine wahre Mission zu entdecken und mich neu zu erschaffen.

Dieses Meeting war anders. George Wills Rede hatte meine Mission angestoßen. Ich hielt eine 19-minütige Rede über die Zukunft Amerikas. Noch nie vorher hatte ich wie ein Patriot geklungen und ich war so engagiert wie nie zuvor. Viele bei diesem Meeting waren Amerikaner der ersten Generation. Ich forderte sie in einem Ton heraus, der mich selbst überraschte, als ich die Frage stellte: »Wieso sind Ihre Eltern in dieses Land gekommen?«

Ich hatte mich nie so lebendig gefühlt.

Alle sahen mich komisch an und meinten, dass sich meine Botschaft verändert habe. Normalerweise redete ich nicht über Träume. Aber diese Rede war anders. Es ging darum, die Freiheiten in Amerika zu schützen. Wieso verließen so viele Menschen den Iran? Wieso verließen so viele Menschen Russland? Wieso redet jedes zweite Land auf der Welt über den amerikanischen Traum? Ich war energetisiert. Ich hatte meine Mission gefunden und von diesem Punkt an stand ich unter Strom. Von einem Mann, der 1 Million Dollar verdiente, aber keine Richtung hatte, verwandelte ich mich in einen Mann auf einer Mission.

Meine Mission war und ist es immer noch, Entrepreneurship zu nutzen, um die Probleme der Welt zu lösen und den Kapitalismus zu verbreiten, denn das Schicksal der Welt hängt davon ab.

Wenige Monate nach George Wills Rede wurde mir klar, dass ich meine Mission nicht als Verkaufsleiter erfüllen konnte. Ich musste wirklichen Einfluss gewinnen. Der erste Schritt bestand darin, meine Vision der großen Finanzdienstleistungsfirma zu präsentieren, zu der mein Unternehmen gehörte. Das kam gar nicht gut an. Sie wollten, dass ich der Typ bin, der die großen Zahlen liefert und über Resultate redet, nicht über Ideen. Meinen Mund zu halten und Schecks einzulösen, würde mich nie erfüllen. In diesem Moment wusste ich, dass ich alles riskieren musste, um es auf die Weise zu tun, die mir vorschwebte. Ich musste mehr tun. Ich musste ein Entrepreneur werden.

Als ich meine Finanzdienstleistungsfirma gründete, war mein Mission Statement, das System des freien Unternehmertums zurückzubringen und damit Hoffnung für amerikanische Familien. Bis heute bin ich überzeugt, je mehr Menschen ich zeigen kann, wie sie ihr eigenes Geld durch ein eigenes Unternehmen verdienen, desto mehr Probleme werden sie lösen und desto freier werden wir sein.

Wir kehren im nächsten Kapitel zum Traum und der damit verbundenen Sprache zurück, die ich genutzt hatte. Träume sind immer noch wichtig. Aber es hat seinen Grund, wieso die Mission vor dem Traum kommt. Hätte ich meine nicht entdeckt, hätte ich zwar all das Drumherum eines Traumlebens gehabt, aber mich leer gefühlt. Nach der Rede von George Will hat sich alles völlig verändert. Ich hatte die Mission, eine Ungerechtigkeit zu beseitigen.

Ist Ihnen aufgefallen, dass meine Mission das beinhaltete, was ich liebe (Freiheit, Hoffnung, Kapitalismus), was ich hasse (Einschränkungen, Verzweiflung, Kommunismus) und was mich stört (Manipulation, Mangel an Optionen)? Wenn Sie es noch nicht getan haben, wird es Zeit, dass Sie diese Fragen für sich selbst beantworten.

Ersetzen Sie *nur* durch *weil*

Einige von Ihnen haben vielleicht diese Geschichten gelesen und angefangen, ihre eigene Mission aufzuschreiben. Andere denken vielleicht noch angestrengt darüber nach, wie sie ihre Mission definieren sollen. Und dann gibt es vielleicht noch ein paar, die rechtfertigen, wieso sie keine brauchen. Ich habe schon mit so vielen Menschen an einem Tisch gesessen, die verbissen ihre Gründe verteidigten, keine Mission zu brauchen. Wenn sie aufschreiben, was sie mit ihrem Leben anfangen wollen, haben alle ihre Statements ein Wort gemeinsam: »nur«.

1. Ich will nur genug verdienen und mir keine Sorgen ums Geld machen.
2. Ich will nur genug Geld verdienen, damit ich die Welt bereisen kann.
3. Ich will nur ein einfaches Leben, in dem ich meiner Kirchengemeinde dienlich sein und in Frieden leben kann.

4. Ich will nur meine Angestellten bezahlen können, meine Rente finanzieren und um 18 Uhr zum Abendessen zu Hause sein.
5. Ich will nur ein Unternehmen aufbauen, das meine Kinder irgendwann übernehmen können.

Sie denken vielleicht, ich verurteile diese Menschen, weil sie zu klein denken. Damit liegen Sie falsch. Mein Problem ist, dass das die Leute sind, die ihre eigene Mission sabotieren. Indem sie das Wort »nur« verwenden, setzen sie sich selbst zu enge Grenzen oder haben nicht die Zeit, ihre Mission zu »rekrutieren«.

Sie müssen sich selbst die Frage stellen, wieso Sie das Wort »nur« verwenden. Liegt es daran, dass Sie Angst haben, zu scheitern? Oder sind Sie realistisch, weil Sie ehrlich einschätzen, wie viel Arbeit Sie zu leisten bereit sind? Oder liegt es daran, dass Sie nicht genug nachgedacht haben, um Ihre wahre Mission zu finden?

Selbst wenn Sie nicht allzu tief unter der Oberfläche schürfen wollen, gibt es ein einfaches Werkzeug, das Ihnen helfen wird, Ihre Mission besser auszuarbeiten. Entfernen Sie einfach das Wort »nur«. Sehen wir uns einfach zwei Beispiele an:

1. Ich will nur genug Geld verdienen, damit ich die Welt bereisen kann.
2. Ich will nur ein einfaches Leben, in dem ich meiner Kirchengemeinde dienlich sein und in Frieden leben kann.

Entfernen Sie dann das »nur«.

1. Ich will genug Geld verdienen, damit ich die Welt bereisen kann.
2. Ich will ein einfaches Leben, in dem ich meiner Kirchengemeinde dienlich sein und in Frieden leben kann.

Damit haben Sie bereits eine stärkere Aussage formuliert. Der nächste Schritt besteht darin, von »ich will …« zu »ich bin auf einer Mission, um …« zu wechseln.

1. Ich bin auf einer Mission, genug Geld zu verdienen, damit ich die Welt bereisen kann.

2. Ich bin auf einer Mission, ein einfaches Leben zu führen, in dem ich meiner Kirchengemeinde dienlich sein und in Frieden leben kann.

Sie fragen vielleicht: »Pat, ist diese Mission gut genug?« Nur Sie können diese Frage beantworten. Sprechen Sie Ihre Mission laut aus, und sehen Sie, welche Emotionen dabei wachgerufen werden. Sagen Sie sie vor dem Spiegel auf, und beobachten Sie Ihre Körpersprache. Wenn es sich gut anfühlt, funktioniert es vermutlich. Zitieren Sie sie anderen gegenüber und registrieren Sie dabei Ihre Gefühle. Wenn Sie dabei verlegen sind, sagt Ihnen das etwas. Wenn Sie stolz sind, ist das ebenfalls eine wertvolle Information. Das sind nur einige Lackmustests. Wenn Sie den Eindruck haben, Ihre Mission funktioniere nicht, definieren Sie diese neu.

Ein weiteres wirksames Werkzeug ist es, das Wort »weil« am Ende anzufügen und den Rest des Satzes anzuhängen. Ellen Langer, eine Psychologin der Harvard University hat Experimente durchgeführt, wie effektiv das Wort »weil« ist.[41] Der Schlüssel ist, dass egal, was Sie nach dem Wort »weil« sagen, die Mission dadurch wirkungsvoller wird.

1. Ich bin auf einer Mission, genug Geld zu verdienen, damit ich die Welt bereisen kann, *weil* man nur einmal lebt und ich in der glücklichen Lage bin, das tun zu können, was meine Eltern nicht konnten.
2. Ich bin auf einer Mission, ein einfaches Leben zu führen, in dem ich meiner Kirchengemeinde dienlich sein und in Frieden leben kann, *weil* mir mein Glaube wichtig ist und ich weiß, dass mich Schlichtheit den wirklich wichtigen Dingen im Leben näherbringt.

Kombinieren wir das alles und sehen uns noch einmal das letzte Beispiel für ein Mission Statement oben an: Ich will nur ein Unternehmen aufbauen, das meine Kinder irgendwann übernehmen können.

Ich habe den Eindruck, dass diese Person Angst hat, zu verkünden, was sie eigentlich will – und die gewählten Wörter schwächen diese Mission. Nehmen Sie das Wort »nur« weg, fügen Sie »weil« hinzu und verfeinern Sie die Formulierungen, und es wird zu einem ehrlicheren und wirkungsvolleren Statement werden.

Ich will ein Unternehmen aufbauen, das etwas bewirkt und generationsübergreifenden Wohlstand schafft, weil ich das Zeug dazu habe und meine Familie liebe.

Sehen Sie, was gerade passiert ist? Selbst wenn der Inhalt der Mission sich nicht groß verändert hat, sind die Auswirkungen beträchtlich. Das ist ein gewaltiger Unterschied dazu, die Aussage abzuschwächen, indem man das Wort »nur« nutzt.

Ihre Mission verändert sich vielleicht mehr oder weniger bis zum Ende dieses Kapitels oder vielleicht bis zum Ende dieses Monats. Aber wenn Sie bloß das Wort »nur« entfernen und »weil« hinzufügen und sich die Zeit nehmen, um herauszufinden, wie sich das anfühlt, sind Sie schon ein gutes Stück des Weges gegangen.

SWOT-Analyse

Werden Sie emotional? Spüren Sie schon, wie das Blut schneller durch Ihre Adern fließt? Toll. Ich will, dass Sie weiter diesen Muskel trainieren, der es Ihnen ermöglicht, zwischen Emotion und Logik zu wechseln, denn wir werden nun zur Logik kommen, um den Planungsbaustein aufzubauen.

Bevor Sie irgendwelche Pläne machen, müssen Sie sich allerdings orientieren. Wenn Sie eine Karte sehen, suchen Sie zuerst nach den Worten »Sie sind hier«. Sie können keine Pläne machen, bevor Sie nicht wissen, wo Sie stehen.

SWOT steht für Stärken (Strengths), Schwächen (Weaknesses), Chancen (Opportunities) und Risiken (Threats). Abhängig davon, wo Sie gerade in Ihrer Karriere stehen, haben Sie entweder schon Dutzende SWOT-Analysen durchgeführt oder das ist Ihre erste. Wie dem auch sei, der Unterschied ist, dass Sie dieses Mal zwei Dinge in diese Übung einbringen, die vorher nicht existiert haben: *Emotion* und *radikale Ehrlichkeit*. Die Fragen, die Sie dazu gebracht haben, über Ihre Mission nachzudenken, haben vermutlich sowohl Ihr Selbstvertrauen gesteigert, als auch einige schmerzhafte Wahrheiten ans Licht gebracht.

Sie haben vielleicht etwas gesagt wie: »Ich wollte schon immer meinen Eltern helfen, früher in Rente gehen zu können, aber ich war nie organisiert genug, ein sechsstelliges Einkommen zu erreichen.« Bei dieser Aussage starrt Ihnen Ihre Schwäche direkt ins Gesicht.

Vielleicht haben Sie gesagt: »Ich werde das Gesundheitswesen effizienter gestalten, denn die Lösung dazu muss noch gefunden werden, und ich weiß, dass ich das tun kann.« Da haben Sie Ihre Chance. Sie erkennen vielleicht auch in dieser Aussage, dass es eine Menge Risiken durch die Politik und durch Konkurrenten geben wird, die finanziell besser aufgestellt sind. Oder es fällt Ihnen auf, dass Ihr Mangel an technologischem Wissen und technologischer Analyse Sie vielleicht ausbremst.

Die Arbeit, die Sie bei der Verfeinerung Ihrer Mission leisten, wird direkt Ihrem Plan auf die Sprünge helfen. Was immer auch bei den vorherigen Übungen herauskommt, sollte dazu führen, dass Sie diese Informationen in Ihre SWOT-Analyse einfließen lassen. Ich empfehle Ihnen, das für sich selbst und für Ihr Unternehmen zu tun, im Wissen, dass es einige Berührungspunkte gibt. Für Ihr Unternehmen können Sie das mit Ihrem Team durchführen. Fürs Erste sollten Sie sich auf den persönlichen Aspekt konzentrieren, damit Sie Ihre eigenen Pläne für das Jahr formulieren können.

Stärken	Schwächen
Arbeitsethik	Führungsstärke
Lernfähigkeit	Die Fähigkeit, mehrere Projekte auf einmal zu managen
Branchenwissen	Unorganisiert
Laserscharfer Fokus	Zuhören

Chancen	Risiken
Das Unternehmen skalieren	Schlechte Gesundheit/wenig Energie
Neue Märkte erschließen	Angestellte an die Konkurrenz verlieren
Produktiver zu sein	Zu wenig Kapital
Zu wenig Kapital	Zinssätze/Marktbedingungen

Ich habe eine Liste erstellt, um Ihnen ein paar Denkanstöße zu geben, aber natürlich wird Ihre Liste spezifisch auf Sie zugeschnitten sein. Wenn Sie Ihre SWOT-Analyse noch nicht in Ihre Entwicklung neuer Fähigkeiten integriert haben, lohnt es sich, sie zu überdenken. Wenn Sie zum Beispiel das Gefühl haben, kein guter Zuhörer zu sein, und das dazu führt, dass einige Ihrer Top-Performer die Firma verlassen, wissen Sie, an welcher Fähigkeit Sie arbeiten müssen.

Sehen wir uns die vier Quadranten noch einmal im Detail an.

Stärken

Wenn es um Stärken geht, sollten Sie das nutzen, was Sie am besten können.

Ihre Stärken zu betrachten, ist eine gute Methode, Ihre Chancen zu identifizieren. Wenn Sie prima darin sind, Verkäufe zum Abschluss zu bringen oder Verkäufer auszubilden, aber zu viel mit den alltäglichen Aufgaben der Leitung eines Unternehmens verbringen, dann besteht darin eine Chance! Die beste Lösung ist, diese Aktivitäten innerhalb Ihrer Arbeitswoche mit dem Kalender zu planen. Vielleicht können Sie sich wieder mehr um die Ausbildung der Verkäufer kümmern oder wenigstens monatlich eine Ausbildungseinheit einbauen. Eine weitere Idee wäre, Ihr Team wissen zu lassen, dass Sie bei den großen Kunden mit in den Pitch-Meetings sitzen wollen.

Wenn Sie ein brillanter Forscher sind, aber sich ständig damit beschäftigen müssen, Anträge zu stellen oder zu bewilligen, müssen Sie irgendeinen Weg finden, mehr Zeit im Labor zu verbringen. Elon Musk ist im Herzen Ingenieur, der das Experimentieren liebt und gerne mit anderen großen Denkern zusammenarbeitet. Auch wenn er gelegentlich in Dinge hineingezogen wird, wie Compliance oder die Beziehungen zu den Investoren, muss er die Zeit finden, an Detaillösungen zu basteln, wenn er sich seine geistige und emotionale Gesundheit erhalten will. Das Fazit ist: Wenn Sie Ihre Stärken nicht nutzen, wenn Sie nicht das tun, was in erster Linie zu Ihrem Erfolg geführt hat, riskieren Sie es, diesen Erfolg zu verspielen.

Schwächen

Bei den Schwächen geht es darum, Fertigkeiten aufzubauen, zu delegieren oder sie abzuschwächen.

Mir wurde früh in meiner Karriere klar, dass ich nicht gerade besonders organisiert arbeitete. Eigentlich glaube ich, dass dieser Mangel an Organisation mit meiner Stärke zu tun hat – nämlich kreativ zu sein. Meine Lösung ist, statt diese Schwäche zu beheben, Systeme einzurichten, die dafür sorgen, dass ich dadurch nicht ausgebremst werde. Das bedeutet, ich delegiere und stelle sicher, dass zu meinem engsten Kreis Menschen gehören, die organisiert arbeiten. Noch bevor ich ein sechsstelliges Gehalt verdiente, stellte ich einen persönlichen Assistenten ein, denn ich wusste, dass ich ohne einen Assistenten nie auf ein sechsstelliges Gehalt kommen würde. In meinem Privatleben vertraue ich darauf, dass meine Frau sich um die Aktivitäten der Kinder kümmert und um unsere Terminkalender und Verabredungen. Sie sagt mir, wann ich irgendwo sein soll, und das funktioniert bestens.

Die meisten Menschen sind sich ihrer Stärken bewusst, aber haben blinde Flecken, wenn es um ihre Schwächen geht. Schwächen zu erkennen ist nicht einfach. Deswegen bezeichne ich sie oft als Lecks. Die Dinge, die man vor anderen verheimlicht, sind auch diejenigen, die Sie nicht wahrhaben oder aufschreiben wollen. Sie gehen zu oft ins Casino, aber niemand weiß davon. Sie könnten süchtig nach sozialen Medien sein, Stunden mit »Fantasy Football« verbringen, auf dem Heimweg durch den Drive-through von McDonald's fahren oder flirten, weil Sie sich nach Aufmerksamkeit sehnen. Das sind alles Schwächen, die viele von uns nicht zugeben wollen. Sie rauben uns die Energie, leeren unseren Geldbeutel und kosten Zeit. Wenn man sich nicht darum kümmert, können diese Lecks sich in Sturzbäche verwandeln, die nicht nur Ihrer Bilanz schaden, sondern auch Ihrem Wohlergehen.

Chancen

Um Chancen zu finden, fragen Sie sich, was möglich ist, nicht »wie« Sie es tun wollen.

Chancen sind aufregend. Dabei stellt man sich häufig die Frage: »Was wäre, wenn?«

- Was wäre, wenn wir unsere Preise um 15 Prozent anheben könnten, ohne Marktanteile zu verlieren?
- Was wäre, wenn wir einen Verkaufsleiter finden könnten, der eine Bereicherung für das bestehende Team ist und mich entlastet, damit ich daran arbeiten kann, neue Führungskräfte zu fördern?
- Was wäre, wenn wir einen persönlichen Assistenten für einige unserer Führungskräfte einstellen könnten – wie viel produktiver wären sie dann?
- Was wäre, wenn wir unserem Portfolio ein neues Produkt hinzufügen?
- Was wäre, wenn wir einen Produzenten anstellen könnten, der so talentiert ist, dass unsere Seitenaufrufe sich verdreifachen?

Risiken

In Bezug auf die Risiken sollten Sie auf Ihre Paranoia hören.

Welche Bedrohungen sehen Sie im kommenden Jahr und im nächsten Jahrzehnt? Sie haben die Familie mit ins Unternehmen geholt. Was passiert, wenn es dabei zu Streit kommt? Wie bei den Schwächen können Sie sich um die Risiken entweder selbst kümmern oder diese Aufgabe delegieren. Müssen Sie bei jedem Thema selbst recherchieren? Ist es besser, es selbst zu tun oder jemanden zu bezahlen, der diese Recherchen anstellt? Wenn Sie zum Beispiel einen Hedgefonds leiten, der in aufstrebende Märkte investiert, wird es immer Risiken durch Geopolitik geben. Vermutlich haben Sie nicht die Zeit oder die Ressourcen, dabei immer auf dem Laufenden zu bleiben, also könnten Sie das von jemandem außerhalb des Unternehmens erledigen lassen.

Wenn schlechte Gesundheit, Burn-out oder zu niedrige Energie ein Risiko sind, sollten Sie das bei Ihrem Plan berücksichtigen. Das könnte bedeuten, einen persönlichen Trainer anzustellen oder in der Arbeit einen Fitnessraum einzurichten und jemanden zu engagieren, der zweimal die Woche mit Ihnen Yoga macht. In diesem Fall mindern Sie sowohl ein persönliches Risiko als auch eines, das Ihr Unternehmen betrifft.

—

Achten Sie darauf, wie Emotion und Logik in die SWOT-Analyse einfließen. Wenn ein Risiko darin besteht, Leute zu verlieren, weil sie kündigen, sollten Sie sich logischerweise mit Ihrer Personalabteilung zusammensetzen (wenn Sie keine haben, beauftragen Sie einen Subunternehmer oder engagieren Sie einen Berater), um sich um Gehälter und Arbeitsverträge zu kümmern. Gleichzeitig sollten Sie herausfinden, wie Sie den Leuten zeigen können, dass sie Ihnen wichtig sind, um die Loyalität zu steigern. Wenn das eine Schwäche ist (und viele Leader haben sie), fügen Sie »den Leuten zeigen, dass sie mir wichtig sind« zu Ihrer Liste an Schwächen hinzu und integrieren Sie das in Ihren Plan.

Wird Ihnen bereits klar, wie dieser Plan all diese Aspekte integriert? Und sehen Sie, dass Sie nicht an diesem *Plan* arbeiten können, ohne an der *Person* zu arbeiten? Diese Person ist natürlich die einzige Person, mit der Sie jede Minute des Rests Ihres Lebens verbringen werden: SIE!

Seien Sie aktuellen Themen immer einen Schritt voraus

Gehen wir bei Ihrem Plan ein wenig mehr ins Detail. Sie brauchen eine Liste der wichtigsten, aktuellen Themen, die Sie jedes Jahr genau im Auge behalten sollten, um sie in die Planung einzubeziehen. In manchen Jahren sind das die Wahlen. In anderen Jahren Veränderungen bei der Steuergesetzgebung. Diese Themen und die dazugehörigen Termine werden Ihre Strategie und Ihren Kalender beeinflussen. Indem Sie außerdem das größere Gesamtbild der Welt um Sie herum im

Auge behalten, werden Sie eine bessere Außenperspektive erhalten und weniger nur IN Ihrem Unternehmen arbeiten.

Das ist vielleicht offensichtlich, aber selbst auf Businesskonferenzen bin ich überrascht, wie viele Hände sich nicht heben, wenn ich frage, wer das *Wall Street Journal* liest. Das sollten wir alle lesen. Selbst wenn Sie in einer sehr spezialisierten Branche arbeiten, müssen Sie sich der Nachrichten in der Unternehmenswelt und der Geopolitik bewusst sein.

Wenn man jetzt über COVID-19 redet, hört man sich an wie ein Dinosaurier, aber Anfang 2021 stand das für jeden an der Spitze der Liste. Sie brauchten einen Plan, um mit den verschiedenen Vorschriften umzugehen und sich daran zu gewöhnen, von zu Hause zu arbeiten. Während das Narrativ und die Arbeitslosigkeit sich ändern, müssen Sie Ihren Plan weiter anpassen, um sich am besten um die Bedürfnisse Ihrer Angestellten und Kunden zu kümmern. Das können Sie nicht machen, ohne zu wissen, was um Sie herum passiert. Und während Themen wie Lieferketten immer relevant sein werden, sollten Sie sehr viel präziser benennen können, was wichtig ist. Wenn Sie zum Beispiel im Transportwesen tätig sind, müssen Sie auf Bahnstreiks achten, auf Vorschriften für Förderpipelines und auf Steuervorteile für saubere Energie. Wenn Sie in der Finanzbranche sind, müssen Sie stets die Inflation im Auge behalten, die Arbeitslosenraten, die Zinssätze und neue gesetzliche Bestimmungen.

Es wird noch genug Überraschungen geben, die Sie nie voraussehen können. Deswegen müssen Sie den Ereignissen einen Schritt voraus sein, von denen Sie wissen, dass sie eintreten werden. Sagen Sie nicht, Sie könnten keinen Streik vorhersehen – oder wenigstens die Möglichkeit. Die Termine, zu denen bestimmte Lohnvereinbarungen auslaufen, sind bekannt. Sie wissen, wann bestimmte Beschäftigungsverträge enden. Auch welche bundesweiten, bundesstaatlichen und lokalen Wahlen vor Beginn des Fiskaljahres stattfinden, ist bekannt.

Genau wie es bestimmte Themen gibt, die man im Auge behalten sollte, gibt es auch bestimmte Personen, auf die das zutrifft. Vielleicht wissen Sie, dass es einen bekannten Manager bei einem Konkurrenzunternehmen gibt, der angeblich bald in Rente geht. Sie sollten ihn oder sie im Auge behalten, denn daraus entstehen Risiken und Chancen. Eine Veränderung in der Führungsstruktur bedeutet, dass auch andere Verträge enden könnten und bestimmte Personen die Firma vielleicht verlassen wollen. Oder das Unternehmen stellt einen aggressiveren CEO ein oder wirbt sogar jemanden von Ihren Leuten ab. All diese Möglichkeiten müssen Sie einplanen.

Um Ihnen eine Richtschnur an die Hand zu geben, wie man die Liste der Themen und Personen aufstellt, hier einige Punkte, die man dabei bedenken sollte:

1. Branche
2. Politik
3. Wirtschaft/Inflation
4. Regulierungen
5. Schlüsseltermine für Tarifverträge
6. Führungskräfte, die das Unternehmen wechseln

Betriebsplanung: Erstellen Sie einen Kalender für das gesamte Jahr

Am Tag der Schulaufführung Ihres Kindes haben Sie eine Vorstandssitzung. Die Klausurtagung Ihres Unternehmens ist am selben Tag wie die Uniabschlussfeier Ihrer Cousine. So etwas ist unvermeidlich. Der verstorbene Kobe Bryant spielte für die Lakers und sie hatten fast immer ein Spiel am ersten Weihnachtsfeiertag. Als ich ihn interviewte, sagte er, dass er damit umging, indem er das gesamte Jahr im Voraus plante, um Überraschungen zu vermeiden.[42] Statt zu improvisieren, muss man einen Schritt voraus sein.

Wenn Sie wissen, dass Sie ein wichtiges Ereignis verpassen werden, machen Sie einen neuen Termin mit dieser Person an einem anderen Tag aus. Wenn Sie die Person nicht treffen können, zeigen Sie ihr Ihre Zuneigung mit einem besonderen Geschenk oder einer Geste. Ihr Kalender umfasst zwölf Monate des kommenden Jahres. Für jeden Monat sollten Sie jede einzelne Kampagne, Klausurtagung, Strategiesitzung, Vorstandssitzung und Quartalsreview einplanen.

Die meisten Menschen erhalten eine Benachrichtigung über Feiertage in ihrem Kalender. Sie können an dieser Stelle ansetzen und diese Benachrichtigungen nutzen. Lernen Sie aus Ihren Fehlern. Wenn Sie jedes Mal mit Ihrem Partner oder Ihrer Partnerin streiten, weil Sie den Valentinstag vergessen oder nichts vorbereitet haben, erstellen Sie einen Alarm für den 14. Januar, einen Monat im Voraus. Sie müssen nur eine Nachricht in Ihrem Kalender haben, die Sie daran erinnert, ein Geschenk zu kaufen oder zu planen, ob Sie ausgehen wollen.

Wenn wir im nächsten Kapitel über den Baustein »Systeme« reden, werde ich Ihnen einige weitere Strategien zeigen, wie man den Kalender richtig nutzt. Fürs Erste kann ich Ihnen sagen, dass ich bei meiner Planung immer wenigstens ein Quartal voraus bin. Wenn Ihre Verkäufe normalerweise im Sommer nachlassen, berufen Sie am 1. März eine Offsite-Strategiesitzung ein, damit Sie zehn Wochen voraus sind. Sehen Sie sich erneut Ihre SWOT-Analyse an und Ihr Skill-Set und machen Sie eine Eintragung im Kalender. Finden Sie drei Konferenzen, die Sie jetzt schon zeitlich planen können. Wenn Sie sich anmelden und eine Anzahlung leisten, haben Sie schon einen wichtigen Schritt gemacht, um eine Schwäche auszumerzen.

Planen Sie für eine Krise, bevor sie eintritt

In meinem letzten Buch *Die nächsten fünf Schritte* haben wir Schachgroßmeister analysiert und wie sie 15 Züge im Voraus planen. Wenn Sie Ihren Businessplan erstellen, müssen Sie vorausahnen und nicht reaktiv, sondern proaktiv handeln. Das tut man, indem man Notfallpläne erstellt, lange bevor eine Krise eintritt.

Seth Godin, Autor mehrerer Bestseller, unter anderem *Tribes* und *The Song of Significance*, sagte: »Das Aufregendste am professionellen Projektmanagement ist, dass es diese Aufregung durch systematisches Denken und zielgerichtetes Handeln ersetzt. Wir erklären diejenigen zu Helden, die ein Projekt in der letzten Minute retten, aber die wirkliche Arbeit besteht darin, diese letzte Minute nicht zu benötigen.«[43]

Wenn Sie in New Orleans, auf den Philippinen oder in Florida leben und nicht über Hurrikane oder Taifune nachdenken, sind Sie naiv. Sie brauchen einen

Plan, bevor diese auftreten. Um das zu tun, betrachten Sie die Geschichte. Welchen Mustern folgen sie? Was müssen Sie lange im Voraus tun?

Der Hauptsitz unserer Finanzberatung ist in Dallas, Texas. Wir haben schon mehrmals Tornados erlebt und sogar Frost im Winter. Rohre sind geplatzt, der Strom fiel aus und glatte Straßen führten dazu, dass die Schule ausfiel – genau wie unsere IT-Systeme. All diese Ereignisse erfordern es, dass man mit dem Worst-Case-Szenario rechnet und darauf vorbereitet ist. Ob das darin besteht, Laptops zu kaufen oder Hotspots einzurichten – wir hatten stets einen Notfallplan, falls das Internet im Büro oder bei Mitarbeitern zu Hause ausfiel.

Wenn eine Krise eintritt, ob das eine Naturkatastrophe ist oder nur mit unserem Business zu tun hat, was verlängert oder verkürzt dann diesen Krisenzustand? Ihre Planung oder in manchen Fällen Ihr Mangel an Planung.

Sie können nicht verhindern, dass Krisen auftreten. Sie können jedoch die Auswirkungen minimieren, je nachdem, wie Sie darauf reagieren. Dwight D. Eisenhower sagte: »Wenn man sich auf eine Schlacht vorbereitet, erschienen mir Pläne stets sinnlos, aber Planung ist unerlässlich.«[44] Ike war nicht so kreativ wie die britische Armee, die einen Leitfaden erstellte, den man die »7 Ps« nennt: *Proper Planning and Preparation Prevent Piss Poor Performance* (Angemessene Planung und Vorbereitung verhindert erbärmliche Performance).[45]

Wenn man einen Plan hat, kann man als Führungsperson viel sicherer auftreten. Wir haben alle das Potenzial, dass uns mal die Nerven durchgehen. Diejenigen, die ruhig bleiben, sind diejenigen, die das Szenario bereits im Voraus geplant haben. Wenn eine Krise eintritt, reagieren einige zu extrem und einige zu wenig. Stellen Sie sich Krisen auf einer Skala von eins bis zehn vor, mit eins als der höchsten Stufe. Bei neun werden Sie sich vielleicht etwas mehr anstrengen. Wird eine Neun zu einer Zwei, haben Sie ein echtes Problem.

Verfügen Sie über die Fähigkeit, fünf bis fünfzehn Schritte vorauszudenken, können Sie eine Krise *vorausahnen*. Wenn diese Krise bereits in Ihrem Unternehmen bedacht wurde, können Sie sich dieser auch mit größerer Präzision widmen, wenn sie eintritt. Ich ersinne Pläne für jedes erdenkliche Szenario, gut oder schlecht, das eintreten könnte. Manche sagen, ich sei zu negativ oder pessimistisch. Ich nenne es logische Krisenplanung, denn wenn die Krise eintritt, will ich nicht, dass all diese negativen Attribute auf mich zutreffen, die man als Emotionen bezeichnet. Wenn es hart auf hart kommt, will ich auf keinen Fall impulsiv, irrational, melodramatisch, launisch oder wütend sein.

Meine Züge will ich bereits vorher durchdacht haben. Ich tue, was ich kann, um negative Ereignisse zu verhindern, und ich erstelle vorher schon die ersten drei bis fünf Schritte, die ich unternehmen werde, wenn ein solches Ereignis eintritt.

Es gibt einen Grund, wieso ich Schach als Metapher für das Business verwende. Deswegen interessiere ich mich auch für die Mafia. Ausgeklügelte Planung bedeutet, etwas zu sehen, bevor es passiert. Vielleicht plant ein Insider ein Powerplay. Das sollten Sie voraussehen. Möglicherweise müssen Sie die Beziehungen zu Schlüsselspielern stärken. Vielleicht müssen Sie die Dinge aus der Nähe betrachten. Wenn Ihre Teammitglieder vor Ihnen Angst haben, werden sie Informationen zurückhalten. Sie werden schlechte Neuigkeiten vor Ihnen verbergen, um nicht Ihren Zorn zu provozieren. Das erschafft eine Menge Risiken für die Überlebensfähigkeit Ihres Business. Interagieren Sie mehr mit Ihrem Team, um es besser kennenzulernen. Zeigen Sie den Teammitgliedern, dass Ihnen Loyalität wichtig ist. Wenn Sie wirklich in die Tiefe gehen wollen, fragen Sie, wer die Feinde Ihrer Teammitglieder sind!

Risiken lauern überall. Wenn Sie ständig mit geschlossener Tür im Büro sitzen, wird Ihnen eine Menge entgehen. Machen Sie die Runden und inspizieren Sie die Truppe. Wenn ein Großteil Ihrer Arbeit im virtuellen Raum stattfindet, rufen Sie öfter an oder schreiben Sie Textnachrichten. Besuchen Sie unangekündigt die Büros. Halten Sie die Augen offen und achten Sie auf Anzeichen von Unruhe.

Spielen Sie dann das »Falls«-Spiel.

Falls ich meinen größten Kunden verliere, was würde passieren?

Wenn ich diese Frage stelle, arbeite ich daran, wie ich es verhindern könnte. Vielleicht habe ich diesen Kunden als selbstverständlich hingenommen. Es ist ein häufiger, aber riskanter Fehler, alle Energie in die Kundengewinnung zu stecken und die aktuellen Kunden zu vernachlässigen. Man verfällt in die schlechte Angewohnheit, die anderen im Team sich um die Kunden kümmern zu lassen. Vielleicht müssen Sie öfter das Telefon in die Hand nehmen, ein Treffen ausmachen oder jemandem ein Geschenk senden.

Erkennen Sie ein Muster? Identifizieren Sie das Risiko oder eine mögliche Krise. Erstellen Sie dann einen Plan, um sich darum zu kümmern, bevor es eintritt. Stellen Sie sich selbst Fragen, wie: Was passiert, wenn ich meinen besten Verkaufsvertreter verliere oder die Mitarbeiterin, die den meisten Umsatz erwirtschaftet?

Diese Frage wird Sie auf einen ähnlichen Pfad führen. Was müssen Sie tun, um zu verhindern, dass Ihr Superstar Sie verlässt? Wie sieht Ihre Beziehung zu ihr aus, auf einer Skala von null bis zehn? Nehmen Sie an, Sie bewerten sie mit fünf. Vielleicht müssen Sie sie auf einen Event mitnehmen oder etwas Zeit mit ihr und ihrer Familie verbringen, um ihr zu zeigen, dass sie Ihnen wichtig ist. Das muss sie wissen. Das ist ein Teil des Plans. Hier noch einige weitere »Was wäre, wenn«-Punkte, die Sie berücksichtigen sollten:

1. Wenn die aktuellen Büroräume unseren Ansprüchen nicht mehr entsprechen und wir umziehen müssen, was passiert dann?
2. Was, wenn uns das Geld ausgeht?
3. Wenn ich drei Monate arbeitsunfähig wäre, wen habe ich auf dem Plan, der mich ersetzen kann?
4. Wie wirken sich steigende Löhne und Materialkosten aus?
5. Was passiert, wenn uns jemand verklagt?
6. Wenn wir schnell skalieren müssen und mehr Personal einstellen, wie beschleunigen wir dann diesen Prozess? Sind wir besser bedient, unsere Personalabteilung zu verstärken oder sollten wir eine Rekrutierungsfirma engagieren?

Noch besser stellt man sich Fragen, indem man die Lösungen gleich einbaut. Wenn Sie eine Frage auf diese Weise formulieren, können Sie direkt in Aktion treten. Zum Beispiel: Wenn meine Belegschaft eine Gewerkschaft gründet oder streikt, wie sehen dann meine ersten drei Schritte aus? Damit hat man schon eine bessere Frage formuliert.

Wenn Sie eine Frage so formulieren, dass Sie sich Gedanken über die nächsten drei bis fünf Schritte machen, werden Sie leichter dazu übergehen, konkrete Pläne zu entwerfen. Denken Sie über Frage fünf nach: »Was passiert, wenn uns jemand verklagt?« Bemerken Sie, dass diese Frage Sie nicht sofort animiert, nach einer Lösung zu suchen? Sie sollten besser fragen: »Wie sehen unsere ersten drei Schritte aus, falls wir verklagt werden?« Wenn der erste Schritt darin besteht, einen Anwalt zu *suchen* und Sie noch keinen haben, sind Sie bereits auf eine Schwäche gestoßen. Sie müssen *sofort* handeln, damit Sie sich umgehend rechtlichen Rat holen können, wenn Sie diesen benötigen.

Fragen, auf die man keine eindeutige Antwort geben kann, sind nur wenig besser. Eine ehrliche Antwort auf »Was tun wir, wenn uns das Geld ausgeht?« könnte lauten: »Wir geraten in Panik.« Oder man könnte sagen: »Wir holen uns einen Kredit.« Bis dahin ist es zu spät. Wäre es nicht besser, wenn Sie drei Züge im Voraus geplant hätten, was Sie tun, falls Ihnen das Geld ausgeht?

Diese Züge könnten darin bestehen

1. einen *bereits bestehenden* Kredit zu erweitern;
2. alle unnötigen Dienstreisen und alle außer die allernötigsten Einstellungen zu unterlassen;
3. sich erneut bei Susan zu melden, die angefragt hatte, Anteile am Unternehmen zu kaufen.

Das ist die Art Fragen, die Sie sich stellen und beantworten müssen. Ich stelle diese meinem Team immer wieder. Wenn ich eine »Was wäre, wenn«-Frage stelle und jemand antwortet: »Ich weiß nicht«, wissen Sie, was ich dann sage?

»Ich weiß genau, was passiert. Sie werden ausflippen, weil Sie keinen Plan haben. Wenn Sie nicht darüber nachgedacht haben, bevor es passiert, sind Sie auf dem besten Weg zu scheitern.«

Der simple Schritt, für eine Krise zu planen und wenigstens drei Schritte als Reaktion parat zu haben, ist ein entscheidender Teil Ihres Businessplans.

Aktualisieren Sie Ihre Mission

Ich habe bereits erzählt, dass ich mein eigenes Unternehmen 2009 gründete, kurz nachdem ich George Wills Rede gehört hatte. 2022 verkaufte ich diese Firma für einen mittleren neunstelligen Betrag. Hat sich an dem Tag, an dem der Deal unterzeichnet wurde, irgendwas an meiner Mission geändert? Habe ich keinen Content mehr erstellt? Habe ich Valuetainment aufgelöst? Arbeitete ich nicht mehr an Samstagen?

Wieso schalte ich nicht einen Gang herunter, weil ich mehr als genug Geld zum Leben habe?

Meine Mission bestand nie darin, reich zu werden. Das Geld war nur ein Nebenprodukt meiner Mission, was auch bedeutet, dass diese niemals abgeschlossen sein wird. Es wird immer Probleme geben, die der Lösung harren, Entrepreneure, die Anleitung brauchen, und der Kapitalismus wird mit immer neuen Bedrohungen konfrontiert werden.

Aber trotz all dieser Aspekte können sich natürlich die Details Ihrer Mission ändern. Für mich bleibt das große Ganze konstant. Meine Mission wird immer sein, Menschen aufzubauen, sie zu animieren, ihr Schicksal in die Hand zu nehmen, und ich werde stets andere beeinflussen. Ich will ein »Königsmacher« sein, was bedeutet, dass Menschen neue Höhen erreichen, wenn ich ihnen meine Leadership-Skills vermittle.

Die eigene Mission auf dem neuesten Stand zu halten, geschieht hauptsächlich über Sprache. Selbst wenn die Umstände sich ändern, sollten Sie stets darauf achten, nicht zu denen zu gehören, die sagen: »Ich will nur«, sondern lieber zu denen, die »auf einer Mission« sind.

Nutzen Sie Ihre Mission, um Ihren Plan zu erstellen

Nachdem ich die Rede von George Will gehört hatte, sagte ich zu mir selbst: »Ich bin sicher nicht auf dieser Welt, um etwas Unbedeutendes zu tun.« Und Sie auch nicht. Niemand, der bis hierher gelesen oder zugehört hat, kam auf diese Welt, um etwas Kleines, Unbedeutendes mit seinem Leben zu tun. Wie Sie im Kapitel über diesen Baustein gelernt haben, müssen Sie sich die Zeit nehmen, Ihre Mission zu rekrutieren. Ein Teil besteht aus Warten. Denken Sie daran, dass die »Arbeit« darin besteht, Ihre Mission zum Vorschein zu bringen. Sobald diese sich abzeichnet, folgt der logische Teil des Plans mit wenig Anstrengung.

Bei der Planung sollten Sie sich vor allem an eines erinnern – Dinge zu antizipieren. Seien Sie immer mindestens drei bis fünf Züge voraus. Es sollte nur wenig geben, was Sie überrascht. Wenn eine Krise eintritt, wird die vorsichtige Mehrheit in Panik geraten. Wenn Sie zu den wenigen Unerschrockenen zählen, sind Sie bereits im Lösungsmodus und unternehmen Schritte, die einstudiert sind.

IHRE BAUSTEINE

MISSION

Aktion:

1. Wie werden Sie Ihre Mission rekrutieren? Welche Fragen müssen Sie stellen, um das Feuer in sich zu entzünden?
2. Für welche gute Sache kämpfen Sie? Welche Ungerechtigkeiten wollen Sie korrigieren? Welchen Kreuzzug führen Sie an?
3. Was lieben Sie? Was hassen Sie und würden gerne endlich den Mut aufbringen, dagegen zu kämpfen? Welche Dinge stören Sie so sehr, dass Sie diese verändern wollen?
4. Schreiben Sie eine Mission auf, ohne das Wort »nur« zu verwenden, und nutzen Sie das Wort »weil«.
5. Machen Sie mindestens zwei Lackmustests, um zu sehen, wie es sich anfühlt:
   a. Sprechen Sie es laut aus.
   b. Sagen Sie es vor dem Spiegel und beobachten Sie dabei Ihre Körpersprache.
   c. Sagen Sie es vor anderen und achten Sie darauf, wie sich das anfühlt.

6. Seien Sie ehrlich mit sich selbst, wenn es darum geht, selbstzufrieden zu werden. Wenn Sie sich gelangweilt fühlen, so, als hätten Sie ein Plateau erreicht oder wenn Sie sich von »Spielzeug« ablenken lassen, ist das ein Zeichen, dass Sie erneut einen genauen Blick auf Ihre Mission werfen sollten.

PLAN

Aktion:

1. Führen Sie eine SWOT-Analyse durch. Betrachten Sie ehrlich Ihre Schwächen/Lecks und begeistern Sie sich dafür, »Was wäre, wenn«-Fragen zu stellen.
2. Planen Sie basierend auf dieser SWOT-Analyse Verbesserungen für drei Bereiche Ihres Unternehmens.
3. Listen Sie drei Züge auf, die Sie durchführen würden, wenn Sie plötzlich arbeitsunfähig wären oder krank oder wenn eine Katastrophe eintritt und Sie Ihr Unternehmen nicht mehr leiten könnten.
4. Stellen Sie »Falls«-Fragen für mindestens sieben verschiedene Szenarien und notieren Sie mindestens die ersten drei bis fünf Züge.

KAPITEL 7

Träume und Systeme

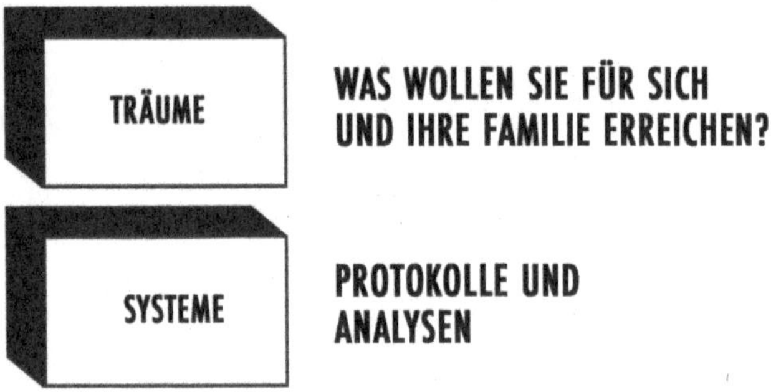

Schlechte Angewohnheiten wiederholen sich immer wieder, nicht deswegen, weil Sie sich nicht ändern wollen, sondern weil Sie das falsche System für diese Veränderung haben. Sie erreichen nicht das Niveau, auf dem sich Ihre Ziele befinden. Sie fallen auf das Niveau, auf dem sich Ihre Systeme befinden.

– James Clear, *Atomic Habits*

Im Alter von 13 verliebte ich mich in Baseball. Ich war kaum ein Jahr in Amerika und es wurde zu meiner Leidenschaft. Bücher mochte ich damals nicht, aber ich liebte die *Daily News*, denn der Sportteil enthielt die meisten Statistiken. Baseball fesselte meine Aufmerksamkeit, denn es gab dabei mehr Daten zu analysieren als in irgendeiner anderen Mannschaftssportart. Wenn ich mich in den Zahlen über durchschnittliche Schläge und On-Base-Prozentzahlen verlor, begannen meine Gedanken zu wandern. Ich hatte kein Talent für den Sport und war nie in einer Mannschaft gewesen, aber ich träumte dennoch davon, eines Tages in der Major League zu spielen.

Viele Kinder können ihre Fantasie ausleben, wenn sie in der Little League spielen. Ich las mit Begeisterung das Magazin *Beckett*, das die Preise aller Baseballkarten auflistete. Jeden Monat bekam ich eine neue Ausgabe und sah mir den Wert der Karten meiner Lieblingsspieler an: Joe DiMaggio, Lou Gehrig, Yogi Berra, Babe Ruth und Mickey Mantle. Ich dachte mir: Was, wenn mir eines Tages eine der frühen Karten von Babe Ruth gehören könnte, als er noch Rookie war? Das war Nummer zwei auf meiner Liste hinter einer Mickey-Mantle-Topps-Karte von 1952. Damals hatte diese einen Wert von 33.000 Dollar. 2023 gibt es nur drei dieser Karten, die mit der Höchstnote beim Erhaltungszustand PSA 10 bewertet werden, und sie sind zwischen 20 und 30 Millionen Dollar wert. Wenigstens muss ich mir nicht selbst in den Hintern beißen, weil ich sie nicht gekauft habe, weil ich damals nicht wirklich 33.000 Dollar auf dem Sparbuch herumliegen hatte.

Diese Karten waren der Einstieg für meine Träume. Ich erinnere mich, dass ich in der achten Klasse auf dem Heimweg mit meinen Freunden von der Wilson Junior Highschool die Verdugo Road in Glendale entlanggging und fragte: »Könnt ihr euch vorstellen, dass euch eines Tages vielleicht ein Baseballteam der Major League gehört? Welches Team würdet ihr wählen?« Die meisten sagten, die Dodgers, das Team unserer Heimatstadt. Einer meiner Freunde, der Ted Williams mochte, sagte die Boston Red Sox. Aufgrund der Baseballkarten war meine Antwort die Yankees. Die New York Yankees.

Das war ein verrückter Traum. Er ergab keinen Sinn. Wenn ich gesagt hätte, dass ich tatsächlich glaubte, dieser Traum könne wahr werden, wäre ich ein Fall für die Klapsmühle gewesen. Aber jede große Leistung beginnt mit einem Gedanken und jedes kühne Ziel beginnt mit einem Traum.

In diesem Kapitel lade ich Sie dazu ein, große Träume zu hegen. Ich fordere Sie dazu auf, sich Ideen einfallen zu lassen, bei denen andere Ihre geistige Gesundheit anzweifeln. Nur wenn man so denkt, kann man das Unmögliche möglich machen. Ich rede von etwas so Verrücktem, wie nicht nur der Besitzer eines Teams der Major League zu werden, sondern des Teams aus der Bronx, das 27-mal die World Series gewann.

Als ich den Anruf erhielt, in dem mir angeboten wurde, dass ich einen kleinen Anteil der New York Yankees erwerben könnte, brachte mich das zurück zur Verdugo Road und meinem Kindheitstraum.

Ich hatte mir angesehen, wie man sonst irgendeinen Anteil an einer Sportmannschaft erhalten könnte, aber beim Anruf der Yankees sagte ich meinem Anwalt sofort, er solle den Prozess einleiten. Vor diesem Einstieg in den Major League Baseball und einem Anteil an den Yankees standen allerdings 13 Monate Backgroundchecks und Interviews. Gerade als ich dachte, es gäbe keine weiteren Tests, die ich bestehen musste, bestand der letzte Schritt darin, in den Flieger zu steigen und in der Bronx am wichtigsten Meeting meines Lebens teilzunehmen. Ich saß in einem Raum mit vier Mitgliedern der Teamleitung: Hal Steinbrenner, Managing General Partner und Vorstandsmitglied; Randy Levine, President; Lonn A. Trost, Chief Operating Officer; und Toby Bruno, Chief Financial Officer von Yankee Global Enterprises. Es stellte sich heraus, dass das Interview der leichteste Teil war. Das waren Menschen ganz nach meinem Geschmack – offen, respektvoll, ohne Angst, die Wahrheit zu sagen.

Als ich im Juni 2023 auf Bermuda war, rief schließlich mein Anwalt an und sagte: »Gratulation, Sie sind offiziell Miteigentümer der New York Yankees.« Ich hatte nur eine Schulabschlussnote von 3,2 (GPA 1,8) geschafft und nun darf ich in der Loge der Eigentümer auf dem besten Platz im Haus sitzen, um all die alten Trikots an den Wänden, die Meisterschaftsbanner und die Geister der Spieler zu sehen, von deren Karten ich einst träumte. Sicher, es hat viel Spaß gemacht, die Karten zu sammeln – und ich träume immer noch von dieser Mickey-Mantle-Topps-Karte von 1952. Aber eine Minderbeteiligung an den New York Yankees zu halten, schlägt alles. Es erinnert mich daran, dass kein Traum zu groß ist und man nie aufhören sollte, zu träumen.

Wenn Sie ein Teil der wenigen Unerschrockenen sein wollen, müssen Sie mit kühnen Träumen anfangen.

Die meisten erlauben sich nur einmal im Jahr einen Traum. Jedes neue Jahr bietet einen neuen Start und eine Gelegenheit, Vorsätze zu tätigen. Wieso scheitern also 92 Prozent an ihren Neujahrsvorsätzen? Und wieso machen trotz dieser Zahl fast die Hälfte der amerikanischen Erwachsenen jedes Jahr mindestens einen Vorsatz?

Wir haben bereits darüber gesprochen, dass 50 Prozent aller Unternehmen innerhalb der ersten fünf Jahre scheitern und 70 Prozent innerhalb von zehn Jahren. Wieso schreiben Leute also weiterhin ineffiziente Businesspläne?

Weil sie immer noch Träume haben und die Möglichkeit, ihre Emotionen zu nutzen, es ihnen aber häufig an logischen *Systemen* mangelt.

Wir wissen bereits, dass Emotion entscheidend für einen erfolgreichen Businessplan ist. Als Leader, wie im letzten Kapitel erwähnt, nutze ich ständig die »Sprache der Träume«. Ich erzählte Geschichten über meine vier Kinder. Ich rede über die Streitigkeiten mit meiner Frau. Mir kommen die Tränen, wenn ich über meinen Vater rede. Ebenso erzähle ich davon, wie pleite ich war und wie sehr ich mich schämte, als ich die Arztrechnungen meines Vaters nicht bezahlen konnte oder als ich 49.000 Dollar Kreditkartenschulden hatte.

Das ist nicht so deprimierend, wie es sich anhört!

Zwischen all diesen Kämpfen erinnere ich mich daran, was ich in den Momenten sagte, als ich ganz am Boden war, was mich motivierte und wie ich stets diejenigen als Treibstoff nutzte, die alles anzweifelten, lästerten oder mir nichts zutrauten. Aber ich weiß auch, wie man diese Storys in die Systeme einfließen lässt, die ein Unternehmen am Laufen halten. Meine Businessmeetings bestehen zu gleichen Teilen daraus, Träume zu entwerfen und die Strategie darzustellen, die auf analytischen Daten beruht. Wir verbinden unsere Träume mit logischen Systemen, damit es eindeutige Handlungsschritte gibt, die man unternehmen kann, um die Zukunft zu erschaffen, die man erträumt hat.

Was Sie in diesem Kapitel lernen werden

Ich stelle mir Systeme als *Traumverwirklichungsmaschinen* vor. Man könnte Systeme auch als Maschinen bezeichnen, die Helden schaffen. Der Traum mag darin bestehen, den Mr.-Olympia-Wettbewerb zu gewinnen. Die Systeme sind die Work-outs, die Ernährung, die Nahrungsergänzungsmittel, die Erholung und das Stretching. Genauso wichtig ist die richtige Abfolge dieser Systeme und sich der Aufgabe zu verschreiben, jeden Schritt zu verfeinern und zu verinnerlichen.

Sieben Schritte, um eine Traumverwirklichungsmaschine zu erschaffen

1. Nutzen Sie mindestens 20 Prozent der Zeit die Sprache der Träume.
2. Verwandeln Sie Ihre Träume in spezifische Ziele.
3. Visualisieren Sie Ihre Ziele.
4. Erschaffen Sie die Systeme, um Ihre Träume und Ziele zur Realität werden zu lassen.
5. Analysieren Sie Daten und Trends, um die Systeme zu verbessern.
6. Verfeinern Sie bestehende Systeme und versuchen Sie, neue zu erschaffen.
7. Denken Sie daran, stets die Sprache der Träume zu nutzen – wecken Sie Emotionen!

Träume sind der Funken, der das Feuer zum Brennen bringt, und sorgen dafür, dass Sie (oder Ihr Team) etwas erreichen wollen, aber ohne die Systeme, um Aufgaben zu erledigen, werden Sie nicht in der Lage sein, diese Emotionen zu kanalisieren und damit den Erfolg voranzutreiben. Außerdem wird die Ineffizienz Sie komplett ausbremsen, wenn Sie jedes Mal ein neues System erschaffen müssen, um die Handlungsschritte auf dem Weg zum Erfolg umzusetzen. Deswegen ist es so wichtig, Systeme zu erschaffen, die man duplizieren kann.

In diesem Kapitel werden Sie lernen, wie man zu anderen mit der Sprache der Träume spricht. Ich habe sogar meinen Führungskräften die Vorgabe gemacht, dass 20 Prozent dessen, was sie sagen, in der Sprache der Träume gesprochen werden sollte. Sie können nicht von anderen verlangen, etwas umzusetzen, bevor sie nicht »sehen«, wohin die Reise geht und sie sich ihre eigenen Herzenswünsche bewusst machen.

Wenn der Traum Sie begeistert, werden Sie so viel arbeiten, wie nötig ist. Über das nachzudenken, was Sie sich wünschen, ist der Traum. Die Emotion entsteht daraus, dass Sie sich vorstellen, wie das Leben aussehen wird, wenn Sie Ihre Ziele erreichen. Wenn der Plan eindeutig ist, werden Sie und Ihr Team wissen, wie man die Systeme erschafft, die der Energie eine Richtung geben und dazu führen, dass Aufgaben erledigt werden.

Erlernen Sie die Traumsprache: Stellen Sie sich vor, dass eines Tages ...

Da die meisten nur kurzfristig denken und Mühe haben, eine Belohnung auf später zu verschieben, ist es am Leader, zu beschreiben, wie das Leben einer Person in einem Jahr, einem Jahrzehnt oder in 50 Jahren aussehen wird, abhängig von dem Aufwand, den sie heute leistet. Nutzen Sie Ihr Talent und Ihre Leidenschaft beim Entwerfen Ihrer Träume, um anderen zu zeigen, wie ihr Leben aussehen wird, wenn sie den Pfad der Disziplin beschreiten. Und tun Sie dasselbe für sich selbst.

Die meisten sind so im Hier und Jetzt gefangen, dass sie nicht einmal versuchen, die Zukunft vor Augen zu haben. Eine gute Anregung dafür ist: »Stellen Sie sich vor, dass eines Tages …« So begann mein Traum, eines Tages Miteigentümer der Yankees zu werden.

Nehmen Sie sich einen Moment, um den Satz zu vervollständigen und sich vorzustellen, was als Nächstes kommt. Gestatten Sie sich den Traum. »Stell dir vor, wenn ich eines Tages …«

- den Nobelpreis gewinne.
- ein Unternehmen mit einem IPO von 1 Milliarde Dollar an die Börse bringe.
- ein Heilmittel für Krebs entdecke.
- das System der weiterführenden Schulen revolutioniere.
- so sehr liebe, was ich tue, dass es sich nicht wie Arbeit anfühlt.

Eine weitere einfache Anregung für die Sprache der Träume ist: Es wäre unglaublich, wenn …«

- ich in einem Haus mit Meerblick wohnen könnte.
- ich meine Kinder auf die beste Privatschule schicken könnte.
- ich meinen Kontostand ansehen könnte und da wäre noch eine weitere Null am Ende.

- ich mir niemals die Preise auf einer Speisekarte oder für den nächsten Urlaub ansehen bräuchte.

Hier noch ein paar weitere Anregungen, um Sie zum Träumen zu bringen:

1. Wie würde mein Leben aussehen, wenn ich …
2. Was ich mir für mich und meine Familie wünsche, ist …
3. Ich freue mich am meisten auf …
4. In diesem Leben will ich unbedingt noch …

Ich kann Ihnen nur den Anstoß geben. Denken Sie daran, Sie sollten über Ihre Träume nachdenken, um Emotion hervorzurufen. Nutzen Sie diese Anregungen, bis Sie den Punkt erreichen, an dem Sie von Ihren Träumen begeistert sind.

Ziele sind Träume mit Deadlines und einer Belohnung am Ende

Ich hatte einen Handelsvertreter, der im ersten Jahr 36.000 Dollar verdiente. Er schrieb einen tollen Businessplan, arbeitete hart daran, Lücken bei seinen Fertigkeiten zu schließen und effiziente Systeme auf die Beine zu stellen. Im folgenden Jahr machte sich das alles bezahlt und er verdiente 72.000 Dollar in einem Monat. Als ich ihn fragte, wie er das gefeiert habe, sah er mich verwirrt an.

Ich fragte ihn: »Hast du deine Frau in ein Luxushotel eingeladen, für einen kleinen Kurztrip in der Nähe? Seid ihr wenigstens in ein Nobelrestaurant gegangen? Hast du dir einen neuen Anzug gekauft?«

Nichts als Schweigen im Walde.

Er hatte gar nichts getan, um seinen Erfolg zu feiern. Im nächsten Monat fiel sein Einkommen von 72.000 Dollar auf 5400 Dollar. Weil er sich im vorherigen Monat keine Belohnung gegönnt hatte, fragte er sich unbewusst: *Wieso reiße ich mir eigentlich den Arsch für nichts auf?* Da das Geld nur auf der Bank lag, hatte es keine Emotion geschaffen. Sein Problem war, dass es ihm an den Emotionen mangelte, die eine Belohnung hervorgerufen und seinem Unterbewusstsein den Wert harter Arbeit eingetrichtert hätten.

Die meisten Menschen sind sehr gut darin, sich zu belohnen, wenn sie Geld verdienen, und häufig tun sie zu viel des Guten. Aber ab und zu ist es das genaue Gegenteil. Sowohl Sie als auch Ihre Familie müssen den Lohn der harten Arbeit sehen, wozu sonst das Ganze? Wieso sollte man sich die Mühe machen?

Darüber nachzudenken, wie man sie feiert, lässt Ihre Träume lebendig werden.

Die Emotion, die durch diesen Baustein hervorgerufen wird, basiert auf dem Bild, das Sie sich von einem Leben machen, in dem Sie Ihre Träume verwirklicht haben.

Welches Wort ist im Kapitalismus von besonderer Wichtigkeit?

Anreiz.

Was, wenn Sie jemandem dieses Jahr eine richtige Klatsche verpassen? Was werden Sie machen?

Ihre Psyche muss belohnt werden, wenn sie einen Preis bezahlt. Sie programmieren Ihre Psyche, indem Sie mit einer Belohnung Ihre Träume verstärken. Wenn Sie sich schon vorher entscheiden, womit Sie sich belohnen werden, wenn Sie Ihren Traum verwirklichen, programmieren Sie Ihren Verstand darauf, Folgendes zu glauben: *Ich bin bereit, einen Preis zu bezahlen, weil ich mich danach auf jeden Fall dafür belohne.* Das ist eine dauerhafte Feedbackschleife, die Sie in Ihren Plan integrieren müssen.

Bevor wir zu den Belohnungen zurückkehren, lassen Sie uns über Ziele sprechen. Ziele sind die spezifischen Ergebnisse, auf die wir auf dem Weg zu unseren Träumen abzielen. Träume lenken Ihre Energie in eine bestimmte Richtung; Ziele verbessern das zu einem laserscharfen Fokus. Wenn Ziele spezifisch und messbar sind, uns eine Deadline geben und die Belohnungen am Ende sicher auf uns warten, dann werden sie ihren Zweck erfüllen.

Effektive Ziele

- Spezifisch
- Messbar
- Müssen eine Deadline enthalten
- Müssen Belohnungen fest vorsehen
  - Wenn ich X tue, gönne ich mir Y.
  - Wenn ich X tue, gönne ich meinen Freunden und meiner Familie Y

Ein wirkungsvoller Traum wird zu einer künftigen Wahrheit

Walt Disney befand sich auf eine Mission, die Menschen glücklich zu machen. Das begeisterte ihn, und er stand jeden Morgen freudig aus dem Bett auf. Aber es lenkte nicht seine Handlungen. Er musste den nächsten Schritt machen, um bestimmte Träume zu entwerfen. Seine Mission in Träume zu verwandeln, sah folgendermaßen aus:

- Mein Traum ist es, einen Vergnügungspark zu haben, der der glücklichste Ort auf dieser Erde sein soll.
- Mein Traum ist es, Filme zu produzieren, die die Menschen glücklich machen.
- Mein Traum ist es, eine Experimental Prototype Community of Tomorrow (EPCOT) zu kreieren, um Glück und Gesundheit zu mehren.

Wir haben die Tendenz, die Worte »Träume« und »Ziele« als austauschbar anzusehen. Achten Sie darauf, dass ich Walt Disneys Träume und nicht seine Ziele aufgelistet habe. Wenn es Ziele wären, müssen sie spezifisch sein und eine Deadline haben. Beides hat seinen Platz. Es ist vorteilhaft, beim Träumen noch nicht genau zu wissen, wann und wie man dort ankommt. Es gibt andere Situationen, in denen man kristallklar wissen sollte, wie die Handlungsschritte und der Zeitrahmen aussehen.

Ob Sie über Träume oder Ziele reden, es müssen Emotionen hervorgerufen werden. Und es muss eine knifflige Balance bestehen, sodass man sich einerseits danach strecken muss und sie andererseits dennoch erreichbar sein müssen. Bis zum Jahr 2029 auf 500.000 lizenzierte Verkaufsagenten zu kommen, wirkte wie ein schwer erreichbares Ziel, aber weniger hätte mich nicht wirklich begeistert. Es hätte sich angefühlt, als würde man sich mit der Mittelmäßigkeit zufriedengeben. Ich stimme Richard Branson zu, der sagte: »Wenn deine Träume dir keine Angst machen, sind sie zu klein.«

—

Jay-Z sagte: »Ich glaube, man kann Dinge durch Worte erschaffen und ihnen Existenz verleihen.« Manche meinen, das sei unmöglich. Andere gehen ans andere Extrem und glauben, Worte alleine würden schon etwas bewirken. Sie glauben, wenn man lang genug betet oder bestimmte positive Affirmationen macht, werden sich die Resultate von selbst einstellen. Ich habe hingegen gelernt, dass man ohne Glaube *und* die Systeme, die damit einhergehen, nicht weit kommen wird.

Es erinnert an den Ausspruch: »Vertraue auf Gott, aber schließe dein Auto ab.« Man muss seinen Teil beitragen. Wenn man groß vom Leder zieht und auch den Aufwand betreibt, um diese Ziele zu erreichen, wird man zu einer energiegeladenen Person, die sich auf einer Mission befindet, und der Erfolg verstärkt sich selbst. Man erreicht einen Punkt, an dem die Träume zu einer *künftigen Wahrheit* werden.

Meine Definition einer künftigen Wahrheit bedeutet, in der Gegenwart zu leben, als hätte man bereits erreicht, worauf man abzielt. Ich bringe meine Träume in der Überzeugung zum Ausdruck, dass sie auch eintreten werden.

Ich habe wieder und wieder gesehen, dass es ansteckend wirken kann, von etwas überzeugt zu sein. Wenn man nicht 100-prozentig daran glaubt, wird es auch niemand anderes tun.

Wenn Sie wirklich mit dem Fokus, der Dringlichkeit und der Überzeugung eines Menschen arbeiten, der seine künftige Wahrheit lebt, wird das für Sie zum Quell der Inspiration. Das wird eine Kettenreaktion auslösen, bei der andere

Menschen von Ihnen inspiriert werden. Das ist der Grund, wieso uns Menschen mit Visionen so begeistern. Wenn alles, was Sie tun, einem Menschen auf einer Mission entspricht, der sich seinen Träumen verschrieben hat, werden andere Ihnen folgen.

Machen Sie Ihre Träume und Ziele visuell

Nehmen Sie sich die Zeit, herauszufinden, wie Sie Ihre Träume visuell gestalten können, damit diese Ihnen jeden Tag ins Gesicht starren. Halten Sie sich Ihre Träume vor Augen. Erstellen Sie Vision Boards Ihrer Vision, damit Sie sehen können, wie Ihre Mission Ihre Träume nährt. Ich erstellte beispielsweise Vision Boards, die mit meinem Lifestyle zu tun haben (die Dinge, die ich mir wünschte), mit der Beherrschung des Marktes (ich will nicht nur mit anderen konkurrieren, das entspricht mir einfach nicht) und mit Personen darauf, die Geschichte geschrieben haben (sie inspirieren mich – und in dieser Hinsicht träume ich davon, mich ihnen anschließen zu können).

Wie werden Sie visuelle Repräsentationen erstellen, die für Sie eine anhaltende Verbindung zu Ihren Träumen herstellen? Weil ich früher als Mechaniker an Hummer-Militärfahrzeugen arbeitete, hatte ich den Traum, einen gelben Hummer zu kaufen. Ich setzte mir das Ziel, mein Erspartes in einem Jahr auf 1 Million Dollar zu erhöhen. Wenn ich dieses Ziel erreichte, so sagte ich mir, durfte ich erst erwägen, den gelben Hummer zu kaufen.

Der erste Schritt bestand darin, dass ich ein Foto eines gelben Hummer-Geländewagens an 20 verschiedenen Stellen anbrachte. Ich konnte nicht einmal den Tacho in meinem Wagen sehen, denn da war ein gelber Hummer drauf! Auf meinem Handy war ein gelber Hummer. Am Spiegel hing ein gelber Hummer. Wenn ich meinen Geldbeutel öffnete – ein gelber Hummer.

Ich nutzte jedes visuelle Element, das mir einfiel, um diesen gelben Hummer in meinem Bewusstsein und Unterbewusstsein zu verankern. Und raten Sie mal, was passierte? Ein Jahr später kaufte ich mir den gelben Hummer. Es muss einem die ganze Zeit vor Augen stehen.

Ich will Sie ermutigen, kreativ zu sein. Es hilft vielleicht, einen Freund zu haben, der gut mit Photoshop umgehen kann … oder diese Fertigkeit Ihrem Skill-Set hinzuzufügen! Wenn Ihr Traum zum Beispiel darin besteht, Ihren Eltern einen frühen Ruhestand zu ermöglichen, könnten Sie ein Foto von ihnen, auf dem sie breit grinsend auf der Veranda des Hauses sitzen, das Sie ihnen kaufen werden, als Bildschirmschoner für Ihr Handy oder Ihren Computer verwenden.

Es gibt eine jüdische Tradition, bei der eine Mesusa, ein Stück Pergament mit einem religiösen Text, am Türrahmen eines Zuhauses angebracht wird. Was auf dem Pergament steht, entstammt dieser Passage aus dem Deuteronomium 11, 20-21: »Und schreibe sie auf die Türpfosten deines Hauses und an deine Tore, dann werdet ihr und eure Kinder lange leben auf dem Boden, den der HERR deinen Vorfahren zu geben geschworen hat, solange der Himmel über der Erde steht.«[46]

Nachdem die Mesusa am Türrahmen angebracht wurde, hat man als Jude jedes Mal eine Erinnerung an diesen Traum, wenn man sein eigenes Zuhause betritt. Welches Symbol oder visuelle Element werden Sie nutzen, um Ihre Träume stets vor Augen zu haben?

Wie bei alle Strategien besteht ein Risiko, wenn man bei der Umsetzung der eigenen Pläne wenig geschickt ist. Man sollte nicht eine Reihe motivierende Poster im Büro aufhängen, die keine wirkliche Bedeutung haben. Wenn Sie eine Reihe langweilige Schilder mit Zielen darauf haben, nach denen Sie nicht aktiv streben, ist das klischeehaft. Der bessere Zug ist es, eigene Poster zu erstellen, auf denen Ihre persönlichen Träume stehen, und um diese herum Traditionen aufzubauen.

An der University of Notre Dame gibt es ein Schild im Tunnel zwischen den Umkleiden und dem Footballfeld, auf dem steht: »Spiele heute wie ein Champion.« Wenn die Footballspieler auf dem Weg zum Feld an dem Schild vorbeikommen, dient es als visuelle Erinnerung, die Traditionen der Universität aufrechtzuerhalten und im Spiel alles zu geben.

Im Konferenzsaal bei Valuetainment haben wir von einem Künstler das folgende Zitat von William Goldman an die Wand schreiben lassen: »Niemand weiß irgendwas … Keine einzige Person in der gesamten Filmbranche weiß sicher, was funktionieren wird. Jedes Mal ist es ein Ratespiel, und wenn man Glück hat, rät man richtig.«

Das haben wir gemacht, um unseren Traum zu visualisieren, ein Unternehmen zu sein, das Kreativität und Risikobereitschaft fördert. Wir wollten auf unseren eigenen Wänden die Idee schriftlich festhalten, dass jedes kreatives Unterfangen ein Risiko beinhaltet, damit es sich unserem Unterbewusstsein einprägt.

Hier noch einige weitere gute Stellen für solche visuellen Erinnerungen:

- Badezimmerspiegel
- Fotos im Geldbeutel
- Vision Boards an strategisch ausgewählten Stellen
- Bildschirmschoner auf dem Handy und dem Computer
- Kunst, die man für das eigene Zuhause und/oder Büro kreiert

Systeme verwirklichen unsere Träume

Bisher haben wir uns auf die Bausteine unserer Träume konzentriert. Es wird Zeit, unsere Aufmerksamkeit den Systemen zu widmen, die es uns ermöglichen, unsere Ziele zu erreichen. Nehmen wir zum Beispiel einmal an, dass wir eine weitere Null an unseren Kontostand anfügen wollen und das in einer bestimmten Zeit. Ob Sie darauf abzielen, von 10.000 auf 100.000 Euro zu kommen oder von 1 Million auf 10 Millionen, das System wird das Gleiche sein. Nehmen wir für unser Beispiel an, Sie wollen in drei Jahren von 10.000 Euro auf 100.000 kommen. Das sind 90.000 in 36 Monaten, was bedeutet, Sie müssen jeden Monat 2500 Euro zur Seite legen.

Eines der besten Systeme, um Geld zu sparen, besteht darin, *zuerst das Sparkonto zu füttern.* Die meisten machen es andersherum. Sie sehen, was am Ende des Monats übrig bleibt und sparen dann diesen Betrag. Das ist zwar ein System, aber ein schlechtes. Wenn Sie zuerst sparen, haben Sie dieses Ziel sofort erreicht, und oft fehlt Ihnen das Geld nicht einmal. Genauso wie man automatisch seine Miete, Autoversicherung und Handyrechnung zahlt, wird das Sparen zu einem festgelegten, automatischen Betrag.

Nehmen wir an, Sie stehen in Ihrer Businesskarriere noch am Anfang und können nur 1500 im Monat sparen. Dann müssen Sie entweder 12.000 Euro im Jahr mehr verdienen oder 12.000 weniger ausgeben. Vielleicht suchen Sie sich einen Nebenjob als Barkeeper oder Uber-Fahrer, bei dem Sie 500 Euro an einem Wochenende verdienen können. Machen Sie das zweimal im Monat und Sie haben schon Ihr Ziel erreicht. Wenn Ihnen das auf die Nerven geht, sollten Sie Ihr Bestes geben und das Selbstvertrauen entwickeln, um eine Gehaltserhöhung zu erbitten. Das bringt Ihnen vielleicht 700 Euro im Monat und Sie können ein paar Happy Hours weglassen, um 300 Euro zu sparen. Dann können Sie zuerst das Sparbuch mit 2500 Euro füttern. Vielleicht wird ein- oder zweimal das Geld am Monatsende knapp, bevor Sie Ihr Ausgabeverhalten anpassen. Außerdem ärgern Sie sich vielleicht nicht mehr, am Ende des Monats für ein paar Tage Tütensuppen zu essen, weil Sie wissen, dass es ein Teil Ihres Systems ist, um Träume wahr werden zu lassen. Es ist erstaunlich, wie sich Ihre Perspektive verändern wird, wenn Sie auf ein bestimmtes Ziel hinarbeiten.

Nutzen Sie denselben Prozess für alle Ihre Ziele. Nehmen wir an, Sie wollen ein Haus für 1 Million Euro kaufen. Die Faustregel ist, dass ein Haus nicht mehr kosten sollte als ein zweieinhalbfaches Jahreseinkommen. Und um eine private Hypothekenversicherung zu vermeiden (und Ihre Chancen zu erhöhen, das Haus auch zu bekommen, wenn Sie ein Angebot machen), sollten Sie mindestens 20 Prozent anzahlen. Denken Sie sich ein System aus, mit dem Sie 200.000 Euro sparen können, und verdienen Sie 400.000 Euro im Jahr.

Von einem Haus zu träumen, ist der Anfang. Ein spezifisches Ziel mit einer Deadline zu erstellen, ist der nächste Schritt. Um den Traum zur Realität zu machen, müssen Sie ein System erstellen und ihm folgen.

Entwickeln Sie Systeme für alles

Ich habe bereits Steve Jobs in seinem schwarzen Rollkragenpulli mit Turnschuhen und Jeans erwähnt. Das war sein *System* für ein Outfit. Er war automatisiert, um so wenig wie möglich darüber nachzudenken. Sie haben ein System fürs Zähneputzen, Geschirrspülen und einschlafen. Das ist alles automatisiert. Ich habe neulich meinem ältesten Sohn ein System gezeigt, wie man Eau de Cologne aufträgt: auf das linke Handgelenk sprühen, Handgelenke aneinander reiben. Das wird ihm bald in Fleisch und Blut übergegangen sein.

Als ich im Verkauf anfing, hatte ich keine Systeme. Ich wusste nicht, wie ich mich auf die Woche vorbereiten, meine Zeit managen oder das Follow-up bei einem potenziellen Kunden handhaben sollte. Ich war vielleicht jeden Tag zwölf Stunden im Büro, aber ich habe tatsächlich nur drei oder vier gearbeitet. Ich war so unorganisiert, dass ich mich die Hälfte des Tages nur im Kreis drehte und nichts erledigt bekam.

Systeme und Technologie gehen Hand in Hand. Selbst der Kalender auf Ihrem Smartphone kann ein sehr hilfreiches Asset sein. Mit einem Content Management System (CMS) können Sie Ihr Follow-up systematisieren. Ein CMS wie HubSpot oder Mailchimp kann sehr leicht bestimmte E-Mails für ein Follow-up beim Kunden automatisieren. Aber auch wenn Fans der künstlichen Intelligenz

Ihnen etwas anderes erzählen, heißt das nicht, dass ein CMS Ihnen das *Denken* abnimmt. Sie müssen das System so gestalten, dass es Ihren Bedürfnissen entspricht.

Sobald Sie das getan haben, kombinieren Sie Technologie, das Delegieren und Ihr eigenes Engagement, um bestimmte Aufgaben zu erledigen. Vielleicht haben Sie ein System dergestalt eingerichtet, dass Ihr Assistent Ihnen nach jedem Geschäftstermin bereits eine Dankeschön-Postkarte auf den Tisch gelegt hat, bei der die Adresse eingetragen ist. Sie kommen zurück von Ihrer Verabredung und können sofort – zack –, ohne groß nachzudenken, die Karte schreiben.

Wenn Ihr Team wächst, brauchen Sie vielleicht ein neues System. Einige Jahre habe ich mehr als 35.000 Karten verschickt. Ich konnte Sie nicht alle von Hand schreiben, sonst wäre mir der Arm abgefallen. Deswegen nutzte ich ein Unternehmen namens SendOutCards. Ich kann ja noch so viel darüber erzählen, wie gerne ich den Leuten das Gefühl gebe, etwas Besonderes zu sein, aber ohne das System, das ich mithilfe von SendOutCards aufgebaut habe, wäre ich nicht zu diesen kleinen besonderen Gesten der Dankbarkeit und Anerkennung imstande gewesen.

Ich wette, einige von Ihnen haben bereits Systeme als eine Schwäche identifiziert. Das kommt bei Visionären und Menschen, die das große Ganze betrachten, häufig vor. Das war eine meiner Schwächen, bevor ich CEO wurde, auch wenn ich es schaffte, diese Hürden zu umschiffen. Als ich dann CEO wurde, dauerte es nicht lang, um zu sehen, welche Lücke ich in diesem Bereich hatte. Wenn ich jedes Mal bei null anfangen musste, um eine Präsentation zu halten, jemanden einzustellen, ein Meeting zu halten oder eine jährliche Review durchzuführen, war das ein steter Kampf, um meine Träume zu verwirklichen.

Meine Träume motivierten mich. Sie sorgten dafür, dass ich früh aus dem Bett stieg, um jeden Tag in den Krieg zu ziehen. Aber ohne Systeme war ich ein ineffizienter CEO. Ich konnte einfach diese schlechten Systeme nicht überwinden. Wie bereits erwähnt, hatte ich im Jahr 2011, just als der Film *Die Kunst zu gewinnen – Moneyball* in die Kinos kam, endlich den geschäftlichen Durchbruch. Damals hatte ich gerade zwei Jahre mein Unternehmen geleitet und mein Mangel an effizienten Systemen wurde zu einem Problem. Weil ich mich als Kind so sehr für

Baseball-Statistiken interessiert hatte, verschaffte mir dieser Film endlich eine neue Perspektive.

Zu viele Menschen machen den Fehler, zu glauben, dass es in bestimmten Situationen vor allem auf Instinkte und Strategien ankommt. Diese Leute wurden in *Moneyball* als die Dinosaurier dargestellt, die beim Rennen um die Spitze ins Hintertreffen gerieten. Die Baseball-Talentsucher, die sich nicht auf Analysedaten verließen, wurden durch die ersetzt, die diese Daten zur Grundlage nahmen (wie Paul DePodesta, gespielt von Jonah Hill).[47] Statt die Geduld, Bescheidenheit und langfristige Perspektive zu besitzen, um Systeme zu entwerfen und Daten zu analysieren, redeten sich die Dinosaurier ein, dass es kein System geben konnte, um Spieler zu analysieren.

Ein Äquivalent im Business sind die Leute, die nicht glauben, dass man Systeme für Vorstellungsgespräche, für die Förderung von Führungskräften oder für Firmenübernahmen gestalten kann. Das sind die gleichen Personen, die glauben, dass die KI nichts für sie ist, und das den Technik-Nerds überlassen. Für diese Leute wird es ein böses Erwachen geben. Das bedeutet nicht, dass Sie nie selbst nachdenken oder Anpassungen vornehmen müssen, aber es ist genau die Mentalität, die Ihre Effizienz vernichtet und dafür sorgt, dass Ihr Unternehmen nicht wächst.

Nutzen Sie Systeme, um Verhalten zu automatisieren

Wir haben bereits diskutiert, wie wichtig es ist, jedes Quartal zu analysieren und die eigene Strategie anzupassen. Das ist ein fester Bestandteil beim Entwurf eines Businessplans.

Vieles geschieht in dreimonatigen Zyklen. Frühjahrsputz ist eine feine Sache, im Privatleben wie im Geschäftsleben. Als Belohnung dafür, dass man die Garage aufgeräumt hat, kann man sich was für die Autopflege gönnen. Im Business können Sie das ganze Team beteiligen, einen Künstler beauftragen, und wenn Sie das Büro aufgeräumt und organisiert haben, lassen Sie von diesem Künstler ein Wandgemälde anbringen.

Da wir von Systemen reden, die mit dem Kalender zu tun haben: Ein Beispiel für eine der brillantesten Innovationskampagnen, die je entworfen wurde, stammt von Jiffy Lube. Als Teil dieses Marketings haben sie Leute überzeugt, alle 4800 Kilometer einen Ölwechsel machen zu lassen. Ich war in der Armee Mechaniker für die Hummer-Geländewagen, und ich kann Ihnen sagen, dass man bei den meisten Autos das Öl nur alle 12.000 bis 16.000 Kilometer wechseln muss. Aber was die Strategie von Jiffy Lube so effektiv machte, war, dass ein System dahinterstand und es eine visuelle Erinnerung gab. Nach jedem Ölwechsel klebten sie einen Aufkleber auf die Windschutzscheibe mit dem Kilometerstand für den nächsten Ölwechsel. Den *konnte* man gar nicht übersehen. Stellen Sie sich vor, welche Systeme dadurch ersetzt wurden: eine Datenbank anlegen, Leute direkt per Post oder E-Mail anschreiben und Gutscheine ausgeben.

Wie kann man Systeme für sich selbst und für die Kunden erstellen? Wie können Sie andere dazu bringen, automatisch zu handeln, wie Jiffy Lube es getan hat? Wie bringen Sie sich selbst dazu, konsistent zu handeln, ohne nachzudenken? Was können Sie automatisieren?

Nutzen Sie Trends und Analytik, um Systeme zu erstellen

Peter Drucker, der Autor und Begründer des modernen Managements, sagte: »Wenn Sie es nicht messen können, können Sie es nicht verändern« und: »Was gemessen wird, wird gemanagt.«

Wenn Sie die Daten sammeln, um die Funktionsfähigkeit Ihrer Systeme im Auge zu behalten, werden Ihre Systeme besser. Wenn Ihre Systeme besser werden, wird es beträchtlich einfacher, Ihre Träume zu erreichen.

Sie brauchen Daten, um die folgenden Fragen zu beantworten. Welche Trends sind Ihnen aufgefallen? Wo gab es Spitzen/Tiefstellen bei Umsatz/Produktion? Sobald Sie diese Daten analysiert haben, wie werden Sie auf diese Trends reagieren? Sie haben bereits einen Teil der Arbeit in Kapitel 2 erledigt, als Sie sich das vorherige Jahr angesehen haben. Der nächste Schritt besteht darin, Systeme zu erstellen, die Daten sammeln, sie analysieren und Strategien planen, basierend auf dem, was Sie gelernt haben. Ingenieuren und Buchhaltern gefällt dieser Teil besonders, und die Visionäre wissen, wie wichtig das ist. Die wenigen Unerschrockenen wissen, dass sich Träume nur mit effizienten Systemen erreichen lassen.

Die meisten Unternehmen folgen in gewissem Ausmaß einem Jahresrhythmus. Deswegen haben Geschäfte Events ins Leben gerufen wie »Schulanfangssonderverkäufe« oder die Onlinehändler den Cyber Monday. Das Problem ist, dass dies zu Denkfaulheit führen kann. Statt Systeme zu erschaffen, die Trends berücksichtigen, akzeptieren zu viele einfach, dass bestimmte Monate schleppend laufen. Montag und Dienstag sind die umsatzschwächsten Tage in einem Restaurant. Akzeptieren Sie das einfach? Vielleicht schließen Sie am Montag, um Lohnkosten zu sparen, und geben Ihren Restaurantleitern einen Tag frei. Dann veranstalten Sie am Dienstag einen Taco-Abend für halbe Preise. Auf diese Weise wurde auch der »Taco-Dienstag« zu einer systematischen Erinnerung daran, Tacos zu essen. Wie können Sie einen systematischen Hinweis erstellen, der eine bestimmte Art von Kundenverhalten hervorruft, das Ihrem Unternehmen nützt?

Skihotels, etwa in Colorado, waren früher im Winter ausverkauft und im Sommer leer. Ich wette, es gab jemanden, der es sich zur Mission gemacht hatte, unvergessliche Outdoor-Abenteuer zu kreieren, und davon träumte, Aktivurlaub so zu gestalten, dass er Spaß machte. Der nächste Schritt bestand darin, sich das Ziel zu setzen, ein Hotel mit 85 Prozent Belegung übers ganze Jahr zu betreiben. Das ist der größere Rahmen. Der nächste logische Schritt war die Analyse der Daten. In welchen Monaten war die Belegung am niedrigsten? Wie gut liefen in diesen Monaten die Geschäfte bei der Konkurrenz? Welche anderen innovativen Kampagnen wurden genutzt?

Ich weiß, das hört sich zunehmend wie ein Marketingproblem an, aber hören Sie mir noch ein wenig zu, und Sie werden sehen, dass wir über Systeme reden. Der Punkt ist, Sie brauchen ein System, um Daten zu sammeln, sie zu analysieren und dann Strategien zu erstellen. Zu viele warten darauf, dass die Probleme auftreten, und suchen dann nach schnellen Lösungen. Das Hotel war fast die ganze Woche leer. *Schalten wir mal ein paar Werbeanzeigen auf Instagram und senken die Preise auf Expedia.* Das ist kein System, das ist ein Schnellschuss, wenn man vergessen hat, zu planen.

Wenn Ihnen schmerzlich bewusst wird, dass Sie nicht über gute Daten verfügen, ist das nicht so schlimm. Ich brauchte leidvolle Jahre ohne die richtigen Daten, bis ich mich mit den Systemen anfreundete. Man kann ohne Analytik einfach keinen effektiven Plan schreiben.

Ihr erster Vorsatz, wenn Sie einen neuen Businessplan erstellen, sollte darin bestehen, besser beim Erheben von Daten zu werden. Wenn Sie ein Jahr später immer noch ohne ein System dasitzen, mit dem Sie Daten sammeln, analysieren und nutzen, entgeht Ihnen eine Menge Geld.

Einige Zahlen, die man erheben kann:

- Der Rekord für jeden Monat
- Der Rekord für jedes Quartal
- Die Ziele für nächstes Jahr
- Umsatz/Reingewinn
- Neue Abonnenten/Kunden

Sie brauchen Daten, um die folgenden, allgemein gehaltenen Fragen zu beantworten:

1. Was werden Sie messen? Wie werden Sie es messen?
2. Wie sieht Ihre Strategie für die Analytik des nächsten Jahres aus?
3. Welche Trends fallen Ihnen auf?
4. Wie schaffen Sie Anreize, um Höhen/Tiefen bei Umsatz/Produktion auszugleichen?
5. Wieso wird das nächste Jahr anders werden?

Als ich bei meiner Versicherungsagentur anfing, Daten zu sammeln, veränderte ich die Lohnstruktur und die Art und Weise, wie wir innovative Kampagnen betrieben. Ich investierte Millionen Dollar in eine firmeneigene Software namens Bamboo, weil sie mir einen Vorteil gegenüber der Konkurrenz verschaffte. Das Resultat war, dass wir eine Traumverwirklichungsmaschine erschufen.

Wenn Sie ein Problem oder eine Chance vor sich sehen, will ich, dass Sie nicht mehr denken: »Dafür brauchen wir eine *Lösung*«, sondern: »Dafür brauchen wir ein *System*.« Eine Lösung besteht darin, einmalig eine Sache zu richten und ständig das Rad neu zu erfinden, wodurch man nur reagiert. Ein System ist ein anhaltender Vorgang, der sich duplizieren lässt.

Systeme verwandeln Zeit in Geld

Ein wichtiger Teil des Systems besteht darin, die richtigen Leute zu haben, die für mich Projekte managen, damit ich so effizient wie möglich arbeiten kann. Als ehemaliger Mechaniker in der Armee habe ich keine Angst, mir die Hände schmutzig zu machen. Ich mag es sogar, Schuhe zu putzen oder zu bügeln. Erst als ich feststellte, wie wertvoll meine Zeit war, hörte ich auf, diese Dinge selbst zu machen. Dann fragte ich mich zunehmend: »Was kann ich noch jemand anderen machen lassen, damit ich es nicht mehr selbst machen muss?«

Die Formel lautet folgendermaßen: Wie viel ist eine Stunde Ihrer Zeit tatsächlich wert? Wenn Sie nächste Woche in der Lage wären, zusätzliche zehn Stunden zur Verfügung zu haben, wie viel Geld könnten Sie in dieser zusätzlichen Zeit verdienen?

Wenn Sie 50 Euro pro Stunde verdienen, machen Sie eine Liste der Dinge, die weniger als 50 Euro pro Stunde kosten. Wenn Sie jemanden anstellen können, der Ihnen für 10 Euro die Schuhe putzt oder die Wäsche für eine Woche für unter 30 Euro trockenreinigen kann, sollten Sie jemanden finden, der diese Arbeiten erledigt. Als ich das zum ersten Mal ausprobierte, war ich noch nicht ganz von dem Konzept überzeugt, dass ich wirklich diese zehn Stunden mit dem aufrechnen konnte, was ich wert war.

Man muss sich darauf einlassen und Geld für Dinge ausgeben, die man früher selbst gemacht hat. Es dauerte nur vier Wochen, bis mir klar wurde, wie wertvoll diese Stunden für mich waren. Als mein Stundenverdienst stieg, rechnete ich mir den Wert der Aufgaben aus, die ich delegierte. Ich hatte nicht nur eine persönliche Assistenzkraft, sondern zwei. Heute denke ich nur noch darüber nach, wie ich meine Stunden zurückerhalten kann, um meine Effizienz zu steigern. Deswegen bin ich ständig damit beschäftigt, gute Projektmanager zu finden.

Projektmanager gibt es in allen Formen und Größen. Es geht nicht nur darum, Projekte zu managen, um zum Beispiel neue Technologien zu entwickeln. Es könnte auch um persönliche Ereignisse gehen. Geburtstagspartys. Sogar die Gesundheit.

Arzttermine sind ein Produktivitätskiller, besonders, wenn sie lange dauern. Deswegen machen meine Firmenleitung und ich regelmäßig Gesundheitschecks. An Orten wie der Mayo Clinic, dem UCLA Medical Center oder der Cleveland Clinic kann man neun verschiedene Ärzte an einem Tag von 6 Uhr bis 17 Uhr treffen, statt neun verschiedene Termine über eine Spanne von sechs Wochen auszumachen und an neun verschiedene Orte zu fahren.

Wie viele verschwendete Stunden habe ich dadurch schon eingespart? Wenn man die Anfahrt mitzählt? Die Benzinkosten? Neunmal auf Ärzte zu warten, die nicht gerade dafür bekannt sind, bei ihren Terminen pünktlich zu sein? Ich würde lieber 3000 bis 5000 Dollar ausgeben, um das alles an einem Tag zu machen. Ich konnte es mir nicht leisten, als ich das erste Mal davon gehört habe, aber als ich 30 war, ließ ich es das erste Mal an der UCLA durchführen. Zu diesem Zeitpunkt hatte bereits mein Stundenverdienst diese Ausgabe gerechtfertigt und ich war von der Erfahrung begeistert.

Es läuft alles auf eine einfache Formel hinaus. Zeit ist Geld. Systeme sparen Ihnen Zeit. Gesparte Zeit, in der Sie Geld verdienen. Sie sollten es zu einem Bestandteil Ihres Plans machen, Systeme zu finden, die Ihnen Zeit freischaufeln.

Werden Sie wie ein Kind

Die wichtigste Frage in diesem Kapitel habe ich mir für den Schluss aufgehoben. Was bringt Sie dazu, sich wieder wie ein Kind zu fühlen? Wodurch kommen Sie sich wie ein Kind an Heiligabend vor? Wie kommen Sie an den Punkt, an dem Sie dieses Gefühl fast jeden Tag empfinden?

Wenn ich ein stagnierendes Unternehmen sehe, einen Ort, an dem die Firmenergebnisse ein Plateau erreicht haben und man nur noch unbeteiligt nach Schema F seine Aufgaben erfüllt, kann ich sofort den Schuldigen ausmachen: Die Leader haben zu träumen aufgehört. Wenn das passiert, enden die Träume für alle, und anstelle eines Unternehmens mit einer Mission hat man einen langweiligen Ort, an dem die Leute keine Lust haben, jeden Tag überhaupt zur Arbeit zu erscheinen.

Bei den besten Unternehmen der Welt arbeitet die Traumverwirklichungsmaschine ohne Unterlass. Die Führungskräfte des Unternehmens wissen, wie sie Angestellte ansprechen und motivieren. Sie nutzen die Sprache der Träume, um einen Zugang zu den Emotionen der Mitarbeiter herzustellen. Ihre Fantasie schlägt Purzelbäume und sie werden wie die Kinder. Und ja, es gibt ein System dahinter, wie man Träume in die Realität projiziert. Überlegen Sie sich vorher, welche Belohnungen winken. Arbeiten Sie diese detailliert aus und setzen Sie eine Deadline. Suchen Sie nach cleveren Möglichkeiten, das messen zu können.

Träume und Systeme, Emotionen und Logik. Das zieht sich stets durch alles.

IHRE BAUSTEINE

TRAUM

Aktion:

1. Welche Träume motivieren Sie? Welche spezifischen Worte werden Sie verwenden, um diesen Traum auszudrücken, der Sie dazu bringt, sich nach etwas zu strecken, aber Ihnen immer noch den Eindruck gibt, diesen Traum auch erreichen zu können?
2. Verkünden Sie Ihren Traum als eine künftige Wahrheit und leben Sie in der Gegenwart, als wäre Ihre künftige Wahrheit bereits zur Realität geworden.
3. Transformieren Sie Träume in Ziele, indem Sie diese spezifisch ausarbeiten und messbar machen, mit einer Deadline und einer Belohnung, wenn Sie sie erreichen.
4. Achten Sie auf Ihre Sprache. Überprüfen Sie, ob Sie bei Ansprachen an Ihr Team wenigstens 20 Prozent der Zeit den Leuten Träume vor Augen malen ... und sogar, wenn Sie versuchen, sich selbst anzusprechen.

5. Erstellen Sie eine Liste von fünf bis sieben Aussagen, die mit den Worten »Stelle dir vor, dass eines Tages ...« beginnen und/oder erstellen Sie eine Aufgabenliste, um Ihren wirklichen Träumen auf die Spur zu kommen.

SYSTEME

Aktion:

1. Richten Sie für jedes Quartal Systeme ein. Werfen Sie sofort einen Blick auf Ihren Kalender und listen Sie die ersten beiden Handlungsschritte für jede neue Jahreszeit auf, die Ihre Träume in Ihrem Privat- und Geschäftsleben wahr werden lassen können.
2. Richten Sie Systeme ein, um Daten zu sammeln, zu analysieren und zu implementieren.
3. Wie können Sie Ihr Leben und Ihr Business automatisieren? Welche Systeme ermöglichen es Ihnen, Ihre Zeit zurückzukaufen, um effizienter zu werden?
4. Finden Sie Möglichkeiten, Zeit zurückzukaufen. Finden Sie Ihren Stundenverdienst heraus und delegieren Sie alle Aktivitäten, die weniger kosten, als Sie in derselben Zeit verdienen.

KAPITEL 8

Kultur und Team

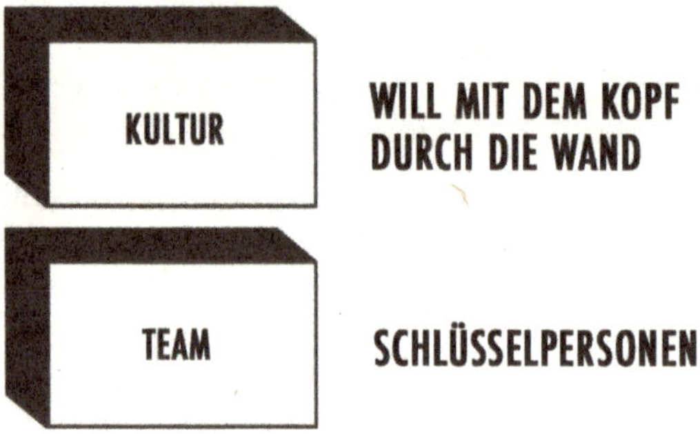

Kultur frisst die Strategie zum Frühstück.

– Peter Drucker

Stellen Sie sich einen Moment vor, Sie wären in den Vereinigten Staaten bei einem College-Footballspiel, das in den letzten Sekunden mit einem glücklichen Pass endet, der das Team zum Sieg führt, das als Underdog gehandelt wurde. Begeisterungsstürme brechen los. Nach dem Abpfiff rennen die Fans jubelnd auf das Spielfeld und reißen die Torpfosten aus dem Boden.

Wieso?

Weil sie schon Dutzende Male gesehen haben, wie das passiert ist. Das macht man eben, um nach einem Spiel richtig den Sieg zu feiern, und deswegen ist es ein Teil der *Kultur* des College-Footballs.

Auch wenn wir uns Kultur als etwas Immaterielles vorstellen, ist sie oft relativ konkret. Kultur besteht wie Religionen aus Ritualen und Traditionen. So verhalten wir uns eben. Wenn Sie ein Unternehmen leiten, können Sie nicht einfach behaupten, Sie hätten eine Kultur, die Spaß macht, wenn ein Haufen Leute angespannt in Businessanzügen schweigend am Schreibtisch sitzt. Sie können nicht behaupten, Sie hätten eine Kultur, die gerne Risiken eingeht, aber dann jemanden feuern oder bestrafen, weil er ein Risiko eingeht. Sie können nicht behaupten, Sie glaubten an radikale Transparenz, aber den Mitarbeitern sagen, wenn sie konstruktive Kritik anbringen, ihr Job sei es, sich sehen und nicht hören zu lassen.

Kultur ist die Summe verschiedener Handlungen. Bei der Weltmeisterschaft in Katar 2022, als Japan Deutschland mit 2:1 schlug, war das eine gewaltige Aufregung. Ein großer Teil der japanischen Kultur dreht sich um Reinlichkeit. Also was machten die Fans aus Japan, nachdem sie Deutschland bei der Weltmeisterschaft besiegt hatten? Statt das Spielfeld zu stürmen, wie es die amerikanischen College-Footballfans getan hätten, schnappten sie sich Mülltüten und gingen die Stufen hinauf und hinunter, um das Stadion zu säubern. Das Verhalten erfolgte automatisch, denn das Ritual ist in ihrer Kultur verankert, sowohl in der des Landes als auch in der Kultur der Fans.

Der japanische Verteidiger Maya Yoshida sagte: »In Japan gibt es ein Sprichwort, dass wir einen Ort sauberer verlassen sollen [als er war], als wir ihn betreten haben … Das ist eine der guten Taten, die die Fans vollbringen sollen, und das haben sie getan.«

Was als Nächstes passierte, hat vielleicht einige überrascht, aber für mich ergibt es perfekten Sinn. Die Fans der anderen Länder taten es den Japanern gleich und säuberten ebenfalls das Stadion. Nach Japans Unentschieden gegen Senegal war es ein unglaublicher Anblick, die Fans beider Länder mit Mülltüten durchs Stadion gehen zu sehen. Für mich schien das absolut einleuchtend, denn **Kultur ist ansteckend**. Das entsteht durch zwei Faktoren, Konsistenz und Wiedererkennungswert. Wenn etwas wieder und wieder getan wird, ist es irgendwann die Norm. Und wenn Menschen in einem Unternehmen belohnt werden, weil sie Risiken eingehen oder sogar etwas Lustiges machen, wie anderen Streiche zu spielen, erhalten andere die Erlaubnis, dasselbe zu tun. Weil die Kultur solches Verhalten belohnt, wird es verstärkt.

In gleicher Weise sind ebenso Negativität oder eine schlechte Kultur ansteckend. Leute, die sich gerne beschweren, ziehen andere an, die sich ebenfalls beschweren. Deswegen müssen Sie alle in Ihrem Unternehmen genau im Auge behalten. Idealerweise haben Sie größtenteils nur »wahre Gläubige« in Ihren Reihen, die sich der positiven Kultur verschrieben haben, die Sie etablieren wollen, und die mithelfen, diese ansteckend zu machen.

Was Sie in diesem Kapitel lernen werden

Wenn Sie Ihr nächstes Jahr planen, sollten Sie zuerst an die Kultur denken, die Sie kreieren wollen. Das ist eine Gedankenübung, und Sie sollten Ihre Führungskräfte versammeln, um darüber zu diskutieren. Dann sollten Sie die Rituale und Traditionen planen, die letztlich die Kultur hervorbringen, die Sie selbst anstreben. Es gibt eine direkte Verbindung von Ihrer Mission zu Ihrer Kultur. Kultur ist Ihre Mission, die zum Leben erwacht.

In diesem Kapitel werden Sie genau lernen, wie Sie jemanden dazu bringen, für Sie mit dem Kopf durch die Wand zu gehen. Sie lernen auch, wie Sie Ihr Team auswählen: all die Menschen, mit denen Sie arbeiten, von Ihrem inneren Kreis bis zu Ihrem Vorstand, den Angestellten und Ihren Verkäufern. Sobald Sie Ihr Team zusammengestellt haben, gebe ich Ihnen Tipps, wie man die Mitarbeiter auswählt, die ihre Vision teilen, und wie man sie in den inneren Kreis lässt, damit sie Ihnen helfen, Ihre Vision zu verwirklichen.

Wählen Sie eine Kultur, die Ihrer Persönlichkeit entspricht, und sowohl Ihr Erfolg als auch Ihre Begeisterung werden im kommenden Jahr und in den Jahrzehnten danach in den Himmel schießen.

Kultur ist, was Sie definiert

Kultur bedeutet, Leute zu haben, die für Sie und Ihr Unternehmen alle Widerstände überwinden. Kultur heißt, so sehr an eine Vision zu glauben, dass Menschen ihr Bestes geben, auch wenn niemand hinsieht. Es geht darum, *für etwas zu stehen*. Spielen wir einmal ein Spiel, bei dem wir ein Unternehmen oder eine

Organisation aus der linken Spalte mit einem Wort aus der rechten Spalte verbinden. (Die Antworten stehen unten).*

Bridgewater Associates
Zappos
New York Yankees
Streitkräfte
Costco
Goldman Sachs
Lloyd's of London
Apple

Wert
Zuverlässigkeit
Resultate
Innovation
Radikale Transparenz
Ehre
Gewinnen
Vergnügen

Jetzt, wo Sie wissen, was es bedeutet, eine Kultur zu identifizieren, stellen Sie diese Fragen, um Ihre eigene zu erschaffen:

- Was definiert Ihre Unternehmenskultur?
- Was tun Sie aktiv, um diese zu erschaffen?
- Wie verkaufen Sie das den Kunden?
- Wie verkaufen Sie es den Angestellten und Anteilseignern?

Skadden hat weltweit 21 Zweigstellen und wird als eine der Top-Anwaltskanzleien weltweit angesehen. Einige Wörter, um ihre Kultur zu beschreiben, sind »unerbittlich«, »zuverlässig« und »ehrenwert«. Ihre Büroräume sind hübsch eingerichtet, aber nicht übertrieben. Sie wollen, dass ihre Mandanten Vertrauen fassen und sich sicher fühlen, aber sie wollen nicht, dass sie glauben, sie bezahlten für die Kunst an den Wänden oder übertriebene Büroeinrichtung. Sicher, sie gehen mit einem Klienten in ein schickes Restaurant, aber sie werden nicht Weinflaschen für 1000 Dollar bestellen, denn jeder clevere Klient weiß, dass er letztlich

* Antworten: Bridgewater Associates = Radikale Transparenz; Zappos = Vergnügen; New York Yankees = Gewinnen; Streitkräfte = Ehre; Costco = Wert; Goldman Sachs = Resultate; Lloyd's of London = Zuverlässigkeit; Apple = Innovation.

dafür bezahlt. Außerdem vermittelt es eine Kultur des Exzesses und der Verschwendung – genau die Qualitäten, die Skadden nicht mit der eigenen Marke in Verbindung gebracht sehen will.

Kultur hat Einfluss auf alles. Wie Sie Ihr Büro einrichten, spiegelt Ihre Kultur wider. Im früheren Hauptsitz meiner Finanzdienstleistungsfirma hatten wir selten Kundenverkehr. Unsere Klienten waren im Grunde unsere Teammitglieder. Die hatten wir im Sinn, als wir eine Tischtennisplatte aufstellten, einen Basketballkorb und ein teures Fitnessstudio einrichteten. Genauso wie ich oft früher in der Arbeit war, um noch ein Work-out zu machen, taten das auch andere. Viele hatten sich auch angewöhnt, nach 17:30 Uhr ein Work-out zu machen, sich Essen ins Büro liefern zu lassen und dann noch einige Stunden zu arbeiten. Unsere Kultur unterstützte das.

Ich liebe die Frage: »Wer wollen Sie sein?« Wenn Sie die Kultur Ihres Unternehmens identifizieren und kreieren wollen, müssen Sie diese Frage für Ihr Unternehmen beantworten. Wenn Sie Soloselbstständiger sind, geht es natürlich nur um Sie dabei. Es ist das Auto, das Sie fahren, die Kleidung, die Sie tragen, die Musik, die Sie sich anhören, die Bücher, die Sie lesen, Ihre Visitenkarte, Ihr Büro und wo Sie Ihre Klienten mit hinnehmen, um sie zu unterhalten.

Wenn Sie ein Unternehmen haben, lautet die Frage: »Wie soll Ihr Unternehmen aussehen?« Um das zu beantworten, müssen Sie Antworten auf die Fragen über Ihr Verhalten – Ihre Traditionen und Rituale – finden.

Andere nachäffen

Der Win-win-Effekt bei diesem Baustein besteht darin, dass es eine Menge Spaß macht, eine einzigartige Kultur zu erschaffen. Unser Büro gefiel mir viel besser, nachdem wir ein Fitnessstudio eingerichtet und einen Basketballkorb aufgestellt hatten. Bei unseren Events nutze ich gerne Musik und höre auch gerne welche im Büro. Ich spiele gerne anderen Streiche und andere tun das Gleiche mit mir. Und ich kann Ihnen gar nicht sagen, wie häufig ich bestimmte Kleidung getragen habe, um zu zeigen, dass mir eine Kultur wichtig ist, in der man Spaß hat, verletzlich sein darf und außerdem gerne Kampagnen startet.

Bei einer Unternehmenskultur geht es darum, was man *tut.* Es sind die Rituale und Traditionen, die wiederholt werden und damit eine Kultur schaffen. Wirklich verankert wird sie, wenn die Führungskräfte und der CEO an der Spitze stehen und diese Bestrebungen anführen. Wenn Ihre Kultur das Lernen als wichtig ansieht, laden Sie einen Redner ein oder jemanden, der einen Workshop leitet, und bieten Sie Catering dazu an. Ein solches »Lunch und Lernen«-Event verbessert Fertigkeiten, hebt die Moral und intensiviert das Teamwork. Und das Mindeste, was Sie tun können, wenn Lernen zu Ihrer Kultur gehört, ist die Wahl eines Buchs des Monats.

Um eine Kultur zu fördern, in der man Risiken eingeht, sollten Sie die Leute feiern, die Risiken eingehen, selbst wenn ein Vorhaben scheitert. Können Sie sich vorstellen, in einem Meeting aufzustehen und Debbie oder David zu preisen, weil durch sie das Unternehmen eine halbe Million Dollar verloren hat? Wenn Sie eine Kultur wollen, in der man Risiken eingeht, darf Ihnen so etwas nichts ausmachen. Sie loben die Vision, den Prozess und den Mut, weil andere ein Risiko eingegangen sind. Die Tatsache, dass es nicht so lief wie gedacht, liegt in der Sache jedes riskanten Unterfangens. Das erklären Sie und ermutigen den Rest des Teams, dem Vorbild der beiden zu folgen.

Bei einer Kultur, die auf radikale Transparenz abzielt, wie diejenige, die ich bei PHP schuf (und die teilweise auf dem basierte, was ich von Ray Dalios Bridgewater Associates lernte), *dankt* man anderen, wenn sie Feedback bieten, selbst wenn dieses kritisch ist. Gehen Sie dann noch einen Schritt weiter und loben Sie jemanden öffentlich, weil er den Mut hatte, eine Führungsperson über einen blinden Fleck zu informieren. Wenn man so vorgeht, kann man alle im Unternehmen wissen lassen, dass die Leader Kritik begrüßen und das Feedback nutzen, um besser zu werden. Wenn man sieht, dass Sie und andere Führungspersonen in Ihrem Unternehmen nicht nur mit Kritik umgehen können, sondern sie sogar begrüßen, wird dieses Verhalten wiederholt werden, und eine Kultur der radikalen Transparenz breitet sich aus.

Ihre Kultur wird ein Spiegelbild Ihrer selbst sein. Ich spiele kein Golf und trinke nicht, also gibt es auch keine Geschäftsbesprechungen auf dem Golfplatz und bei Events wird nicht viel getrunken. Niemand hat mich je als entspannt bezeichnet; ich bin gerne am Samstagmorgen im Büro. Weil ich meine Arbeit liebe, arbeite ich extrem viel. Das bedeutet auch, dass ich für meinen inneren Kreis immer verfügbar bin und meistens auch für den Rest des Teams. Das schafft ein Element der Sicherheit und des Vertrauens, weil jeder weiß, dass er mich jederzeit erreichen kann. Es gibt auch den Standard für die Arbeitsethik im Unternehmen vor. Verhalten wird gerne nachgeahmt. Man denkt sich, wenn der CEO um 22 Uhr am Sonntagabend erreichbar ist, sollte man selbst genauso engagiert sein. Die Kehrseite der Medaille ist, dass die Unternehmen, die ich gegründet habe, ebenfalls sehr energiegeladen sind, kompetitiv und es ihnen oft an Work-Life-Balance mangelt. Das hat damit zu tun, dass meine Unternehmen ein Spiegelbild meiner selbst sind.

Kombiniert man das alles, dann kreiere ich damit eine Kultur, in der Sicherheit, Spaß, Verspieltheit, Intensität, hohe Standards, Wettkampf und harte Arbeit wertgeschätzt werden. Das ist eine Reflexion meiner selbst, im Guten wie im Schlechten. Ihr Unternehmen sollte ebenso sein. Wenn nicht, dann tun Sie nur so als ob, und da Kultur letztlich das ist, was Menschen tun, wenn keiner zusieht, muss sie authentisch sein.

Besonders beim Mindset wird mehr aufgeschnappt als gelehrt

Genau wie Kinder von ihren Eltern eher das lernen, was diese tun, und nicht, was diese sagen, funktioniert es auch bei der Kultur. **Es wird mehr aufgeschnappt als gelehrt.** Jede Handlung, die Sie unternehmen, beeinflusst Ihre Kultur.

Die Kultur beeinflusst das Mindset. Das ist einer der Gründe, wieso ich immer großzügig Trinkgeld gebe. Ich zeige, dass mir Gastfreundschaft wichtig ist, ich kümmere mich um Menschen, und ich habe ein Mindset des Überflusses. Rodolfo Vargas, den ich bereits erwähnte, arbeitete als Wachmann bei Sears und war völlig pleite und verdiente sieben Jahre später ein siebenstelliges Einkommen und wies mich besonders darauf hin, wie sehr das Trinkgeldgeben ihn beeinflusst hatte. Er sagte: »Als ich gesehen habe, wie du 40 Prozent Trinkgeld gegeben hast, war das ein echter Aha-Moment für mich. Das war kein Teil meiner Kultur. Dann wurde mir klar, wie geizig ich mit allem war – ich stellte keine Assistenten ein, investierte nicht in mein Business und kaufte mir billige Kleidung. Obwohl ich eine Menge reiste und eine Menge Zeit verloren ging, wenn ich am Flughafen in der Schlange stand, wollte ich nicht einmal die 100 Dollar zahlen, um einen TSA PreCheck zu bekommen.«

Ich wusste, Rodolfo hatte das Talent und die Arbeitsethik, ein Star zu werden. Ich lag ihm ständig in den Ohren wegen seines Mangel-Mindsets, aber Worte allein können nicht alles richten. Es brauchte Jahre, die er unserer Kultur ausgesetzt war, bis er seine Einstellung änderte und damit auch seine Herangehensweise.

Denken Sie an Unternehmen, bei denen Sie gearbeitet haben. Haben Sie den Eindruck, man wollte Sie billig abspeisen? Wurde dort am Nötigsten gespart? Hat man subtile und weniger subtile Botschaften über die eigene Kultur verbreitet? Gehen Sie in die Tiefe und seien Sie spezifisch bei dem, was solche Firmen tun und wie diese Kultur die eigene Einstellung beeinflusst. Um welche Uhrzeit enden Events? Gibt es ein formelles Abendessen oder bleibt jeder für sich? Und wohin geht man *nach* dem Dinner – an die Bar, in einen Nachtclub oder in einen Gentlemen's Club?

Bei einem typischen Offsite-Event arbeiten wir bis 19:30 Uhr und genießen dann ein phänomenales Dinner von 20 Uhr bis 22 Uhr, bei dem sich alle angeregt unterhalten. Es ist ausgemachte Sache, dass ich ein Nobelrestaurant auswähle und die Rechnung bezahle. Das ist die Kultur, sich um andere zu kümmern und sie für die harte Arbeit zu belohnen. Beim Dinner bestellen einige vielleicht ein Glas Wein, einen Drink oder zwei, aber da ich nicht viel trinke, bestellt niemand eine Flasche Wein oder Schnäpse.

Nach der Arbeit oder einem Arbeitsevent geht man in die *angesagteste* Lokalität, wo dann alle wichtigen Führungspersonen sind und die wichtigen Unterhaltungen stattfinden. Diese Lokalität variiert entsprechend der Kultur, die ein Leader erschaffen hat. Wenn Sie zum Beispiel eine Firma in New York City haben, die in der Finanz- oder Unterhaltungsindustrie tätig ist, und Mitarbeiter um die 20 rekrutieren wollen, die hart arbeiten und hart feiern wollen (denken Sie an

Wolf of Wall Street), dann ist es vielleicht eine perfekte Idee, die ganze Truppe in einen Club auszuführen. Es gibt jede Menge Menschen, die sich auf Firmenfeiern freuen, weil sie sich da so richtig betrinken können. Bei Skadden hingegen entspricht es nicht der Marke, teure Flaschen Wein zu bestellen, aber bei anderen Unternehmen mag das eine perfekte Widerspiegelung ihrer Kultur sein. Keine Ausgaben zu scheuen und teure Dinge zu genießen, kann als ein verlockender Teil der Kultur eines Hedgefonds gesehen werden.

In meinen bisherigen Unternehmen, in denen viele der Führungspersonen auch Pärchen sind, **suchen die Leute nach Sicherheit, Weiterentwicklung der Karriere und danach, ihre Beziehung zu festigen**. Sie haben sich dem Unternehmen angeschlossen, um ihren Stand im Leben zu verbessern und weil sie zur besten Version ihrer selbst werden wollen. Sie wissen, wenn sie das tun wollen, müssen sie ihr Wissen und ihr Netzwerk ausweiten. Nach dem Dinner gehen wir normalerweise in meine Suite oder an den Pool des Hotels oder Hauses, das wir gemietet haben, und unterhalten uns. Da die wichtigsten Führungskräfte versammelt sind, will keiner diese Unterhaltungen verpassen. Es gibt keine Regeln, was wir diskutieren, und das führt oft zu sehr tiefgehenden Gesprächen. Einige rauchen Zigarren, aber da ich nicht trinke, tut es auch sonst niemand. Oft sitzen wir bis 3 Uhr morgens.

Stellen Sie sich vor, Sie sind mit jemandem im Unternehmen verheiratet. Würden Sie sich sicher fühlen, wenn Sie zu so einem Event gehen? Was, wenn Sie nicht mitgehen können, wie fühlen Sie sich, wenn Sie Ihren Partner oder Ihre Partnerin dorthin gehen lassen? Und wie würden Sie darüber denken, dem Mann Ihrer Schwester zu empfehlen, für dieses Unternehmen zu arbeiten? Denken Sie dann darüber nach, wie Sie in der Vergangenheit über andere Unternehmen gedacht haben, besonders, wenn diese Tagungen an Orten wie Las Vegas oder New Orleans abhielten?

Seien Sie ehrlich mit sich selbst über Ihre eigene Identität und Ihre Marke und wie beides Ihre Kultur beeinflusst. Wenn Sie das tun, können Sie zu 100 Prozent authentisch sein, Spaß haben und die richtigen Leute anziehen.

Erschaffen Sie etwas, von dem andere ein Teil sein wollen

Die Menschen wollen unbedingt an etwas glauben. Sie wollen außerdem Teil von etwas sein. So wie viele sich darauf verlassen, dass ihr Arbeitgeber sie mit einer Krankenversicherung versorgt, blicken sie auch zum Leiter ihres Unternehmens, wenn es um viele ihrer emotionalen und psychologischen Bedürfnisse geht. An der Spitze dieser Liste stehen Dinge wie Zugehörigkeitsgefühl, Gemeinschaft und Wertschätzung.

Reden Sie mit irgendjemandem, der auf der Harvard Business School war, und derjenige wird Ihnen vielleicht von einem schmutzigen kleinen Geheimnis erzählen. Wenn diese Leute bei anderen Respekt gewinnen wollen, warten sie auf eine Gelegenheit, die sogenannte »H-Bombe« zu zünden. Das ist der Moment, in dem sie beiläufig erwähnen, dass sie auf die Harvard Business School gegangen sind. Das sind angeblich die besten und gescheitesten Führungspersonen des Landes, und selbst die wollen Bestätigung von außerhalb. Der Grund, wieso man auf diese Weise Namen fallen lässt, besteht darin, sich mit etwas Wertvollem in Verbindung zu bringen, um den eigenen Wert zu beweisen. Wenn Sie aufstrebender Filmemacher sind und nicht Martin Scorsese, Christopher Nolan oder Quentin Tarantino heißen, ist es das Zweitbeste, zu behaupten, man arbeite für sie.

Das erklärt, wieso Menschen so loyal ihrer Lieblingssportmannschaft gegenüber sind und wieso allein in Nordamerika der Markt für Sportkleidung bis 2025 vermutlich auf 130 Milliarden Dollar anwachsen wird.[48] Vielleicht hätten Sie nie Football für die Kansas City Chiefs oder Alabama Crimson Tide spielen können, aber wenn Sie das Trikot anziehen oder sich das Gesicht mit den Mannschaftsfarben bemalen, können Sie eine Verbindung zu diesen exzellenten Teams herstellen. Wenn Sie an der Wall Street sind und den Leuten erzählen, dass Sie für Goldman Sachs oder JPMorgan Chase arbeiten, wird man Sie mit anderen Augen sehen.

Egal, wie groß Ihre Firma ist, Sie wollen mehr sein als **nur** ein Business. **Nur** ist das Wort, das Sie auf keinen Fall in Verbindung mit Ihrem Unternehmen in Zusammenhang gebracht sehen wollen. Sie wollen etwas aufbauen, von dem andere gerne ein Teil sein wollen. Wir hören die Geschichten von Unternehmen wie Apple und Google, aber in Ihrer kleinen Welt können Sie denselben Ruf erlangen.

Und in einer Welt, in der talentierte Menschen die Wahl haben, geben Sie ihnen besser etwas, von dem sie ein Teil sein können.

Bei Tesla und SpaceX gibt es eine Kultur der Innovation. Sie verändern die Welt, verbessern die Umwelt und leisten Pionierarbeit für die Raumfahrt. Es gibt auch einen gewissen Ausstrahlungseffekt, wenn man für Elon Musk arbeitet. Als Musk 2022 Twitter übernahm, versuchte er sofort, dort die Kultur zu ändern. Er gab die Richtung vor, sagte den Angestellten, sie sollten »hardcore« sein und »viele Stunden mit hoher Intensität arbeiten«. Ich habe großen Respekt vor Musk und denke mir, das ist vermutlich nur ein Schritt von mindestens 15, um die Kultur bei Twitter neu aufzubauen.

Man kann ihn lieben oder hassen, aber Jack Dorsey hat zwei Dinge für Twitter getan. Zum einen hat er den Leuten das Gefühl gegeben, Teil einer Bewegung zu sein. Er sagte: »Twitter steht für freie Rede. Twitter steht dafür, den Mächtigen die Wahrheit vor Augen zu halten.«[49] Einige sagen vielleicht, dass Dorsey dem nicht gerecht wurde, aber diese Debatte können wir uns für meinen Podcast aufheben. Zweitens hat Dorsey an die Work-Life-Balance geglaubt und einem Großteil der Mitarbeiter gestattet, von zu Hause zu arbeiten. COVID-19 hatte darauf ebenfalls Einfluss und der Wechsel zum neuen CEO Parag Agrawal, aber es war dennoch die Kultur, die Musk erbte.

Musk trat auf den Plan, und wenn man alles glaubt, was in der Mainstream-Presse geschrieben wird (was ich nicht tue), hat er hart durchgegriffen. Sowohl Musk als auch die Angestellten brachten ihre Meinung über die Kultur deutlich zum Ausdruck. Um die 1200 Angestellte kündigten. Und Musk zeigte seine Meinung dazu, indem er 50 Prozent der Angestellten feuerte. Wenn Kulturen nicht zusammenpassen, gibt es eine Menge Konflikte.

Wenn Sie einen solchen Kulturschock verursachen, wird nicht jeder Ihren Führungsstil unterstützen. Sie können entweder Jahre damit verbringen, alle zu bekehren, oder Sie können diejenigen im Unternehmen behalten, die auf Ihrer Linie liegen, und neue Leute anstellen, die ein Teil dessen sein wollen, was Sie aufbauen. Bei Musk bedeutet das, sich Mitarbeiter zu suchen, die von der Idee inspiriert werden, die freie Rede zu schützen und einen virtuellen Dorfplatz zu schaffen für Debatten und Diskussionen.

Es gab einen Artikel auf der Website von *Forbes*, der eine sehr einseitige Sicht auf den Nutzen der Homeoffice-Arbeit darstellte.[50] Der Artikel bezog sich auf Jack Dorseys E-Mail an die Angestellten, dass sie für immer von zu Hause arbeiten konnten. Während die Mainstreammedien den Nutzen der Arbeit von zu Hause betonten, wussten die Unternehmensbesitzer, die direkt an der Front waren, ich eingeschlossen, dass man in der Realität keine Kultur mit Leuten aufbauen kann, die alle remote arbeiten. Die Presse hat versucht, Musk in diesem Narrativ als den Bösewicht darzustellen, weil er von den Mitarbeitern verlangte, wieder ins Büro zurückzukehren, auch wenn die meisten Leader, die ich kenne, mit ihm übereinstimmen. Ich rede nicht von Soloselbstständigen und freien Mitarbeitern wie Programmierern, die von zu Hause arbeiten können. Ich rede davon, ein Unternehmen aufzubauen, in dem sich Talente gegenseitig befruchten und gemeinsam wachsen.

Egal in welcher Branche Sie tätig sind oder welche Regeln Sie für Remote-Arbeit aufstellen, Sie müssen sich um die Leute kümmern. Ich kann Ihnen aus Erfahrung sagen, besonders wenn Sie Mitarbeiter antreiben, sollten Sie Ihnen besser die folgenden fünf Dinge vermitteln:

1. Sie sind Teil von etwas.
2. Man kümmert sich um sie und unterstützt sie.
3. Sie bewirken etwas.
4. Sie haben Spaß und feiern den Erfolg.
5. Sie ernten Anerkennung für ihren Beitrag und fühlen sich gebraucht.

Wenn es um Ihren eigenen Plan geht, können Sie etwas aus dem lernen, was ich getan habe, oder Sie können andere Unternehmen studieren. *Insider* hat eine Liste 25 großer Unternehmen erstellt, die 2020 die beste Unternehmenskultur hatten.[51] Angeführt wurde sie von RingCentral, Zoom, HubSpot, Adobe und Google. Sehen Sie sich die fünf Elemente an, die ich oben aufgelistet habe, und stellen Sie sicher, alle fünf den Mitarbeitern zu bieten. Wenn nicht, ist Ihr Unternehmen einfach *nur* ein weiterer Ort, an dem man sich einen Gehaltsscheck abholt.

22 Schritte, um eine Kultur zu erschaffen

1. Ermutigen Sie Feedback, damit Mitarbeiter radikal ehrlich und transparent sein können.
2. Sorgen Sie dafür, dass sich alles darum dreht, Dinge zu verbessern.
3. Streiche sorgen dafür, dass die Arbeitsumgebung lustig und locker bleibt.
4. Führen Sie (mindestens monatlich) Wettbewerbe durch, um Mitarbeiter anzuspornen.
5. Musik steigert Energie und Begeisterung.
6. Stellen Sie Mitarbeiter ein, die zur Kultur passen. Zwingen Sie niemanden hinein, der nicht hineinpasst.
7. Bringen Sie Ihre eigene Persönlichkeit ein und das, was Sie einzigartig macht.
8. Erschaffen Sie Rituale und Traditionen.
9. Investieren Sie in persönliche und berufliche Weiterentwicklung.
10. Lesen Sie gemeinsam. Kreieren Sie einen Club zum »Buch des Monats«.
11. Feiern Sie gemeinsam Geburtstage und besondere Anlässe.
12. Verschicken Sie personalisierte, handgeschriebene Karten zu Geburtstagen und wichtigen Meilensteinen.
13. Sie sollten die Träume anderer kennen und ein System schaffen, das auf Leistung basiert und es ihnen ermöglicht, diese Träume zu verwirklichen.
14. Holen Sie sich Feedback aus allen Teilen des Unternehmens und aus allen Geschlechtsgruppen, Altersgruppen und von Menschen mit verschiedenen Erfahrungen et cetera.
15. Überraschen Sie Ihr Team mit spontanen Events.
16. Werten Sie Leadership höher als Titel. Titel haben Bedeutung, aber beispielhaftes Leadership ist wichtiger.
17. Erkennen Sie das richtige Verhalten – behandeln Sie Helden wie Helden, weil sie Außergewöhnliches leisten.
18. Lassen Sie zu, dass verrückte Dinge passieren – lustige Videos et cetera.

19. Jeder muss Verantwortung tragen – und sich ihr stellen, wenn er zur Rechenschaft gezogen wird.
20. Verhandeln Sie nicht über die hohen Standards, die Sie setzen.
21. Verschicken Sie Geschenke, die etwas bedeuten und die zeigen, dass Sie die Person kennen und sie Ihnen wichtig ist.
22. Behandeln Sie Mitarbeiter so gut, dass sie nicht gehen wollen.

Der wichtigste Wert in Ihrem Team

Einer der wichtigsten Werte besteht darin, neue Ideen zu haben und neue Skills zu erlernen, also ist mir und den Unternehmen, die ich leite, natürlich das Lesen von Büchern und Konsumieren von Content wichtig.

Ich habe schon das Video von Simon Sinek erwähnt, in dem es um Vertrauen im Gegensatz zu Performance geht und das meinen Glauben daran gestärkt hat, dass es wichtiger ist, Leute zu haben, denen man vertrauen kann als nur Mitarbeiter, die Höchstleistungen bringen, denen ich aber nicht trauen kann. Ich wollte diese Idee von Vertrauen/Performance in etwas Nützliches für mein Unternehmen verwandeln und für jeden, der diesen Businessplan nutzt. Deswegen habe ich eine formelle Methode entworfen, mit deren Hilfe Sie bewerten können, mit wem Sie arbeiten wollen. Es gibt sechs Merkmale: Charakter, Vertrauen, Arbeitsethik, Vision/Buy-in, Kompetenz/Skill-Set und Kontakte, alles auf einer Skala von 1 bis 10 bewertet. Dann können Sie die Werte addieren.

BEWERTUNGSTABELLE FÜR MITARBEITER

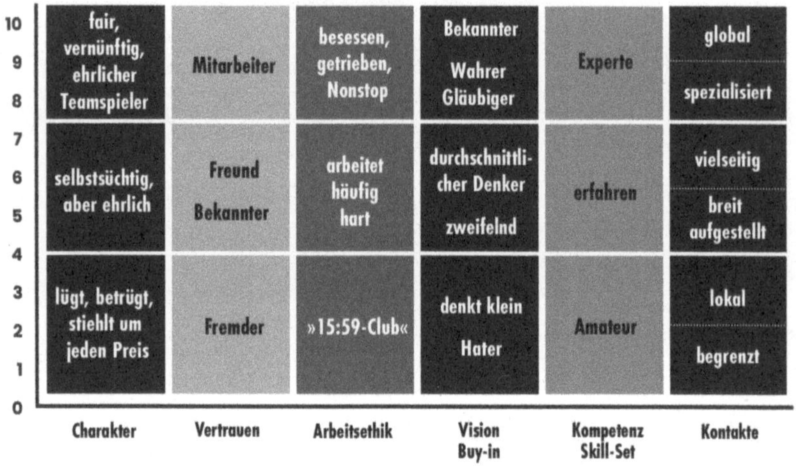

Für Ihren inneren Kreis brauchen Sie Leute, denen Sie viel Vertrauen entgegenbringen. Das ist nicht verhandelbar. Bevor ich Ihnen mehr über andere Qualitäten erzähle, die Sie von Ihrem Team erwarten sollten, sollten wir speziell über Ihren inneren Kreis sprechen.

Ihr innerer Kreis ist das Rückgrat Ihres Teams und Ihrer Kultur

Sie haben das Zitat von Jim Rohn sicher schon 1 Million Mal gehört: »Sie sind der Durchschnitt der fünf Menschen, mit denen Sie die meiste Zeit verbringen.« Das liegt daran, weil Erfolg und Fehlschlag am meisten davon beeinflusst werden, in welcher Gesellschaft Sie sich bewegen. Vor allem die Menschen, mit denen Sie sich umgeben, sind für Sie natürlich eine Art Benchmark. Überdies kommt es oft vor, dass die Aktivitäten, Freunde und die Bücher, die sie lesen, auch zu den Ihren werden, wenn Sie in diesen Kreisen verkehren.

Haben Sie einen inneren Kreis? Wenn Sie keinen haben, denken Sie darüber nach, wer *Sie selbst sein* sollten und wen Sie in diesem Kreis haben wollen. Sie sollten außerdem sicherstellen, dass es nicht mehr als fünf Menschen sind.

Es gibt zwei Möglichkeiten, einen inneren Kreis aufzubauen. Die erste bietet sich, wenn Sie noch Student sind oder gerade in einem Unternehmen anfangen, und besteht darin, den richtigen inneren Kreis zu *finden*. Sie müssen die Gruppe von Menschen identifizieren, der Sie angehören wollen, und ihr einen Wert bieten, damit der Wunsch entsteht, Sie zu einem Teil der Gruppe zu machen. Die zweite Methode besteht darin, einen eigenen inneren Kreis mit fähigen Leuten aufzubauen. Es gibt 14 Kriterien, auf die man achten sollte, wenn man einen inneren Kreis zusammenstellt. Sie können sich auch auf die Bewertungstabelle für Mitarbeiter beziehen und nach Leuten suchen, die auf über 50 Punkte kommen.

14 Kriterien für den inneren Kreis

1. Vertrauenswürdigkeit: Alles, was gesagt wird, bleibt in diesem inneren Kreis.
2. Nulltoleranz für Spiele: Manipulation führt zu Vertrauensverslust und Vertrauen ist die Grundlage für den inneren Kreis.
3. Zugang: Mitglieder sollten leicht erreichbar sein.
4. Magnet für Chancen: gute Einstellung.
5. Kein Drama: sehen sich nicht als Opfer.
6. Jemand, der Einsichten bietet (andere lehrt): berichtet über neue Bücher, interessante Artikel und neue Ideen.
7. Achtet auf Details: hat das gewisse Etwas und wächst über sich hinaus.
8. Gute Kontakte und hohe Glaubwürdigkeit: Sie kennen Leute und aufgrund ihrer Glaubwürdigkeit gehen diese Menschen auch ans Telefon und reagieren auf Vorschläge.
9. Respektvoll: beim Liefern von Feedback und im Umgang mit anderen.
10. Verteidigen Sie: berichten, was andere hinter Ihrem Rücken sagen; pflegen die Beziehung zu Ihnen und verteidigen Ihre Glaubwürdigkeit.

11. Verlässlichkeit: Sie können sich auf ihr Wort verlassen.
12. Geben und Nehmen: nicht einseitig; übernimmt einen Teil der Rechnung.
13. Lustig und bescheiden: keine Toleranz für Arroganz.
14. Vorzeigbar: nie schlampig.

Es ist Ihre Aufgabe, Stellen richtig zu besetzen

Es mag sich seltsam anhören, aber *in den meisten Unternehmen gibt es einen Platz für selbstsüchtige Menschen.* Das bringt uns zu den zwei häufigsten Fehlern, die man machen kann. Der erste besteht darin, Kompetenz für wichtiger zu halten als Vertrauenswürdigkeit. Das sind die Leute, die für eine toxische Umgebung im Unternehmen sorgen. Es ist schwierig, sie wieder gehen zu lassen, wenn sie Resultate erzielen, aber wenn sie Ihre Unternehmenskultur zerstören, dürfen Sie nicht zulassen, dass alle anderen damit infiziert werden. Das sind die Leute, bei denen Sie hinterher feststellen, wenn sie einmal weg sind, dass es zu »Addition durch Subtraktion« kommt, denn Sie müssen sich keine Sorgen mehr machen, dass das ganze Team vergiftet wird.

Der zweite Fehler besteht darin, zu glauben, dass jede Rolle dieselben Eigenschaften erfordert. Wenn Sie Ihr Team aufbauen, müssen Sie die Menschen so sehen, wie sie sind, und einen Platz für sie in Ihrem Unternehmen finden. Es macht mir zum Beispiel nichts aus, mit selbstsüchtigen Leuten zu arbeiten, solange sie ehrlich sind. Tatsächlich sind einige der besten Verkäufer, die ich kenne, selbstsüchtig. Es geht ihnen nur darum, ihre Zahlen zu schaffen. Diese Menschen bringen eine Menge Umsatz und sind ein wichtiger Teil vieler Unternehmen. Ich begehe aber nicht den Fehler, sie zu Managern oder Führungskräften zu machen, und sie sind kein Teil meines inneren Kreises, aber ich kann dennoch mit solchen Personen arbeiten. Es ist sogar so: Je mehr solcher Verkäufer ich habe, desto besser ist das für das Umsatzwachstum.

Selbstsüchtig oder selbstlos sein, ist ein schwieriger Balanceakt, und ich habe eine Tabelle erstellt, um besser zu verstehen, wie ich die Leute einordnen soll. Sie können sich darauf beziehen, wenn Sie ein Team zusammenstellen, das Sie unterstützt, oder wenn Sie Ihren inneren Kreis aufbauen.

Ich rede oft von denjenigen, die zum »15:59-Club« gehören und es kaum erwarten können, durch die Tür zu verschwinden, und die Ihnen auch keine Sekunde extra gönnen, wenn sie nicht dafür bezahlt werden. Wenn Sie diesen Leuten vertrauen können und sie kompetent sind, haben sie dennoch einen Wert für das Unternehmen. Wenn Sie sie in Ruhe lassen und akzeptieren, dass sie während der Arbeitszeit gute Leistungen erbringen, kann es trotzdem einen Platz für sie in Ihrem Unternehmen geben. Aber machen Sie sie nicht zu Führungskräften.

INDEX POSITIVER EIGENSCHAFTEN »IPE«-TABELLE

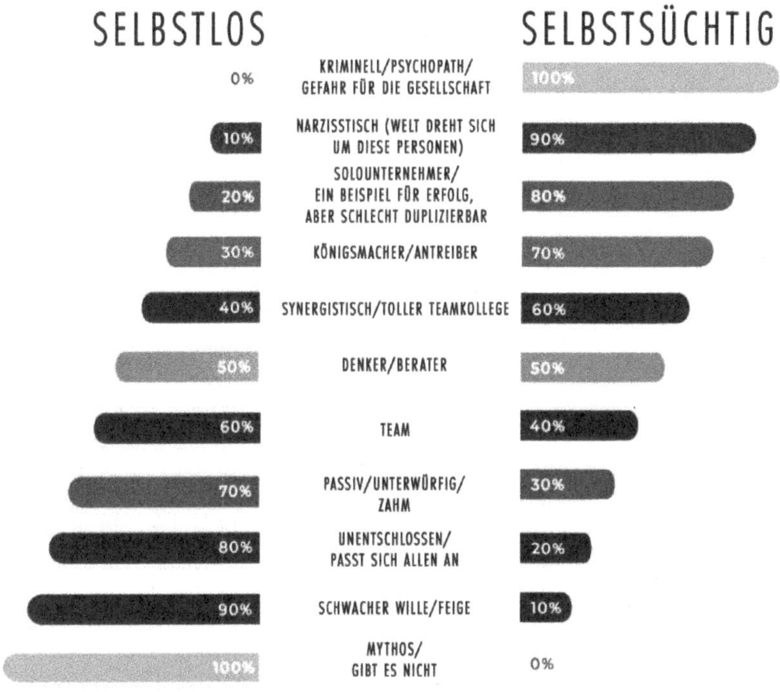

Denken Sie daran, diese Tabelle ist ein Werkzeug, um Menschen zu *bewerten*, nicht um sie zu ändern.

Der Schlüssel, um Ihr Team aufzubauen, besteht darin, andere so zu akzeptieren, wie sie sind, und die Rollen für sie so auszusuchen, dass sie aufblühen. Wenn sie aufblühen, ist das ein Gewinn für Sie.

Die Kultur ist ein Teil Ihres »Leistungspakets«

Anders als einige der anderen Bausteine kann man Kultur und Team nicht trennen. Auch wenn wir Kultur als emotional sehen und das Team als logisch, verwischen die Trennlinien zwischen Emotion und Logik, wenn jemand entscheidet, wo er arbeiten will.

Wir neigen dazu, Leistungen als greifbare Dinge zu betrachten, wie Krankenversicherung und Urlaubstage. Wenn Sie vorhaben, zu skalieren, will ich, dass Sie auch Ihre Ansicht erweitern, was ein »Leistungspaket« ist. Für mich geht das über die handfesten Aspekte hinaus.

Welche Vorteile genießen Ihre Mitarbeiter?

1. Welche Leistungen bieten Sie Mitarbeitern?
2. Auf welche Weise verbessern sich Menschen, wenn Sie mit ihnen zusammenarbeiten?
3. Das Leben wie vieler Menschen haben Sie im vergangenen Jahr positiv beeinflusst?

Noch einfacher ausgedrückt: Zählen die Menschen in Ihrem Umfeld zu den großen Gewinnern? Falls ja, sollten Sie diese konstant weiter fördern und ihre Erfolgsgeschichte mit anderen teilen. Menschen werden glauben, Sie seien ein Angeber, wenn Sie konstant nur auf Ihre eigenen Leistungen verweisen. Aber wenn Sie mit dem Erfolg anderer angeben, die mit Ihnen zusammenarbeiten, werden sie sich

Ihrem Team *anschließen* wollen. Ich kann gar nicht oft genug davon erzählen, wie Erika und Ricky Aguilar, die keine formelle Ausbildung hatten und aus ärmlichen Verhältnissen kamen, noch vor ihrem 33. Lebensjahr ein Millioneneinkommen erreichten.

Sie müssen folgende Frage beantworten: Welche Leistungen bieten Sie den Mitarbeitern? Wenn Sie diese Frage klären, werden Sie wissen, welchen Wert Sie den Leuten tatsächlich bringen. Wenn Ihnen die Antworten nicht gefallen, werden Sie auch keine Mitarbeiter anziehen. Wenn Sie keine Leute anziehen, ist das ein Zeichen, dass Sie noch härter daran arbeiten müssen, anderen zum Erfolg zu verhelfen.

Als ich 2009 meine Finanzdienstleistungsfirma gründete, bot ich niemandem die traditionellen Vergünstigungen an. Wenige Menschen wären mir nur aufgrund von logischen Erwägungen gefolgt. Abgesehen von einer Handvoll fest angestellten Mitarbeitern war jeder der 66 Makler ein freier Mitarbeiter, der kein klassisches Gehalt erhielt oder die üblichen Vergünstigungen wie Krankenversicherung.

Die einzige Vergünstigung auf der Liste bestand darin, mit Patrick Bet-David zusammenzuarbeiten. Heute werde ich recht bescheiden, wenn ich auf diese Zeit zurückblicke. Andere hatten so viel Vertrauen in meine Fähigkeit, aus dem Nichts etwas zu erschaffen, und verschrieben sich meinem Traum. Sie kauften es mir ab. Sie kauften mir den Glauben ab, dass eine Zusammenarbeit mit mir ihr Leben verbessern und das Schicksal ihrer Familien zum Guten wenden konnte.

Hört sich das für Sie logisch an?

Glauben Sie, ich hatte eine Tabelle, mit der ich das Gewinnwachstum analysierte? Wir machten keinen Gewinn, und ich stellte zwar Projektionen über die Zukunft an, aber ich mühte mich nicht mit den Einzelheiten ab.

Sie werden nie auf dem Markt bestehen, wenn Sie die Vorteile allein logisch betrachten. Jeder kann Krankenversicherung und kostenlose Yogakurse am Mittwoch anbieten. Facebook war für die extremen Vergünstigungen bekannt, die es den Mitarbeitern bot, inklusive kostenloser Wäscherei, kostenloser Mahlzeiten (mit To-go-Essgeschirr) und kostenlosem Abendessen, wenn man länger als 18 Uhr blieb. Im März 2022 schafften sie den Wäschereidienst ab, es gab keine Essensbehälter zum Mitnehmen mehr und das kostenlose Abendessen wurde auf 18:30 Uhr verschoben.[52] In einem Moment, als manche den Glauben an Zuckerbergs Vision verloren, wurde die herrschende Kultur nicht gepflegt und erweitert und der Arbeitsplatz aufregender gestaltet, sondern die Vergünstigungen gestrichen und das Entgegenkommen gegenüber den Mitarbeitern beschnitten. War das nur eine Methode, um den kurzfristigen Profit auf Kosten des langfristigen Werts zu steigern? Oder eine clevere Art, Ausgaben zu reduzieren? Denken Sie daran, wir spielen auf lange Sicht und die Auswirkung der Kultur ist über Jahrzehnte spürbar, nicht nur Quartale.

Selbst die alltäglichen Dinge werden nach einer Weile als selbstverständlich angesehen. Wenn man einen kostenlosen Wäscheservice anbietet oder jeden Tag kostenloses Mittagessen, bringt das die Firmenkultur nicht voran, aber es steigert die Overheadkosten. Es sind die überraschenden Events und die Aktivitäten, die in Erinnerung bleiben, die den höchsten Return on Investment bieten. Sorgen Sie dafür, dass diese Events bedeutend sind, und veranstalten Sie sie unregelmäßig, um die Alltagsroutine zu unterbrechen und die Firma mit neuer Energie zu versorgen. Sie sollten auch eine Reihe von Events anbieten, die man sich verdienen muss. Dadurch sind die Mitarbeiter mit Begeisterung bei der Sache, und Sie erschaffen eine Kultur, in der Leistung zum Erfolg führt.

Wichtige Elemente jeder Kultur sind Lernen und Sicherheit. Daher plane ich Events, die Kameraderie und Fertigkeiten verbessern. Wie bereits erwähnt, gab ich 60.000 Dollar aus, um zwei Teams einen zweitägigen Workshop in Konfliktlösung anzubieten, basierend auf dem Buch *Heikle Gespräche*. Die Teilnehmer stellten fest, dass sich nicht nur ihre Beziehungen in der Arbeit, sondern auch die zu Hause verbesserten. Deswegen hatte das Unternehmen damit einen sofortigen Return on Investment, weil die Kommunikation sich verbesserte. Und die Mitarbeiter hatten einen sofortigen Nutzen, denn sie hatten das Gefühl, Teil einer Kultur zu sein, die sowohl ihr Wohlergehen im Unternehmen als auch das persönliche im Auge hatte.

Als ich versuchte, die Kultur unseres Teams zu verbessern, wenn es um Verantwortungsbewusstsein, Exzellenz und Nachhaltigkeit ging, dachte ich darüber nach, einen Offsite-Event zu veranstalten, um *Man in the Arena* zu sehen, eine Dokumentation von ESPN über Tom Brady. Ein Unternehmen mit einer gewöhnlichen Kultur hätte vielleicht auf Nummer sicher gespielt und eine oder zwei

Episoden im Konferenzsaal vorgeführt. Das lässt sich leicht kopieren. Ich wollte etwas Großes. Ich wollte, dass man noch jahrelang darüber redete. Ein solcher Event ist jeden Preis wert und man kann die Auswirkungen nicht in Quartalszahlen messen. Es geht auch um Skill-Building und Team-Building, aber es ist ebenso ein Tool, um neue Leute anzuwerben, in der Firma zu halten und gleichzeitig zu belohnen. Um den größten Impact zu erzielen, suchte ich nach dem beeindruckendsten Veranstaltungsort.

Wie wäre es mit dem Gillette-Stadion in Foxborough, Massachusetts, in dem die Patriots spielen und die Banner des Super Bowls hingen? Teuer? Sicher. Aber nicht so teuer, wie jeden Tag einen kostenlosen Reinigungsservice für Wäsche zu bieten. Als ich den Event plante, machte ich einen Wettbewerb daraus, damit man sich dafür qualifizieren musste. Es erhielt mehr Bedeutung, wenn man sich den Zugang verdienen musste. Dann hob ich alles noch ein Level an, indem ich die ehemaligen Patriots-Spieler Matt Light und Rob Ninkovich für ein Q&A einlud und außerdem Ben Rawitz, einen von Bradys engsten Beratern. Selbst Mitarbeiter, die eigentlich wenig Interesse an Football hatten, waren fasziniert. Es war eine zweitägige Fallstudie für organisatorische Exzellenz. Weil es eine so unvergessliche Erfahrung war, hat sie bis heute Auswirkungen auf unsere Unternehmenskultur.

Wie werden Sie Ihr »Leistungspaket« erweitern, um nicht mit den naheliegenden Vergünstigungen konkurrieren zu müssen, die leicht von anderen kopiert werden können?

Fünf Gründe, um eine großartige Unternehmenskultur aufzubauen

1. Exzellenz und hohe Standards
2. Mitarbeiter im Unternehmen halten
3. Spaß und Begeisterung
4. Skalierbarkeit und Nachhaltigkeit
5. Wird zu etwas, das über Sie hinausragt

Der Ruf ist der Schlüssel, um Mitarbeiter im Unternehmen zu halten

Sie müssen dafür sorgen, dass Talente in Ihrer Firma bleiben wollen. Mitarbeiter ans Unternehmen zu binden, ist mehr als nur eine Maßzahl fürs HR. Damit baut man ein Unternehmen auf. Wenn Ihr Team sich langweilt, uninspiriert ist, nur das Minimum leistet oder es an offener Kommunikation fehlt, werden Sie Leute verlieren.

Es ist teuer, Mitarbeiter zu rekrutieren, einzustellen und auszubilden. Es mindert auch die Produktivität, denn Sie sind ständig damit beschäftigt, Prozeduren zu wiederholen. Außerdem haben Sie auch nicht genug Zeit, Rituale und Traditionen zu entwickeln, die zum festen Bestand Ihres Unternehmens werden, wenn das Unternehmen eine Drehtür hat.

Billionen-Unternehmen, wie Alphabet, Apple und Microsoft, haben alle realisiert, dass ein Großteil der Langlebigkeit ihres Unternehmens damit zu tun hat, welches Gefühl sie ihren Mitarbeitern vermitteln und welche Umgebung sie für sie schaffen, auf die sich die Mitarbeiter jeden Tag freuen. Bevor jemand sich Ihrem Unternehmen anschließt, wird er Nachforschungen betreiben. Sucht jemand einen Job, braucht er nicht lang, um auf Glassdoor oder LinkedIn zu gehen oder im eigenen Netzwerk nachzufragen, was man von Ihnen und/oder Ihrem Unternehmen hält.

Fragen, die jemand stellt, der bei Ihnen arbeiten will

1. Was unterscheidet Ihr Unternehmen von der Konkurrenz?
2. Wie unterscheidet sich Ihr Führungsstil von dem anderer?
3. Haben Sie einen Ehrenkodex? Verkörpern Sie diesen auch?

Was sagen die Leute über Sie? Was machen Sie dieses Jahr und in jedem anderen, um neues Personal zu rekrutieren und an sich zu binden? Welche Rituale und Traditionen werden Sie einführen?

Kühnes Vorgehen baut Loyalität auf

Viele werden Ihnen raten, auf Nummer sicher zu spielen, aber Sie sollten einen anderen Ansatz in Erwägung ziehen. Gegen den Strom zu schwimmen, sorgt dafür, dass Sie aus der Menge herausstechen und die richtigen Leute anziehen. Wenn Ihre Werte mit den Werten der Mitarbeiter übereinstimmen, die Sie anführen, werden Sie sich keine Sorgen darüber machen müssen, ob Leute in Ihrem Unternehmen bleiben.

Im April 2013 sah ich mir dreimal in einer Woche den Film *Air* an – einmal mit meinen Kindern, einmal mit 55 Mitarbeitern von Valuetainment und einmal mit 120 Verkaufsleitern von PHP. Es gab mehrere Figuren im Film, mit denen ich mich identifizieren konnte. Ich liebte die Gründungsmentalität von Phil Knight, die Kühnheit von Sonny Vaccaro und den einzigartigen Verhandlungsstil von Michael Jordans Mutter, die für immer die Einkommenssituation von Superstars veränderte.

Eine meiner Lieblingsszenen im Film war diejenige, in der Sonny durchs ganze Land zum Elternhaus von Michael Jordan in Wilmington, North Carolina, fuhr, um mit ihnen darüber zu sprechen, wieso sie sich für Nike entscheiden sollten. Er musste nicht nur mit Michaels Mutter verhandeln, sondern auch Phil Knight überzeugen, das gesamte Marketingbudget für einen statt für drei Spieler auszugeben. Das war ein enormes Risiko, aber letztlich der Grund dafür, dass Nike einen Börsenwert von 170 Milliarden Dollar erreichte.

Am 22. April 2023, dem Tag nachdem sich Tucker Carlson das letzte Mal bei Fox News von seinen Zuschauern verabschiedet hatte, wachte ich um 6 Uhr früh auf, und mir ging alles Mögliche durch den Kopf. Ob man Tucker nun liebt oder hasst, man kann nicht verleugnen, dass er Talent und ein treues Publikum hat. Es ist selten, dass ein Superstar in einer bestimmten Branche sich auf dem freien

Markt wiederfindet. Wenn das passiert, muss man Kapital daraus schlagen und einen kühnen Schritt wagen.

Noch vor Sonnenaufgang schrieb ich drei Führungspersonen in unserem Unternehmen – Mario, Tom und Robert – eine Textnachricht und bat sie, sich mit mir zu einem Notfallmeeting einzufinden. Ich sagte ihnen: »Ich plane, Tucker Carlson einen Fünfjahresvertrag über 100 Millionen Dollar anzubieten. Ich versuche mal, euch zehn Minuten davon zu überzeugen. Dann will ich, dass ihr den Plan in der Luft zerreißt. Nennt mir jeden Grund, es nicht zu tun.«

Nach einer halben Stunde waren wir alle einhellig der Meinung, dass es eine gute Idee war. Am Nachmittag desselben Tages sollte ich in der *Megyn Kelly Show* auftreten. Da sie und Tucker bei Fox News zusammengearbeitet hatten, dachte ich, es sei die perfekte Gelegenheit, dieses Angebot öffentlich anzukündigen. Direkt nach dieser Ankündigung twitterte ich einen offenen Brief, der viral ging.

Lieber Tucker,

ich will gleich zum Wesentlichen kommen.

Wir wollen, dass Sie eine Partnerschaft mit uns eingehen, beim unserer Meinung nach edlen und notwendigen Bemühen, die Zukunft der Medien zu definieren.

Hier ist unser Angebot:

- 100 Millionen über 5 Jahre.
- Aktienanteile an Valuetainment.
- Einen Präsidentenposten bei Valuetainment und einen Sitz im Vorstand, um Ihre strategische Vision voranzutreiben und Ihnen eine Stimme zu geben.
- Ihre(n) eigenen Podcast(s) und andere tägliche/wöchentliche Shows.
- Dokumentationen und Filme über die Themen, die Sie interessieren.
- Was sonst noch? Wir sind ganz Ohr.

> Wir haben tief verankerte Überzeugungen in Bezug auf Freiheit, Bürgerrechte und Wahrheit und glauben, dass Sie der Richtige für unser Unternehmen und Amerika sind.
>
> Wir sind vielleicht nicht das größte Medienunternehmen, aber wir sind führend, wenn es darum geht, eine Zukunft zu gestalten, in der die Wahrheit, eine faire Debatte und Kommentare zu bestimmten Themen zugänglicher gestaltet, konsumentenfreundlicher und besser geschützt werden.
>
> Dieses Angebot ist zu 100 Prozent ernst gemeint.
>
> Hochachtungsvoll
>
> Patrick Bet-David

Zu hohe Angebote für nötig zu halten oder die besten Vergünstigungen der Branche zu bieten, ist oft ein Anzeichen dafür, *keine* starke Kultur zu besitzen; genauso wie das Streben nach dem günstigsten Preis ein Symptom dafür ist, kein einzigartiges Produkt bieten zu können. Sie können jemandem alles Geld der Welt bieten und derjenige will vielleicht immer noch nicht gerne in der Arbeit erscheinen. Eine Kultur, die die Mitarbeiterbindung fördert, ist dann gegeben, wenn die Mitarbeiter Folgendes sagen:

- Ich kann es nicht erwarten, dort zu sein.
- Ich bewirke etwas und erziele Impact.
- Ich habe Spaß.
- Die Leiter des Unternehmens halten sich an die Versprechen ihrer Unternehmenskultur.

Wenn Sie immer zu Ihrem Wort stehen, müssen Sie sich keine Sorgen machen, Mitarbeiter zu verlieren. Die Mitarbeiter, die Ihre Unternehmenskultur wertschätzen, werden zu Ihnen finden. Diejenigen, die sie nicht schätzen, werden von selbst ausgesiebt. Und was noch wichtiger ist, Sie werden die Leute im Unternehmen halten, denen Sie Wertschätzung entgegenbringen und Langlebigkeit aufgrund einer Kultur erzielen, die sich anhaltend selbst verstärkt.

Werfen Sie einen Blick auf das zurückliegende Jahr, um zu sehen, wer die wichtigsten Mitarbeiter waren, die Sie eingestellt haben

Der nächste Teil Ihres Planungsprozesses erfordert, dass Sie in der Rückschau einen Blick auf Ihr Team des letzten Jahres werfen. Hier einige Fragen, die Sie dabei bedenken sollten:

1. Wer hat im letzten Jahr unter Beweis gestellt, dass er nicht dazugehört?
2. Wer hat bewiesen, vertrauenswürdig und für eine größere Rolle geeignet zu sein?
3. Wen muss ich rekrutieren?
4. Wer (Buchhalter, persönlicher Assistent et cetera) ermöglicht es mir, meine Zeit zurückzukaufen?
5. Wer (Angestellte) ermöglicht es mir, zu wachsen?
6. Mit wem sollte ich zusammenarbeiten?
7. Wer verwandelt eine Schwäche in eine Stärke?

Die ersten beiden Fragen erfordern nicht allzu viel Nachdenken. Die wichtigere Übung besteht darin, sich das weitere Vorgehen zu überlegen. Das besteht nicht einfach nur darin, Leute zu befördern oder zu degradieren. Es gibt noch subtilere Wege, jemanden einzubeziehen. Für mich geht es größtenteils darum, dass andere einbezogen und öffentlich gelobt werden. Wenn ich will, dass jemand eine größere Rolle spielt, erhält die Person Einladungen zu mir nach Hause und zu exklusiven Events. Ich weise auf ihre Leistungen hin und plane Zeit bei Events ein, bei denen diese Person eine Rede halten kann.

Was ist mit den Leuten, die mein Vertrauen missbraucht haben oder einen Schritt zurückgefallen sind? Zuerst rede ich mit ihnen, um zu sehen, ob sie etwas aus ihren Fehlern gelernt und ihr Verhalten geändert haben. Bis ich eine Veränderung sehe, schenke ich ihnen weniger Aufmerksamkeit und moralische Unterstützung. Wenn das passiert, kündigen sie entweder oder steigern ihre Leistungen. Beide Optionen sind positiv, wenn Sie eine Kultur erschaffen wollen, in der ein hoher Standard gilt.

Der weitere Kreis der Belegschaft, der Sie unterstützt, sollte Ihnen den Rücken freihalten. Er sollte Ihnen dabei behilflich sein, Ihre verfügbare Zeit zu verdoppeln und nie zur Ablenkung oder Last werden. Ich kann es gar nicht glauben, wie wenige Leute keinen guten persönlichen Assistenten beschäftigen. Selbst wenn Sie es sich nicht leisten können, jemanden Vollzeit einzustellen, müssen Sie Mittel und Wege finden, Ihre Verwaltungsaufgaben zu reduzieren oder die Aufgaben, die am meisten Zeit kosten und dem Unternehmen wenig Wert einbringen. Wenn Sie glauben, es gehöre zum Job eines CEO, die Post abzuholen, und das sorge dafür, nicht zu sehr abzuheben, bedeutet das in Wahrheit, dass Sie ineffizient sind.

Beim Recruiting sollten Sie sowohl in Begriffen der Offensive wie Defensive denken. Legal Compliance ist ein Beispiel für die Defensive. Technology and Analytics (Datenwissenschaft) sind beides. Cybersicherheit ist Defensive. Bessere Software, die Prozesse beschleunigt, ist Offensive. Analytics wird Ihnen helfen, sowohl Lecks als auch Chancen zu sehen. Sobald Sie es sich leisten können, Datenwissenschaftler anzuheuern – oder sogar dann, wenn Sie nicht ganz sicher sind, ob Sie es sich leisten können –, sollten Sie diese Leute engagieren. Das könnte leicht eine Schwäche in eine Stärke verwandeln, genauso wie es ein guter persönlicher Assistent tun kann, wenn Sie unorganisiert sind.

Wenn Ihr Ziel darin besteht, eine Finanzierung auf die Beine zu stellen, wie es bei mir 2017 der Fall war, müssen Sie die richtigen Investmentbanker finden. Aber schon lange vorher müssen Sie die richtigen Leute für Ihr Team rekrutieren. Ich brachte Tom Ellsworth in meinen inneren Kreis, weil er umfangreiche Erfahrung mit Finanzierungen hatte. Das gestattete es mir, Zeit zurückzukaufen, eine Schwäche in eine Stärke zu verwandeln und herauszufinden, mit welchen Banken und Investoren ich eine Partnerschaft eingehen sollte. Wir brachten letztlich 10 Millionen Dollar an Finanzierung auf, was vielleicht weniger wichtig war als die Partner, die wir dabei anzogen, sowie der Wert ihrer Kontakte und Ratschläge. Das alles geschah, weil ich jemanden einstellte, der der Schlüssel dazu war.

Eine entscheidende Einstellung … denken Sie darüber nach, wer für Sie den Ausschlag geben könnte. Als 2017 das Wachstum meiner Finanzdienstleistungsfirma explodierte, wusste ich, dass Compliance eine mögliche Bedrohung für unser Unternehmen war. Bob Kerzner war für mich die Schlüsselperson, die eine Schwäche in eine Stärke verwandeln konnte. Er war der CEO und Chairman von LIMRA, dem größten Fachverband zur Unterstützung der Versicherungs- und Finanzdienstleistungsbranche, und er war ebenfalls Executive Vice President von Hartford Life gewesen. Ich lud ihn ein, Mitglied der Geschäftsleitung zu werden, und bat ihn, ein Audit unserer Compliance durchzuführen. Er erstellte einen 43-seitigen Bericht. Basierend auf seinen Recherchen – die zeigten, dass wir unsere Verteidigung weit besser aufstellten mussten – bat ich ihn, einige Mitglieder unserer Führungsetage zu coachen und mit unseren Finanzträgern zu arbeiten. Das war eine enorme Verbesserung für unser Unternehmen und reduzierte unser Risiko beträchtlich. Dafür war nur Aufmerksamkeit und Bescheidenheit nötig, um eine Schlüsselperson zu identifizieren, die über eine Stärke verfügte, wo ich eine Schwäche hatte.

Stellen Sie diese Bescheidenheit in Kontrast zu Sam Bankman-Fried, der die Initialen SBF zu einem Synonym für Hybris und einem Mangel an Selbstreflexion machte. Die Überschrift auf der Website von *Fortune* am 18. November 2022 lautete: »Investor Chamath Palihapitiya riet Sam Bankman-Fried einst, einen Vorstand zu bilden. Die Antwort von FTX? ›F..ck dich selbst‹.«[53] Die Unterüberschrift verriet bereits das Ergebnis: »Die Kryptobörse FTX, einst mit 26 Milliarden Dollar bewertet, operierte ohne einen Vorstand. Ihr Niedergang könnte zu erneutem Druck führen, Privatunternehmen mit einer unabhängigen Geschäftsleitung auszustatten.«

Ihr Team hat mehrere Dimensionen. Es sollte Ihnen dabei helfen, Schwächen anzugehen oder einen Schritt voraus zu sein, wenn es um eine potenzielle rechtliche Haftung geht. Sie übernehmen besser die Verantwortung dafür, sich mit den besten Leuten zu umgeben – im persönlichen, geschäftlichen, rechtlichen, finanziellen, familiären und gesundheitlichen Bereich. All diese Dinge sollten gemeinsam betrachtet werden.

Das Rockstar-Prinzip

Da Netflix ein solches Paradebeispiel für Unternehmenskultur ist, lohnt es sich, einen genauen Blick darauf zu werfen, was Netflix getan hat, um das eigene Team auf die Beine zu stellen. Netflix-Mitgründer und ehemaliger CEO Reed Hastings folgte dem »Rockstar-Prinzip«: Man zahlt ein bedeutend höheres Gehalt, um einen Rockstar-Softwareingenieur zu engagieren, statt zehn, die nur kompetent sind. *Keine Regeln: Warum Netflix so erfolgreich ist* von Reed Hastings und Erin Meyer ist Pflichtlektüre. Es wird Ihre Sichtweise darauf, wen Sie anstellen und wie Sie denjenigen bezahlen sollten, völlig verändern. Hastings schreibt:

> *In den ersten Jahren bei Netflix wuchsen wir schnell und mussten mehr als einen Softwareingenieur einstellen. Angesichts meiner neugewonnenen Einsicht, dass eine hohe Dichte an Talenten der Motor unseres Erfolgs sein würde, konzentrierten wir uns darauf, die Top-Performer auf dem Markt zu finden. Angesichts eines fixen Geldbetrags, den wir für Gehälter und ein Projekt aufbringen konnten, das ich abschließen musste, hatte ich die Wahl: 10 bis 25 durchschnittliche Ingenieure anstellen oder einen »Rockstar« und diesem, wenn nötig, bedeutend mehr bezahlen, als ich den anderen gezahlt hätte.*[54]

Die Vorteile, einen Rockstar einzustellen

1. gibt den Ton vor.
2. legt die Latte höher und bringt das Beste in anderen zum Vorschein.
3. zeigt, was möglich ist.
4. steigert die Performance.
5. beschleunigt Resultate.

Um Rockstars einzustellen, müssen Sie selbst ein Rockstar sein: Andere Rockstars werden sich einem Team anschließen wollen, das von einem Rockstar geleitet wird, besonders von einem, der das Selbstvertrauen hat, ihnen eine Herausforderung zu bieten. Das knüpft direkt an Ihr »Vergünstigungspaket« an und Sie werden besser in der Lage sein, diese Fragen zu beantworten:

1. Haben diejenigen um Sie herum mehr Geld verdient als je zuvor?
2. Inwiefern beinhaltet Ihr Plan den Vorsatz, andere in Ihrem Umfeld reich zu machen?
3. Was sollten Ihre besten Führungskräfte/Verkäufer im nächsten Jahr verdienen? (Erstellen Sie eine Liste für zwei bis sechs dieser Top-Player.)

Welche Vorteile, finanziell oder anderweitig, winken anderen, wenn sie im kommenden Jahr und den darauf folgenden Jahrzehnten zu Ihrem Umfeld gehören und Sie das Beste aus sich selbst herausholen?

Formelle und informelle Rituale, die Kultur erschaffen

Bei Kultur geht es um Verhalten. Es geht um die Rituale und Traditionen, die zu Gewohnheiten werden. Ich habe viel davon gesprochen, dass ich ans Lernen glaube und daran, die eigenen Fertigkeiten zu verbessern. Denken Sie daran, dass es Ihnen wenig helfen wird, wenn Sie nur *sagen*, dass Sie an Bildung glauben, aber nie ein Buch in die Hand nehmen oder Geld für Weiterbildung ausgeben. Das wäre das Gleiche, als würden Sie sagen, Sie glauben an Fitness, während Sie einen Slushie trinken und eine Riesentüte Chips essen.

Ray Dalios Ansichten über radikale Transparenz waren für mich eine Offenbarung, aber mir war klar, dass es sich für manche Leute sehr konfrontativ anfühlen könnte. Als ich später vorschlug, Dalios Buch *Die Prinzipien des Erfolgs* zu unserem Buch des Monats zu machen, sagten mehrere Mitglieder unseres Leitungsteams, dass wir das nicht machen könnten. Ich hörte mir die Argumente an, aber war immer noch davon überzeugt, dass nicht nur alle dieses Buch lesen sollten, sondern auch, dass die Ideen darin zu einem Teil unserer Kultur werden sollten.

Diejenigen, die gute Argumente gegen das Buch vorbrachten, wurden angehört. Sie brachten eine andere Perspektive ein, welche die Debatte vorantrieb. Diejenigen, die sich weigerten, das Buch zu lesen, wurden entlassen. Das war nicht persönlich gemeint. Es war einfach nur ihre und unsere Art, zum Ausdruck zu bringen, dass wir nicht zusammenpassten.

Während des Einstellungsprozesses bei jedem Unternehmen, das ich leitete, geben wir jedem Kandidaten ein Buch. Sie müssen es lesen und auf einer Seite ein Essay darüber schreiben. Das ist ein großartiger Filter für unsere Kultur. Es ist besser, man weiß früher statt später, ob die Kandidaten Leser sind, die etwas dazulernen wollen. Basierend auf dieser einen Aufgabe lernen wir eine Menge darüber, wie gut man sie anleiten kann und wie verlässlich sie sind.

Bücher sind ein formeller Part unserer Kultur, die von den Leadern vorgegeben wird. Es macht außerdem Spaß, zuzusehen, wie sich informelle Rituale ausbreiten. Einige davon werden sogar zum Bestandteil des Initiationsprozesses des Unternehmens. Jemanden am ersten Tag zum Essen auszuführen, ist nicht besonders erinnerungswürdig. Deswegen habe ich am liebsten etwas mit neuen Mitarbeitern gemacht, als ich in Los Angeles wohnte, und zwar haben wir die Santa-Monica-Treppe erklommen.

Nach den Ausbildungseinheiten sind alle, die noch im Büro waren, zusammen mit dem Auto zur Santa-Monica-Treppe gefahren. Die war 40 Minuten vom Büro entfernt und während der Autofahrt hatten alle Zeit, sich formlos näher kennenzulernen. Wir erfuhren, wer welche Musik mochte, und man konnte die neuen Mitarbeiter in einer entspannten Atmosphäre beobachten. Bei der Ankunft erwartete uns der beeindruckende Anblick der 170 Stufen, die bis auf knapp 33 Meter hinaufführten.

Der Rekord für Auf- und Abstiege mit den Gruppen, die ich dorthin brachte, lag bei 15. Ein neuer Mitarbeiter namens Jason gab damit an, dass es ihm ein Leichtes wäre. Nach der vierten Runde musste er sich übergeben. Wir lachten alle herzlich und diese Erinnerung wurde zu einem Teil unserer Kultur.

So wie ich selbst ein wenig verrückt bin, übernahmen auch die Unternehmen, die ich leitete, diese Kultur. Fitness ist uns wichtig. Wir verbringen gerne Zeit miteinander. Die Führungskräfte glauben nicht, über den Angestellten zu stehen. Indem wir routinemäßig die Santa-Monica-Treppe besuchten, statt nach Hause zu fahren oder in eine Bar zu gehen, wurde unsere Kultur gestärkt.

Ich glaube an hohe Standards. Ohne hohe Standards hat niemand je etwas gewonnen. Deswegen ermahne ich andere, wenn ich sehe, dass sie bei Zoom-Meetings abgelenkt sind. Deswegen schließe ich die Türen, wenn wir eine Konferenz oder ein Meeting im Unternehmen haben, sobald eine angesetzte Pause vorüber ist. Es ist mir egal, wenn Leute mit niedrigen Standards, die nicht pünktlich sein können, glauben, ich sei zu hart. Mir ist wichtig, dass die Leute, die pünktlich sind, glauben, dass ich die Latte hochlege.

Mit den falschen Leuten kann man nicht unerschrocken sein

Mitarbeiter erbringen dann Höchstleistungen und wachsen über sich hinaus, wenn sie wissen, dass es erkannt und belohnt wird. Wenn ich jemanden im Büro sehe, der nicht unbedingt an diesem Tag da sein müsste, weiß ich, dass dieses Vorgehen funktioniert. Alle wollen gerne Teil eines Teams sein, dem etwas wirklich wichtig ist und das für etwas einsteht. Sowohl die formellen als auch die informellen Rituale machen ein Unternehmen einzigartig und durchschlagkräftig. Sie haben auch Auswirkungen darauf, ob die Mitarbeiter im Unternehmen bleiben, und das ist ein Schlüsseltreiber für den langfristigen Wert.

Soweit es Ihr Team betrifft, sollten Sie darüber nachdenken, wen Sie einstellen wollen, der in diese Kultur passt. Außerdem sollten Sie alles tun, um vertrauenswürdige Leute zu finden, die es Ihnen ermöglichen, sich Zeit zurückzukaufen.

IHRE BAUSTEINE

KULTUR

Aktion:

1. Wählen Sie ein Wort oder mehrere, die Ihre Kultur verkörpern.
2. Geben Sie jedem neuen Angestellten ein Buch zu lesen, über das ein einseitiger Bericht verfasst werden soll, damit Sie sehen können, wie ernst es den Kandidaten damit ist, für Sie zu arbeiten.
3. Kreieren Sie ein Initiationsritual für neue Angestellte, das die Kultur verkörpert, wie ein Barbecue, eine Wanderung oder eine Sportveranstaltung.
4. Kreieren Sie Rituale und Traditionen, die mit Ihrer Kultur übereinstimmen.
5. Stärken Sie Ihren Ruf, indem Sie authentisch sind, um die Menschen im Unternehmen zu halten, die Ihre Werte teilen.
6. Finden Sie Mitarbeiter, die an Ihre Kultur glauben. Das kann zum Beispiel damit beginnen, dass Sie der Prophet sind, der das Evangelium des Bücherlesens als Tradition in Ihrem Unternehmen predigt. Suchen Sie dann nach denjenigen, denen Sie zutrauen, diese Kultur voranzutreiben.

TEAM

Aktion:

1. Sehen Sie sich noch einmal Ihre SWOT-Analyse an und identifizieren Sie die Schlüsselpersonen, die Sie rekrutieren sollten, um Ihre Offensive und Defensive besser aufzustellen.
2. Finden Sie Rockstars, die Ihr Unternehmen auf die nächste Stufe heben, und bezahlen Sie ihnen mit einem Lächeln deutlich mehr als auf dem Markt üblich.
3. Bewerten Sie Mitarbeiter, die Sie einstellen, auf einer Skala von 0 bis 60 mithilfe der Bewertungstabelle für Mitarbeiter.
4. Investieren Sie in die Weiterentwicklung der Kompetenz der wahren Gläubigen, denen es noch an Fertigkeiten fehlt.
5. Stellen Sie Leute ein, die es Ihnen ermöglichen, sich Zeit zurückzukaufen.

KAPITEL 9

Vision und Kapital

Gute Unternehmensführer erschaffen eine Vision, artikulieren diese Vision, machen sich diese leidenschaftlich zu eigen und treiben sie unnachgiebig voran, bis sie vollendet ist.

– Jack Welch

Ein Schiff hat mich eine Menge darüber gelehrt, eine Vision zu haben. Der nukleargetriebene Flugzeugträger der Nimitz-Klasse namens USS *John C. Stennis*, benannt nach dem US-Senator aus Mississippi, wurde 1991 für den Preis von 4,5 Milliarden Dollar von Northrup Grumman gebaut. Mit circa 90.000 Standardtonnen kann sie 5000 Mannschaftsmitglieder tragen und hat die Größe von drei Footballfeldern.

Nichts davon macht das Schiff zu etwas Besonderem. Aber es gibt etwas, das es einzigartig macht und mich dadurch eine Lektion darüber lehrte, eine Vision zu haben. Nur um einen Kontext zu haben – ein durchschnittliches Schiff muss ungefähr einmal im Monat aufgetankt werden. Spezialschiffe können drei Monate durchhalten. Wie lange glauben Sie, kann die *John C. Stennis* fahren, ohne nachzutanken? Schätzen Sie einmal.

26 Jahre!

Worauf will ich hinaus? Der Punkt ist für mich, dass man, wenn man eine starke Vision hat, sich nicht ständig motivieren muss: Man kommt 26 Jahre ohne Nachtanken aus. So wie die Genialität dieses Schiffs in seinem Design liegt, liegt die Brillanz Ihrer Karriere in Ihrer Vision.

Stellen Sie sich vor, Sie haben eine Vision, die Sie begeistert, und Sie müssen 26 Jahre lang nicht nachtanken! Es ist kein Zufall, dass wir schon über *Der Toyota Weg* gesprochen haben, denn bei einem typischen japanischen Businessplan denkt man darüber nach, dass das Unternehmen für mehrere Generationen Bestand hat. Sehen Sie, wie die Puzzleteile an ihren Platz fallen?

Es gibt einen Grund, dass ich den Punkt »Vision« als letzten Baustein aufgehoben habe. Eine Vision sorgt dafür, dass man niemals in seinen Bemühungen nachlassen will. Sie sehen vielleicht einige Gemeinsamkeiten zwischen Träumen und Visionen. Aber der größte Unterschied besteht darin, dass Träume persönlicher sind und eine Timeline haben. Einen Traum kann man sich erfüllen. Eine Vision reicht über Sie und Ihre Familie hinaus. Sie ist für diejenigen gedacht, die Sie anführen, und für die Welt im Allgemeinen, und sie findet nie zu einem Ende. Sie ist transzendent und wird Sie überleben.

Bei IKEA lautet die Vision »für viele Menschen einen angenehmeren Alltag zu schaffen«[55] und bietet den Treibstoff für anhaltende Innovation. Bei Amazon hört es sich ähnlich an: »Unsere Vision besteht darin, die weltweit am umfassendsten auf den Kunden konzentrierte Firma zu sein; einen Ort zu erschaffen, an den die Menschen gehen können, und alles finden, was sie vielleicht online kaufen wollen.«[56] Als Bezos als CEO zurücktrat, lebte Amazons Vision weiter. Es gibt kein Ablaufdatum.

Eine Vision lässt sich höchstens dadurch aufhalten, dass einem das Geld – auch als Kapital bekannt – ausgeht. Um an Geld zu kommen, sollte man besser eine fesselnde Vision haben und wissen, wie man diese anderen gegenüber artikuliert. Sie müssen auch Ihre Kernglaubenssätze und Geschäftsprinzipien kennen. Ich werde Ihnen von meinen erzählen, um Ihnen eine Anleitung zu geben, wie Sie Ihre eigenen kreieren können.

Was Sie in diesem Kapitel lernen werden

In diesem Kapitel werden wir uns um die Details kümmern, wie man eine Finanzierung auf die Beine stellt, und Sie werden erfahren, wie Vision und Kapital Hand in Hand gehen. Wir werden ins Detail gehen, wie man einen Elevator Pitch schreibt, ein Pitch Deck erstellt und dieses den Investoren präsentiert.

Dieses Kapitel unterscheidet sich etwas von den vorherigen. Weil Vision und Kapital sowohl emotionale als auch logische Elemente beinhalten, werden wir den gesamten Baustein »Vision« erstellen und dann den Baustein »Kapital«. Ja, eine Vision ist emotional, aber erfordert auch einige sehr logische Schritte, durch die ich Sie gerne führen würde. Und Kapital ist im Grunde nur eine andere Form des Verkaufs. Um jemanden dazu zu bringen, Ihnen einen Scheck auszustellen, sich Ihrem Unternehmen anzuschließen oder einen Vertrag als Zulieferer zu unterschreiben, muss man jemanden emotional ansprechen und dann mit demjenigen einen logischen Plan durchlaufen. Das ist der logische Baustein, der bei allen für Begeisterung sorgt. Um eine Vision zur Realität zu machen, brauchen Sie Geld, und Sie brauchen Partner.

Eine dauerhafte und »heilige« Vision beinhaltet Ihre wichtigsten Glaubenssätze

Autoren, Filmemacher und Content Creator suchen nach dem heiligen Gral, der ihren Content *auf alle Zeiten relevant* macht. Mehr als 27 Jahre nachdem James C. Collins und Jerry I. Porras im Jahr 1996 den Artikel »Eine Vision für Ihr Unternehmen erschaffen« für die *Harvard Business Review* (HBR) geschrieben haben, bleibt ihre Erklärung, wieso ein Unternehmen eine Vision braucht, immer noch gültig:

> *Spitzenunternehmen kennen den Unterschied zwischen dem, was sich nie verändern sollte, und dem, was sich ändern darf; den Unterschied zwischen dem, was wahrhaft heilig ist, und den Dingen, die es nicht sind.*[57] *Diese seltene*

Fertigkeit, gleichzeitig Dauerhaftigkeit und Wandel im Griff zu haben – die eine bewusst eingeübte Disziplin erfordert –, ist eng mit der Fähigkeit verbunden, eine Vision zu entwickeln. Eine Vision gibt einem die Richtschnur dafür an die Hand, welchen Kern man bewahren und auf welche Zukunft man sich hin entwickeln sollte.

Jeff Bezos hat es etwas zugespitzter ausgedrückt, als er sagte: »Sei starrsinnig bei der Vision, aber flexibel bei den Details.«[58]

Haben Sie darüber nachgedacht? Kennen Sie den Kern Ihrer Vision und halten Sie starrsinnig daran fest? Haben Sie identifiziert, was nicht verhandelbar ist, und bei allem, was Sie tun, eine Rolle spielt? Wenn ich eine Chance erhalte, die mir einen gewaltigen Geldbetrag einbringen würde, aber nicht mit meiner Vision übereinstimmt, ist es einfacher, Nein zu sagen.

Der Satz »Wenn es unbedingt über Nacht da sein muss« wurde zu einem Synonym für FedEx. Diese Vision lenkte alles. Sie führte zu einer Besessenheit mit Logistik, Technologie und Systemen. Wenn es bedeutete, einige Jahre Geld zu verlieren oder die Qualität des Verpackungsmaterials zu opfern, war das egal.

Wo wir gerade von schneller Lieferung sprechen: 1984 hat Domino's, damals geleitet von Thomas S. Monaghan, die 30-Minutengarantie für ihre Pizzalieferungen ins Leben gerufen. Sie opferten die Qualität und die Zufriedenheit der Angestellten. Sie opferten auch die Sicherheit der Fahrer. Alles, was sie taten, inklusive der Geschwindigkeit, mit der sie die Pizza zubereiteten, wurde dieser Vision untergeordnet. Das erwies sich als erfolgreich, um Marktanteile zu gewinnen. Dafür ziehe ich meinen Hut vor Domino's. Wenn man einen laserscharfen Fokus auf einen Aspekt hat, wird die Vision nicht verwässert. In diesem Fall wurde die Vision zu einem rechtlichen Risiko, denn es gab Gerichtsklagen von Fahrern, die zu schnell fuhren, um den Liefertermin einzuhalten. Als diese Liefergarantie aufgegeben werden musste, hatte das Unternehmen Mühe, zu einer neuen Vision zu finden.

Man könnte argumentieren, dass dieser Mangel an einer *langfristig stabilen* Vision die Tür für John Schnatter aufstieß. Ich glaube, es war kein Zufall, dass er 1984 Papa John's gegründet hat. Vom ersten Tag an drehte sich Schnatters Vision völlig um die Qualität. Er war so überzeugt von seiner Vision, dass er seinen Camaro Z28, Baujahr 1971, verkaufte, um sich die Kücheneinrichtung leisten zu können, mit der er in einem kleinen Raum im hinteren Teil der Kneipe seines Vaters seine Pizzas zubereitete. Im Jahr darauf eröffnete er seinen ersten Laden in Jeffersonville, Indiana.

Es kann natürlich gut sein, dass Sie bereits in den Medien etwas über Schnatter gelesen haben, noch bevor Sie von mir diese Geschichte weiter hören. Ich scheue mich nie davor, über kontroverse Themen oder Menschen zu reden. Weil ich die Chance hatte, ihn in meinem Podcast zu interviewen, glaube ich, er kann uns eine wertvolle Lektion über Vision lehren.[59]

Wir haben bereits in diesem Buch davon gesprochen, wie man seine Träume für sich selbst visuell ausgestaltet. Das Gleiche sollten Sie mit Ihrer Vision tun, nur dass Sie die Reichweite steigern, indem Sie diese Ihren Angestellten, Kunden und Geschäftspartnern immer vor Augen halten. Bei Schnatter bedeutete das, interne Slogans zu verwenden, wie »Die Hauptsache sollte die Hauptsache bleiben« oder »P.A.P.A« (People are Priority Always – Menschen haben immer Priorität). Natürlich haben die meisten Leute in den U.S.A. die Werbung gehört, in der diese Vision immer und immer wieder wiederholt wird: »Bessere Zutaten, bessere Pizza.«. Es ist keine Überraschung, dass Papa John's in 18 Jahren 16-mal die Nummer eins aller Fast-Food-Restaurants bei der Kundenzufriedenheit auf dem American Customer Satisfaction Index wurde.[60]

Als ich Schnatter 2022 interviewte, konnte ich mit Erstaunen selbst sehen, wie sehr ihm seine Vision in Fleisch und Blut übergegangen war. Er suchte immer noch nach der qualitativ besten Pizza. Wir machten ein Experiment und ließen uns Pizza von Jet's Pizza, Papa John's und Pizza Hut liefern.

Bedenken Sie, dass der 60-jährige Schnatter ein Vermögen von 1 Milliarde Dollar besaß und sich vier Jahre vorher zur Ruhe gesetzt hatte. Als die Pizza ankam, war es ein unglaublicher Anblick, wie detailverliebt und engagiert er an die Sache heranging. Er analysierte jedes einzelne Detail, von der Position der Pepperoni auf der Pizza bis zum Abstand zwischen dem Käse und dem Rand der Kruste. Er erklärte, was wir alle sehen und schmecken konnten – nämlich, dass Pizza Hut den billigsten Käse verwendet.

Für Schnatter war »bessere Zutaten, bessere Pizza« nie bloß ein Ziel oder ein Ideal. Es war eine Vision, die über Profitabilität und kurzfristige Ziele hinausreichte. Es war eine Besessenheit, die jedes Detail des Business vorantrieb.

Wie Schnatter und viele CEOs musste auch Steve Jobs ständig zwischen Geschwindigkeit (dem Tempo, mit dem ein Produkt auf den Markt kam), Kosten und Qualität entscheiden. Jobs musste natürlich ständig schwere Entscheidungen treffen und komplizierte Kompromisse schließen, aber die Klarheit seiner Vision über die Qualität erleichterte diese Entscheidungen. Wenn ein Produkt-Launch verschoben werden musste oder der Preis sich erhöhte, dann war das eben so. Die Qualität sollte darunter aber andererseits nie leiden.

Was ist Ihnen heilig? Was ist für Sie unverhandelbar? Welche Vision kann Ihnen den Treibstoff für die nächsten 20 Jahre oder mehr liefern?

Die Vision ausformulieren

Als ich 2009 meine Finanzdienstleistungsfirma gründete, hatte ich eine spezifische Vision vor Augen. Ich kleidete mich wie Doc, die Filmfigur aus *Zurück in die Zukunft* aus dem Jahr 1985 (die von Christopher Lloyd gespielt wurde), um alle wissen zu lassen, dass wir unsere eigene Zukunft erschaffen würden. Wenn man eine große Vision verkündet, hilft das Setting, in dem diese stattfindet. Wo Sie sprechen und wie Sie sich dabei kleiden, kann die Wirkung verstärken,

Eine Vision zu haben, bedeutet, die folgenden Fragen zu beantworten:

- Wie groß wird unser Unternehmen werden?
- Welche Märkte haben wir im Visier?
- Welche Geschichte wollen wir erschaffen?
- Wer wird etwas über uns schreiben und was werden diejenigen sagen?
- Wie wird die Welt »eines Tages« aufgrund dieser Vision aussehen?

Als Steve Jobs über seine Vision für Apple oder Pixar sprach, hat er mit Sicherheit nicht gesagt: »Eines Tages stehen wir in der Lokalzeitung.« Apple wird natürlich an jeder Universität der Welt als Fallstudie studiert, und einer der besten Autoren der Welt, Walter Isaacson, schrieb eine Biografie über Jobs. Steve Jobs hat Apple nicht gegründet, um reich zu werden. Das Geld war ein Nebeneffekt. Aber ohne eine Vision hätte Jobs nicht die Fundamente für ein Unternehmen legen können, das der aktuelle CEO Tim Cook zu einem Marktwert von 3 Billionen Dollar führte.

Haben Sie je das Video von Jack Ma gesehen, als er 1999 Alibaba gründete? Es ist auf Mandarin, aber Sie müssen kein Wort davon verstehen, um zu *spüren*, wie überzeugt er von seiner Vision war. Dank der Untertitel im Video wissen wir, dass Ma sagte: »Wenn wir die Einstellung haben, pünktlich Feierabend machen zu wollen, sollten wir einfach etwas anderes machen.« Und raten Sie mal, was er tat, um seine Vision mit Raketentreibstoff zu versehen? Ich gebe Ihnen einen Tipp. Er wählte seine Sie-wissen-schon weise.

Um wirkungsvoll einen Feind einzusetzen, bezog sich Ma auf die Silicon-Valley-Kultur und sagte dann: »Das ist der Grund, wieso wir es wagen, uns mit den Amerikanern anzulegen. Wenn wir ein gutes Team sind und wissen, was wir machen wollen, kann einer von uns zehn von ihnen besiegen.«

Ihre Vision auszuformulieren, zieht die Verrückten an; die Sorte von Verrückten, die sich vor einen Bus werfen würden, um Ihre Vision zu verwirklichen. Das sind die Leute, die Teil von etwas Größerem sein wollen. Sie warten einfach nur auf einen Visionär, der sie dorthin führt, indem er ein Bild der Zukunft zeichnet.

Ein Visionär ist jemand, der Dinge sieht, die andere nicht sehen. Ich musste die Vision einer Welt entwickeln, in der ganz normale Menschen, unabhängig von Rasse, Geschlecht oder Bildungsstand, Teil einer Kultur sein konnten, die ihnen die Fähigkeiten, Systeme und Führungsqualitäten bot, um erfolgreiche Vertriebsleiter und Unternehmer zu werden. Ich wusste außerdem, dass meine Vision sich um mehr drehen musste, als nur darum, Millionäre hervorzubringen. Dahinter musste ein höherer Zweck stehen. Ich wollte, dass die Leute, die ich anleitete, auch zu wertvollen Mitbürgern wurden, die die Wirtschaft und ihre Gemeinden voranbrachten. Ich musste unbedingt sehen, dass der Erfolg ansteckend war und sich vermehrte. Die Werte und Prinzipien, die unsere Kultur formten, sollten so sehr verinnerlicht werden, dass einer aus unseren Reihen das Zeug zum Präsidenten der Vereinigten Staaten hatte. (Das ist bisher nicht passiert, aber ich bin überzeugt, das kommt noch.)

Ich habe alles davon schon vor Augen gehabt, niemand sonst ... zumindest am Anfang noch nicht. Die meisten sehen nicht weiter als bis zur nächsten Mahlzeit, aber sie springen sofort gerne an Bord, wenn jemand sie dazu bringe, etwas zu sehen, das bisher nicht existiert. Man braucht genug Überzeugungskraft und Glaubwürdigkeit, um Menschen zu bewegen. Etwas Theatralik hilft ebenso, um Leute aus ihrem Trott zu reißen und eine Vision der Zukunft zu entwerfen.

Jetzt, da wir bei den beiden letzten Bausteinen angekommen sind, werden Sie sehen, dass es einige Überschneidungen mit den vorherigen Bausteinen gibt. Ehrlich gesagt, ist es wichtiger, Ihren Plan zu erstellen, als sicherzugehen, dass auch jede Idee genau an der richtigen Stelle sitzt. So wie man es mit Träumen macht, sollte man auch bei Visionen den Satz »Stelle dir vor, dass eines Tages ...« nutzen.

Stellen Sie sich vor, dass eines Tages:

- Entrepreneurship und Finanzwissen zum Schulstoff gehören.
- Niemand mehr eine Insulinpumpe verwenden muss und Diabetes leicht in den Griff zu bekommen ist.
- Senioren sich entspannt zurücklehnen können, weil sie wissen, dass ihre Gesundheitsfürsorge gesichert ist.
- Sie sich nahtlos mit einem Topexperten vernetzen können und ein Minutenpreis dafür berechnet wird.

Die ersten und die letzten beiden Visionen stammen von mir. Ich werde immer für Nummer eins kämpfen, und selbst, wenn ich nicht auf alle Schulen Einfluss nehmen kann, versuche ich diese Vision umzusetzen, indem ich kostenlose Videos produziere. Der letzte Punkt bezieht sich auf eine App namens Minnect, die ich kreiert habe. Das Schlüsselwort ist »nahtlos«, denn diese Definition wird sich in dem Maß verändern, in dem sich die Technologie weiterentwickelt. Auch wenn wir bereits erfolgreich unser »Ziel« erreicht haben, die App zu lancieren, hat die Vision kein Ablaufdatum, was bedeutet, dass wir ständig daran arbeiten, die User-Experience zu verbessern. Meine Vision, Entrepreneuren auf jede erdenkliche

Weise einen Vorteil zu verschaffen, wird niemals an ein Ende kommen. Ich bleibe weiter flexibel, was die Produkte und Liefermechanismen angeht, aber bei meiner Vision bin ich stur.

Verkünden Sie Ihre Vision und warten Sie Jahrzehnte, um den Erfolg zu messen

Eine Vision zu haben, ist ein essenzieller Teil Ihres Businessplans. Ihr Mission Statement muss drei Kriterien erfüllen:

- Es beschreibt, was Sie erschaffen werden, und ist die Verbindung zwischen Ihrer Vorstellungskraft und der künftigen Realität, in der Sie den Status quo verändern.
- Es hat Impact auf Ihre Kunden und/oder die Welt.
- Es klärt die Prioritäten, die Grundlage all Ihrer Entscheidungen sind, und gibt eine Richtung vor.

Sobald Sie Ihre Vision verkündet haben, müssen Sie nur ein paar Jahrzehnte warten, um herauszufinden, ob Sie diese realisieren konnten! Jeff Bezos musste mit dem Druck der Wall Street fertig werden, als er Amazon aufbaute. Man muss ihm zugutehalten, dass er seiner Vision treu blieb und weiter in Forschung und Entwicklung investierte, auf Kosten der Profitabilität. Damals gab es viele Zweifler, und es gab Momente, in denen Bezos auf törichte Weise stur wirkte. Da er nicht aufgab, was für ihn unverhandelbar war, erwies er sich als Visionär.

Bei uns allen hat sich das bisher nicht eindeutig erwiesen. Sie können sich nach einem guten Quartal oder einem guten Jahr noch nicht Visionär nennen. Selbst ein Jahrzehnt ist nicht genug. Um das alles in die richtige Perspektive zu rücken, können wir uns die Pokerlegende Doyle Brunson ansehen, der bis zu seinem Tod 2023 im Alter von 89 an den härtesten Tischen in Las Vegas aufspielte. Als man Brunson fragte, wer der beste junge Pokerspieler war, sagte er: »Fragen Sie mich in 20 Jahren.«

Der Erfolg im Business braucht Zeit. Jeder kann ein Jahr lang einen guten Lauf haben. Manche haben fünf Jahre lang einen Lauf. Nur die wenigen Unerschrockenen haben einen Lauf, der 20 Jahre oder länger andauert.

Die Fähigkeit, eine Vision der Zukunft zu entwickeln, bedeutet auch, das Bedauern vorwegzunehmen und abzumildern. Zurückzublicken und in 20, 30 oder sogar 50 Jahren das Gefühl zu haben, ein erfülltes Leben zu haben, erfordert eine Vision. Für mich ist es wertvoll, eine Ahnung dessen zu haben, wie das Leben aussehen wird, wenn man nicht der eigenen Vision gerecht wird.

Stellen Sie sich vor, dass Sie wie Brunson mit Ende 80 auf Ihr Leben und Ihre Karriere zurückblicken. Wählen Sie Ihren Lieblingsfeiertag, an dem Sie sich mit Ihrer Familie treffen. Sie haben Enkel oder Urenkel. Wenn Sie den Großteil Ihres Lebens nur auf Autopilot verbracht haben, werden Sie garantiert verbittert sein. Sie werden sich selbst fragen: »Wieso zur Hölle habe ich nicht alles gegeben? Wieso habe ich nur kleine Brötchen gebacken? Wieso bin ich nicht mehr Risiken eingegangen?«

Diese Geschichte werden Sie keinem erzählen. Sie werden Sie mit ins Grab nehmen. Und Sie werden zunehmend verbittern, je älter Sie werden. Die Themen Ihres Lebens werden verschwendetes Potenzial und Bedauern sein. Ich glaube, diesem Gefühl sollte man sich mal eine Weile aussetzen. Sich die Zeit zu nehmen und sich mit 90 Jahren zu sehen, wird Sie dazu zwingen, einen Blick auf Ihr Leben zu werfen, wie es aussehen würde, wenn Sie den aktuellen Kurs beibehalten.

Wenn Sie eher logisch denken oder sich nicht vorstellen können, dass Sie alt und grau sind, besteht eine weitere Technik darin, den eigenen Nachruf zu schreiben. Das wird Ihrem Leben tatsächlich die richtige Perspektive geben.

Nur wenige Menschen können über den gegenwärtigen Moment hinausblicken. Und eine noch kleinere Zahl ist in der Lage, eine Belohnung aufzuschieben, um eine langfristige Vision voranzubringen. Aber da Sie dieses Buch lesen, bezweifle ich, dass Sie sich selbst für durchschnittlich halten. Sie haben ein brennendes Verlangen, ein Teil der wenigen Unerschrockenen zu sein. Deswegen möchte ich Sie dazu anleiten, einen Blick auf das künftige Bedauern zu werfen, um sich über Ihre Vision noch klarer zu werden.

In dem Augenblick, in dem Sie für etwas kämpfen, das über Sie hinausreicht – eine echte Vision –, werden Sie mit einer Version Ihrer selbst konfrontiert, die Sie noch nie gesehen haben. Keine Superpower kommt da heran. Keine.

Formulieren Sie Ihre Vision

Tim Ardam ist vielleicht der bescheidenste Unternehmer, den ich kenne. Seine Eltern haben sich scheiden lassen, als er 10 war, und mit 17 schloss er sich den Marines an. Er war Lkw-Fahrer und Mechaniker in der Artillerie. Nach seiner Dienstzeit hat er in Gelegenheitsjobs gearbeitet und dann bei Power Plate im Kundendienst und der Logistik angefangen. Er gründete zwei Unternehmen, die scheiterten, und steckte bis über beide Ohren in Schulden. Schließlich gründete er ein Unternehmen, das sich halten konnte, und baute es bis zu 20 Millionen Jahresumsatz aus, aber er hatte immer noch den Eindruck, es fehle ihm etwas.

Ich fragte ihn nach seiner Vision für das Unternehmen, und er sagte: »Als ich damals anfing, hatte ich keinen Plan. Ich arbeitete hart. Im zwölften Jahr besuchte ich deinen Workshop über Businessplanung, um das Jahr 2022 zu planen, und erwartete, dass es sich um einen eher mechanischen Event handeln würde und du uns die Mathematik beibringst, mit der wir unsere Kalkulationen durchführen können. Ich hatte überhaupt nicht damit gerechnet und war völlig überrascht, wie emotional du wurdest, und mir wurde klar, dass ich niemals eine Vision gehabt hatte.«

Wie bereits gesagt, machte Tims Unternehmen 20 Millionen Jahresumsatz, aber er meinte: »Ich hatte Mühe mit der Vision. Ich war so daran gewöhnt, all meine Kraft in den Aufbau der Firma zu stecken. Ich fühle mich wohl damit, wer wir sein wollen und in welche Richtung wir gehen, aber ich hatte bisher nie wirklich darüber nachgedacht, welchen Impact eine Vision auf mein Unternehmen haben könnte.«

Tim verließ diesen Workshop mit dem Schwur, sich über seine Vision klarzuwerden. Er sagte mir nach dem Event, dass er ein »Vision Board« erstellen wollte. Aber als er sich hinsetzte, um es zu erstellen, fiel ihm nichts ein. Er mühte sich monatelang, um seine Vision für das Unternehmen klar zu artikulieren oder seine wichtigsten Werte zu definieren.

Ich erzähle Ihnen diese Geschichte, um Ihnen zu zeigen, dass nicht alle der Bausteine einfach über Nacht erstellt werden. Tim kam ein Jahr später wieder zum Workshop. Danach rief er mich an und sagte:

> *Ende 2022 brachte ich meine Frau mit zum Businessplanungsworkshop und brachte all meine Führungskräfte dazu, sich den ganztägigen Workshop online anzusehen. Meine Frau räumte eine gut sechs Meter lange Wand frei und machte daraus eine Schreibtafel. Darauf schrieben wir unsere Vision.*
> *Ich wusste, es war 100-prozentig notwendig, nicht nur ein Vision Board zu haben, sondern uns auch über diese Vision 100-prozentig im Klaren zu sein. Wir mussten sämtliche Gründe aufschreiben, wieso wir hier sind. Und dabei durfte es nicht nur um Geld gehen. Was ist unser Traum? Wieso behandeln wir uns selbst wie die Underdogs? Wieso können wir uns nicht als Profis sehen, die gerade erst loslegen? Stellen wir doch einmal die Highlights der letzten 15 Jahre zusammen, um uns selbst daran zu erinnern, wie weit wir gekommen sind.*
> *Wir haben einen ganzen Tag daran gearbeitet und jetzt stehen wir uns näher als je zuvor, weil wir eine gemeinsame Vision haben und genau wissen, was uns wichtig ist.*

Seit er seine Vision verkündet hat, konnte Tim beobachten, wie sich der Umsatz enorm steigerte. Aber letztlich wird Tim – wie wir alle – noch weitere 20 Jahre warten müssen, um genau zu wissen, wie effektiv diese Übung war.

Mit Ihrem Team eine Vision erschaffen

Wenn Sie Ihre Werte und Prinzipien nur aufschreiben, wird das nahezu wertlos sein. Wenn Sie sie ausdrucken und irgendwo im Büro an die Wand heften, werden Sie daraus immer noch wenig Wert ziehen können. Um echten Impact zu erhalten, müssen Sie das Erschaffen dieser Werte zu einem *Ritual* machen – erst dann wird darauf Ihre ganze Vision gründen können.

Meine Businessprinzipien

1. Niemals Kompromisse eingehen, bei dem, was unverhandelbar ist.
2. Mikromanagen, bis man Vertrauen aufgebaut hat.
3. Was uns bis hierher gebracht hat, wird uns nicht auf die nächste Ebene heben.
4. Niemand hat 100-prozentige Jobsicherheit, inklusive des Gründers oder CEOs.
5. Positiven Gruppendruck erzeugen, indem wir uns gegenseitig herausfordern.
6. Die eigene Bestleistung übertreffen.
7. Mit dem Geld des Unternehmens so sorgsam umgehen, als wäre es mein eigenes.
8. Eine radikale geistige Offenheit bewahren, aber mich nicht zu leicht überzeugen lassen.
9. Jeder Versuchung widerstehen, Erwartungen und Standards herunterzuschrauben.
10. Eine Umgebung erschaffen, in der unser Team finanziell und beruflich bestens versorgt ist.

Ich wiederhole diese Werte und Prinzipien so häufig, weil ich weiß, dass sie irgendwann hängenbleiben. Eine Botschaft nur einmal zu hören, genügt nicht. Mit Wiederholung prägt sie sich ein. Was glauben Sie, wie oft Papa John's den Slogan »Bessere Zutaten, bessere Pizza« wiederholt hat? Visuelle Hilfsmittel helfen ebenfalls. Im Foyer meines Hauses gibt es ein großes Gemälde mit diesen Worten: Führe, Respektiere, Verbessere, Liebe.

Bevor ich Ihnen erzähle, was ich tat, um diese Liste von Prinzipien zu erstellen und die Vision des Unternehmens zu formulieren, müssen Sie wissen, dass Sie in Ihrem eigenen Unternehmen auch mit einem kleinen Budget Erstaunliches bewirken können. Mich als »Doc Brown« zu verkleiden, als ich mit meinem Unternehmen noch am Anfang war, kostete mich fast gar nichts und war dennoch extrem wirkungsvoll. Als mein Finanzdienstleistungsunternehmen 2020 sehr viel mehr Ressourcen hatte, beschloss ich, dieses Geld auf unvergessliche Weise in die Stärkung unserer Vision zu investieren.

Der ganze Event war eine Überraschung. Ich sagte dem Team, dass wir ein Meeting in Atlanta hatten. Dort stiegen wir in ein Privatflugzeug nach Jekyll Island, eine Barriereinsel vor der Küste Georgias, die 1510 von spanischen Seefahrern entdeckt und später von Juan Ponce de León regiert worden war. Eine wunderschöne Insel. Wenn man ankommt, spürt man bereits die Historie, die aus jeder Ritze dringt.

1904 nannte *Munsey's Magazine* den Jekyll Island Club den »reichsten, exklusivsten und unzugänglichsten Club der Welt«. Zu den Mitgliedern gehörten einige der bekanntesten Namen der amerikanischen Wirtschaft: J. P. Morgan, Joseph Pulitzer, William K. Vanderbilt, Marshall Field und William Rockefeller.[61]

Sie beschlossen, in den gleichen Gemeinden zu leben (oder dort Urlaub zu machen) und dort ihre Kinder großzuziehen, die zu künftigen Leadern wurden. Sie erschufen einen Ort, an dem Gleichgesinnte unter sich waren und gemeinsam einen Mastermind bilden konnten. Wir betraten einen historischen Saal im Club-Resort der Insel und es entspann sich eine lange Diskussion. Da es eine Gruppe von nur 28 Leuten war, kam jeder zu Wort. Alle hatten sich das Recht verdient, hier zu sein.

Bei einem solch entscheidenden Event ist jedes Detail wichtig. Alle Männer trugen marineblaue Anzüge mit blauen Hemden, roten Krawatten und dazu passenden Einstecktüchern. Die Frauen trugen lange, klassische, rote Kleider. Wir verfassten eine Erklärung:

ICH. WIR. NIEMALS

ICH: Persönliche Verantwortung

WIR: Gemeinsame Verantwortung

NIEMALS: Unverhandelbare Prinzipien

Wir schrieben unsere kollektive Vision, unsere Werte und Prinzipien auf. Diese schickten wir an einen professionellen Lektor. Wieder wurde dabei an jedes Detail gedacht. Sobald jedes Wort perfekt war, schrieben wir alles auf ein spezielles Pergament.

Diese Zeremonie nahmen wir auf und erstellten ein Privatvideo für alle im Unternehmen. Als wir es verschickten, schrieben wir in die Betreffzeile der E-Mail: »Nachricht aus dem Federal Reserve Room auf Jekyll Island«, und der Titel des Videos lautete: »Die Unterzeichner von PHP Agency«. Das Video löste überwältigende Aufregung und Begeisterung aus.

Ein Wort der Warnung: Sie können nicht einfach jeden aus dem Unternehmen auf einen solchen Event einladen. Diejenigen, die keinen Beitrag leisten und wenig Glaubwürdigkeit besitzen, erhalten auch keine Chance, daran teilzunehmen. Aber für diejenigen, die stets zur Stelle sind und immer alles geben, wird es die Loyalität und den Einsatz steigern, wenn sie gemeinsam mit Ihnen, ihrem Leader, dazu eingeladen werden, die Vision, die Werte und die Prinzipien des Unternehmens gemeinsam zu definieren.

Eine Vision zu haben, ist ansteckend. Jeder um Sie herum wird das spüren. Ich will lieber gar nicht sagen, was mich dieser Event gekostet hat, aber selbst bevor ich noch all die Rechnungen bezahlt hatte, sah ich bereits, wie sehr es sich auszahlte, und das über die reinen Zahlen hinaus. Der Event veränderte unsere gesamte Identität.

Dabei gibt es noch einen anderen Aspekt. Wenn man nicht auf die Prinzipien und Werte achtet, wird man einen Preis dafür bezahlen. Laut den Ergebnissen des Net Positive Employee Barometer, einer Umfrage, bei der mehr als 4000 Arbeitstätige in den Vereinigten Staaten und dem Vereinigten Königreich befragt wurden, war die Mehrheit der Angestellten aktuell unzufrieden mit den Bemühungen der Unternehmen, das gesellschaftliche Wohlergehen zu verbessern oder etwas für die Umwelt zu tun. **Fast die Hälfte dachte über Kündigung nach, wenn die Werte eines Arbeitgebers nicht mit ihren eigenen übereinstimmten**, und ein Drittel der Angestellten hatte bereits einmal aus diesem Grund gekündigt.[62] Diese Zahlen sind unter Vertretern der Gen Z und Millennials sogar noch höher.

Der ehemalige Geschäftsführer von Unilever, Paul Polman, der die Umfrage in Auftrag gegeben hatte, kam zum Schluss: »Eine Ära der bewussten Kündigungen steht vor der Tür.«

Glauben Sie, Menschen kündigen wegen zu viel Geld, Wachstum, Autonomie, Teamwork und Spaß? Ich bezweifle es. Wovon sie wirklich die Nase voll haben, ist eine lausige Unternehmenskultur, sich wie ein Rädchen im Getriebe zu fühlen und für einen Manager zu arbeiten, der nur das Allernötigste leistet. Denken Sie daran – **Angestellte verlassen nicht den Job, sie verlassen den Leader**.

Viele sagen, wir leben in einer Zeit der wankelmütigen Angestellten, die keine Loyalität mehr empfinden. Das ist eine Opfermentalität. Die Gewinnermentalität geht davon aus, dass zu wenige Unternehmen sich auf Werte und Prinzipien konzentrieren, und Sie daher, wenn Sie tatsächlich eine Vision erschaffen, die Angestellte mitreißt, besser Mitarbeiter rekrutieren und im Unternehmen halten können, wenn Sie es richtig anstellen. Ich will Sie dazu ermuntern, einen besonderen Event auf die Beine zu stellen, bei dem Sie und Ihr innerer Kreis Ihre Vision definieren und sicherstellen können, dass diese von Dauer ist. Im Folgenden sieben Richtlinien, wie Sie Ihre eigene erstellen können:

Wie man dafür sorgt, dass sich die eigenen Werte und Prinzipien ausbreiten und von Dauer sind

1. Wählen Sie einen Ort mit Bedeutung, an dem Sie Ihre Werte und Prinzipien erstellen.
2. Bringen Sie alle wichtigen Stakeholder mit.

3. Gestatten Sie jedem, der dabei ist, sich auch einzubringen.
4. Beschränken Sie die Liste der Werte und Prinzipien auf nicht mehr als zwölf.
5. Geben Sie dem Ganzen durch eine Einleitung eine persönliche Note oder durch etwas, das angesichts der Kultur Ihres Teams funktioniert.
6. Erstellen Sie ein wirkungsvolles visuelles Element.
7. Präsentieren Sie dieses Element nach dem Event an geeigneten Stellen.

Sie müssen Ihre Vision überzeugend präsentieren

Bisher haben wir nur über den inneren Teil Ihrer Welt geredet: Sie, Ihr Team, Ihre Familie. Jetzt wenden wir uns dem äußeren Teil zu. Ja, wir werden auch darüber reden, wie man eine Finanzierung durchführt, aber wir fangen auf einer breiteren Basis an. Was, wenn Sie versuchen, jemanden zu rekrutieren? Was, wenn Sie eine Beziehung mit einem Zulieferer aufbauen wollen? Wenn Sie Wohnungsbauunternehmer sind und einen Subunternehmer suchen, der Teppiche verlegt, werden Sie bessere Kreditbedingungen haben wollen. Sie sollten auch ganz oben auf der Liste der Leute stehen, mit denen andere Geschäfte machen wollen. Um das zu erreichen, sollten Sie besser eine überzeugende Vision haben und einen Plan, der Ihre Professionalität unter Beweis stellt. Das Best-Case-Szenario ist, wenn Menschen gerne mit Ihnen zusammenarbeiten. Das Worst-Case-Szenario besteht darin, dass Sie in anderen erst genug Vertrauen hervorrufen müssen, damit diese wissen, sie können Ihnen vertrauen.

Heutzutage ist es nicht genug, nur sehr gut in dem zu sein, was man tut. Sie müssen auch Experte darin sein, das zu *präsentieren*, was Sie tun. Sicher, James Cameron macht wunderbare Filme. Aber um die Studios dazu zu bringen, Hunderte Millionen Dollar zu investieren, bevor er überhaupt mit einem Projekt beginnen kann, muss er seine Vision für einen Film präsentieren. Wenn er diesen Pitch nicht hinbekommt, wird er nicht einmal aus den Startlöchern kommen.

Ob Sie versuchen, am ersten Tag Startkapital zu erhalten, oder versuchen, nach zehn Jahren weiteres Kapital für eine Erweiterung der Firma zu bekommen –

Sie müssen dabei der richtigen Methode folgen. Es ist immer der gleiche Prozess, wenn es an der Zeit ist, um:

- Personal zu rekrutieren,
- frühe Geschäftspartnerschaften einzugehen (Zulieferer, Partner und so weiter),
- einen Kredit von einer kommerziellen Bank zu erhalten
- oder Kapital von Investoren einzusammeln.

Egal mit wem Sie reden, Ihre Vision muss überzeugend sein. Der Autor Simon Sinek sagt: »Man kauft Ihnen nicht ab, was Sie tun. Man kauft Ihnen ab, *wieso* Sie es tun.«[63] Ich will, dass Sie das im Hinterkopf behalten, denn auch, wenn dieser Baustein zu den logischen gehört, sind es der Glaube und die Emotionen, die aus der Vision entstehen, die den Treibstoff liefern und die Menschen überzeugen. Sie können den großartigsten Businessplan der Welt haben und die detailliertesten Finanzprojektionen, aber wenn das die Menschen nicht begeistert, werden Sie deren Aufmerksamkeit verlieren, noch lange bevor diese Ihren Plan sehen.

Legen Sie Ihre »Warum« fest

Wie Sinek betont, müssen Sie das *Warum* hinter Ihrem Produkt oder Ihrer Dienstleistung verstehen. Was Sie tun und wer Sie sind, ist das eine. *Warum* Sie besser sind, ist etwas anderes.

Dabei kommt alles aufs Timing an. Sie haben besser eine Antwort auf die Frage: *Warum jetzt?* Und seien Sie darauf vorbereitet, diese auch mit Daten untermauern zu können. So hätte man beispielsweise keinen Pitch für Uber oder Lyft durchführen können, wenn GPS und die Technologie für Mobiltelefone noch nicht so weit gewesen wären, das Netzwerk zu unterstützen. Sie hätten auch keinen unvoreingenommenen Nachrichtendienst pitchen können, bis Voreingenommenheit und polarisierende Meinungen die Medien zu dominieren begannen. Tatsächlich erwuchs ein Großteil meiner Vision für Valuetainment aus der Tatsache, dass die Medien einseitig waren, eine Agenda hatten und anstelle einer objektiven Debatte die Empörung befeuerten.

Hier sind die »Warum«-Fragen, die Sie beantworten müssen, bevor Sie einen Pitch für Ihr Unternehmen vorbringen können:

Warum-Fragen

1. Warum ist es anders?
2. Warum wird es heute gebraucht?
3. Warum wurde es bisher nicht erfunden?
4. Warum ist es schwer, Ihre Idee zu kopieren?
5. Warum sind Sie die richtige Person, um es aufzubauen?
6. Warum wird es jemand kaufen?
7. Warum wird es die projizierten Umsatzzahlen erreichen? (Wie groß ist der Markt? Wie viele dieser Leute werden es kaufen?)

Weniger ist mehr, wenn Sie wollen, dass man es »sieht«

Organisieren Sie Ihre Gedanken und seien Sie prägnant. Wenn man eine Finanzierung erhalten will, ist der Plan für die Investoren so etwas wie ein Lebenslauf. Er muss knapp gefasst sein und auf eine Seite passen. Seien Sie nicht weitschweifig und verwenden Sie aktive Verben, heben Sie Ihre Leistungen hervor und seien Sie spezifisch.

Es ist erstaunlich, dass viele sich bei einem Lebenslauf kurzfassen und dann unglaublich langatmig ihren Businessplan präsentieren. Wenn sie könnten, würden viele Entrepreneure wohl sogar ein tragbares Whiteboard in ein Meeting mitbringen! Und wie sie es lieben, andere mit Akronymen und Fachbegriffen zu beeindrucken. Sie glauben, das Ziel wäre, clever zu klingen, wenn das Ziel in Wahrheit darin besteht, *verstanden* zu werden.

Sie sollten auch Formulierungen verwenden, wie: »Malen Sie sich Folgendes aus«, und: »Stellen Sie sich vor, dass eines Tages …« Um anderen eine Vision zu präsentieren, müssen Sie die Sinne der Menschen ansprechen, besonders den visuellen. Sie müssen ihnen etwas zu *sehen* und zu *fühlen* geben.

Die beste Art, das zu tun, besteht darin, Schlüsselfragen zu beantworten, indem Sie klare und prägnante Sprache verwenden.

- Der Grund, dass wir erfolgreich waren, ist …
- Was die Kunden an uns am meisten lieben, ist …
- Unsere Situation ist einzigartig, weil …
- Wir wachsen schnell, weil …

So habe ich diese Fragen beantwortet, als ich mein Finanzdienstleistungsunternehmen gründete.

Deswegen waren wir erfolgreich:
Die Demografie und das Marketing haben sich verändert, aber die Industrie tat es nicht. Der durchschnittliche Versicherungsmakler ist ein 57 Jahre alter weißer Mann, der nicht mit Technologie umgehen kann. Unser durchschnittlicher Versicherungsmakler ist eine 34-jährige Latina, die mit sozialen Medien aufgewachsen ist.

Das lieben die Kunden an uns am meisten:
Sie sehen sich selbst in uns und wir sprechen ihre Bedürfnisse an. Wir haben unser System verfeinert, sodass es weniger Papierkram für den Kunden gibt und der Prozess einfach ist.

Deshalb ist unsere Situation einzigartig:
Wir haben unser Produkt auf Lebensversicherungen beschränkt, damit wir effektiver rekrutieren können und die Zeit und Ausgaben reduzieren, um mehr zu verdienen. Unsere Kundenakquise kostet sehr viel weniger, aufgrund dessen, wie wir die sozialen Medien einsetzen.

> ***Aus diesem Grund wachsen wir schnell:***
> *Unsere Kultur findet Anklang bei jungen, ehrgeizigen Menschen und wir bieten einen Pfad zur finanziellen Freiheit, der erreichbar ist und dupliziert werden kann.*

Beantworten Sie diese Fragen und studieren Sie die Antworten ein, bis Sie Ihnen von der Zunge rollen. Je schneller und deutlicher Sie Ihre Vision ausdrücken können, desto mehr werden Sie die Aufmerksamkeit der Menschen fesseln. Und da ich Sie bereits darauf vorbereitet habe, sich kurzfassen zu können, sehen wir uns einmal den Elevator Pitch an.

Die drei Elemente eines Investoren-Pitches

Die richtige Story mit den richtigen Beispielen versehen, löst bei anderen Begeisterung aus. Es gibt drei Elemente, die Sie aus dem Effeff beherrschen können müssen.

1. Einen eindeutigen und kurz gefassten Elevator Pitch (DER HOOK, der Aufmerksamkeit erregt.)
2. Das 15-Slide Deck (DIE STORY, die mit Logik und Klarheit präsentiert wird.)
3. Ein fesselndes verbales Narrativ (DIE EMOTION, die Ihre Story von anderen unterscheidet.)

Ihr Elevator Pitch – der Hook

Es gibt ein tolles Buch über das Drehbuchschreiben vom mittlerweile verstorbenen Blake Snyder mit dem Titel *Rettet die Katze*. Sein Rat für einen Filmslogan ist ähnlich wie für Ihren Business-Pitch, abgesehen davon, dass er noch etwas kürzer sein sollte. Stellen Sie sich vor, Sie sind mit Freunden oder Ihrem Partner zusammen und wollen entscheiden, welchen Film Sie sehen sollen. In weniger als sieben Sekunden sollte die Beschreibung Ihnen sagen, worum es geht und Sie für den Film interessieren, sodass Sie diesen sehen wollen. Tatsächlich ist der wichtigste Grund dafür, keine Eintrittskarte zu kaufen, dass Sie nichts über den Film wissen. Wenn die Beschreibung Worte verwendet wie »ähnlich«, »in der Art« oder »gleicht«, ist das bereits zu vieldeutig. *Ein Gerichtsthriller basierend auf einem Roman von John Grisham mit Shia LaBeouf und Emma Stone.* Das sollte genügen. Ehrlich – sagen Sie kein weiteres Wort.

Wieso glauben Sie dann, dass jemand 20 Minuten oder sogar nur zwei Minuten Zeit hat, sich Ihren Business-Pitch anzuhören? Das ist eben nicht der Fall, deswegen müssen Sie die Zuhörer schnell an den Haken bekommen.

Wieso ist ein guter Elevator Pitch für jedes Unternehmen wichtig?

- Er zwingt Sie, sich zu fokussieren.
- Er zeigt den Zuhörern schnell, wer Sie im Kern sind.
- Er verlangt nach einer Antwort.

Was sollte enthalten sein?

- Das Problem
- Die Lösung
- Der Kern, der Sie von anderen unterscheidet
- Einige Statistiken (Zahlen)

Vier Regeln für den Elevator Pitch für Ihr Unternehmen

1. Verständlich. Jeder Investor, Partner oder Kunde sollte in der Lage sein, Ihren Pitch einfach zu verstehen – kein technisches Fachchinesisch! Ihre Zuhörer sollten nicht zu scharf nachdenken müssen, um den Pitch zu verstehen.
   - Jemand, der nicht in Ihrer Branche arbeitet, sollte in der Lage sein, dem Pitch zu folgen. Keine Buzz-Wörter, Abkürzungen oder branchenspezifische Fachbegriffe. Heben Sie sich das für interne Meetings auf.
2. Quantifiziert. Zahlen gewinnen – bewerten Sie den Markt, nennen Sie Ihre Verkäufe et cetera. Nennen Sie nicht nur ein Konzept, nennen Sie Belege.

3. Prägnant. Der Pitch muss in 30 Sekunden flüssig herübergebracht werden.
4. Überzeugend. Die ersten drei Punkte müssen aussagen, wer Sie sind, was Sie tun und wieso Sie gewinnen werden, und zwar auf eine Weise, die:
   - für den Zuhörer EINFACH zu verstehen ist!
   - für den Zuhörer SCHWER zu ignorieren ist!

Eine weitere Empfehlung von Snyder, die ich hier wiedergeben will, lautet, dass man ständig seinen Pitch an anderen ausprobieren sollte – an Menschen, die Sie kennen, und solchen, die Sie nicht kennen. Sie stehen bei Starbucks in der Schlange? Perfekt! Sie machen gerade eine Pause im Fitnessstudio? Noch besser. Sie stehen schwitzend in einer langen Schlange, weil Sie mit der Achterbahn fahren wollen? Sorgen Sie dafür, dass die Zeit nicht verschwendet ist!

Wenn ich das den Leuten sage, erhalte ich zwei Einwände. Der erste ist lächerlich und der zweite trifft selten zu. Der erste Einwand ist, dass der durchschnittliche Mitbürger nicht schlau genug sei, um ihren Pitch zu verstehen. Sie selbst sind solche Genies, dass nur andere brillante Geister und die Chefs von Venture-Kapitalunternehmen oder Private-Equity-Firmen ihn verstehen können. Das ist, als würde James Cameron glauben, dass jeder potenzielle Kinogänger einen Doktortitel im Regieführen braucht, um seine Filme zu verstehen. In Wahrheit trifft das Gegenteil zu. Wie oben gesagt, sollte nahezu jeder in der Lage sein, Ihren Elevator Pitch zu verstehen.

Der zweite Einwand lautete, dass die eigenen Ideen gestohlen werden könnten. Dieser Einwand ist selten begründet. Ihre Idee ist vermutlich nicht unbedingt revolutionär. Bessere Zutaten, bessere Pizza sind keine Dinge, die man mit einem Copyright versehen müsste. Es sind das Team und die Umsetzung, die dafür sorgen, dass es profitabel wird. Wenn ich höre, wie jemand nur zögerlich seinen Pitch anderen mitteilt, besteht das Problem normalerweise darin, dass er sich hinter der Angst vor Zurückweisung versteckt. Letztlich läuft es darauf hinaus: Wenn Sie Angestellte, Geschäftspartner und Investoren anziehen wollen, müssen Sie Ihre Vision anderen mitteilen. Wenn sie sich so einfach kopieren lässt, sollte Ihnen das vielleicht etwas sagen.

Der erste Schritt, um Ihren Elevator Pitch zu erstellen, besteht darin, die Leerstellen auszufüllen:

Mein Elevator Pitch:

Das Problem: Was wir als problematisch sehen/Was auf dem Markt fehlt/ Was die Leute frustriert, ist:

____

Die Lösung: Unser Unternehmen löst dieses Problem, indem es:

____

Der Kern dessen, was Sie von anderen unterscheidet: Was uns einzigartig macht und es uns ermöglicht, zu gewinnen, ist:

____

Einige Statistiken (Zahlen): Wir machen unseren Gewinn, indem:

____

Eine Fallstudie: Airbnb

Eine kleine Geschichte über Airbnb, bevor es zu einem echten Start-up wurde. (Das ist übrigens keine Abschrift, sondern wurde von Ellsworth rekreiert, der mir geholfen hat, diesen Content zu erstellen, bei dem es sich darum dreht, Kapital aufzubringen. Ich würde mich in diesem Bereich jederzeit wieder an ihn wenden.)

> *Die meisten Touristen, die online buchen, behalten den Preis im Auge – und Hotels sind der größte Preisfaktor, wenn man reist. (Das Problem.) Anderer-*

seits haben Plattformen wie CouchSurfing bewiesen, dass über eine halbe Million Menschen bereit sind, ihre Couch oder ein Gästezimmer zu vermieten. (Einige Zahlen, um die Größe des Markts darzustellen.)
Wir haben eine Plattform geschaffen, die Reisende mit Einheimischen verbindet und ihnen ermöglicht, Zimmer oder sogar ganze Häuser zu mieten. Reisende sparen Geld und die Einheimischen können mit ihren leeren Zimmern Geld verdienen. (Lösung.) Anders als Craigslist, das voller Betrüger ist, bieten wir die Plattform, eine Versicherung und ein einfaches Buchungssystem. Dann nehmen wir 10 Prozent Kommission. (Kernunterschied.) Wenn wir bei jährlichen Einnahmen durch Hotelzimmerbuchungen von 122 Milliarden Dollar im Jahr 2007 nur 5 Prozent abschöpfen, führt es zu 6,1 Milliarden Dollar jährlichen Einnahmen. (Zahlen, Umsatzprojektion.)
Wie hört sich das an?
Wären Sie daran interessiert, den Rest der Story zu hören? Ich kann sie Ihnen in weniger als einer halben Stunde in Ihrem Büro erzählen.

Das Pitch Deck – Übersicht

Der nächste Schritt besteht darin, eine kurz zusammengefasste Präsentation mit 15 Slides zu erstellen und einem überzeugenden verbalen Narrativ, das mit ansteckenden Emotionen versehen wird. Das Pitch Deck enthält drei Sektionen, die alle derart gestaltet sind, dass sie dem Gedankenverlauf im typischen Verstand des Investors folgen:

Teil 1: Problem, Lösung und Timing

- Das Problem:
  - Wo liegt der Schmerzpunkt des Kunden?
  - Wie umgeht oder löst er diesen im Moment?
- Ihre Lösung (Produkt/Dienstleistung und die Magie, die sie zu etwas Besonderen macht):

  - Wie werden Sie einen Wert liefern, der ein Problem löst oder die Bedürfnisse der Kunden anspricht und ihr Leben verbessert?
  - Wie sieht der Nutzungsfall aus?
- Ihr Geschäftsmodell:
  - Wie werden Sie bezahlt?
- Wieso sollte man das JETZT tun?
  - Was bringt Sie dazu, das genau jetzt aufzubauen?
  - Sind die Kunden dafür bereit?
  - Welche Geschichte hat uns dahin gebracht, dass genau *jetzt* der richtige Moment ist?

Teil 2: Markt, Konkurrenz und Timeline

- Der Markt, den Sie bedienen
- Die Konkurrenz: Wer ist es? Behaupten Sie nie, Sie hätten keine Konkurrenz. Der Konsument hatte bisher schon eine andere Abhilfe für sein Problem. Bevor es Reddit gab, gab es CompuServe und Chatrooms von AOL. Und davor gab es den Marktplatz im Herzen einer Stadt.
- Die Timeline: Wie lange machen Sie das schon? Welche wichtigen Meilensteine haben Sie bisher erreicht?

Teil 3: Team, Finanzen und die entscheidende Frage

- Team: Woher stammt Ihre Erfahrung? Sie sollten besser in der Lage sein, Ihren Lebenslauf zu erklären. Sie müssen beweisen, dass Sie etwas umsetzen können.
- Finanzen: die bisherigen Ergebnisse und die Vorhersagen für die Zukunft. Sie müssen Resultate vorweisen können und eine praktische Einschätzung.
- Die entscheidende Frage! Wie viel brauchen Sie? Sind Eigenkapital oder Schulden vorhanden? Für welchen Zeitraum brauchen Sie Geld?

Der narrative Teil des Decks – die Emotion

Einer der größten Vorteile der Informations- und Influencerökonomie besteht darin, dass es so viele Experten gibt, die ihren Rat anbieten. Sie erzählen Ihnen, dass man ihrer Formel folgen soll, und geben Ihnen vielleicht sogar eine Vorlage für einen Pitch für Ihr Unternehmen (schuldig im Sinne der Anklage). Ich werde Ihnen jedoch keinesfalls sagen, dass Sie es genauso machen müssen wie ich. Versuchen Sie nicht, so wie ich zu sein oder wie Steve Jobs oder Elizabeth Holmes. (Besonders nicht Elizabeth Holmes – außer Sie wollen gerne ins Gefängnis.)

Tatsächlich lautet Regel Nummer eins bei einem Pitch, *man selbst zu sein.* Bleiben Sie Ihrer Persönlichkeit treu. Authentizität gewinnt. Wenn Sie ein Nerd sind, der gerne über Zahlen redet, reden Sie über Zahlen. Wenn Sie Ingenieur sind, zeigen Sie Ihre Begeisterung für die Technologie. Wenn Sie ein Footballtrainer sind, bringen Sie ein Clipboard mit, halten Sie Ihre beste Motivationsrede und verteilen Sie ein paar Klapse auf Hinterteile. Okay, so weit sollten Sie vielleicht besser nicht gehen.

Seien Sie einfach Sie selbst. Sie sollten eine Balance finden zwischen Entspanntheit und Selbstvertrauen, während Sie auch eine gewisse Dringlichkeit in Ihren Tonfall legen. Nichts sollte Ihre Begeisterung mehr entfachen, als über Ihre Vision zu reden. Wenn Sie das nicht begeistert, wird es auch niemand anderen begeistern. Begeistert zu sein, bedeutet nicht, aufgeregt mit den Armen zu wedeln und mit lauter Stimme zu sprechen. Sie müssen einfach nur »Das begeistert mich, weil …« sagen und dann eine ehrliche Story erzählen, die Sie begeistert. Das Publikum wird Ihre Ernsthaftigkeit spüren.

Sie sollten ein Statement für jedes Slide haben, ähnlich wie eine Überschrift. Wie bei einer Keynote oder einer Präsentation sollten Sie niemals die Slides einfach vorlesen. Stattdessen sollten Sie jedes Thema Ihrer Slides mit einem Kommentar untermalen.

Team, Finanzen und die entscheidende Frage

Was ist mein Unternehmen wert und wie soll ich es bewerten? Das ist eine der häufigsten Fragen, die mir Leute stellen. Um das zu erfahren, brauchen Sie sich nur die Sendung *Die Höhle der Löwen* anzusehen. Der Wert hängt von einer einzigen Sache ab und das sind nicht Ihre Zahlen.

Es hängt davon ab, wie viele Menschen Sie dazu bringen können, an Ihre Vision zu glauben. Was sind Gewinnprojektionen? Es ist ein *Ratespiel* über eine unsichere Zukunft. Wie Sie Ihre Story erzählen, wird bestimmen, ob andere Ihnen abnehmen, dass Sie richtig raten. (Schätzungen und Projektionen sind einfach nur Worte, die besser klingen, als »raten«.) Jetzt wird es vielleicht einleuchtender, wieso Visionäre diejenigen sind, die andere dazu bringen, eine Zukunft zu sehen, die bislang nicht existiert. Die besten Visionäre können andere dazu bringen, Schecks über Hunderte Millionen Dollar auszustellen, nur basierend auf einem Szenario, das darauf beruht, sich »vorzustellen, was eines Tages sein könnte«.

Ich werde hier nicht auf die Details eingehen, wie man ein Unternehmen bewertet. Während Sie für das nächste Jahr planen – und die nächsten 20 Jahre –, müssen Sie herausfinden, wie viel Kapital Sie brauchen und wie Sie es erhalten. Wir haben schon darüber gesprochen, dass Sie Ihr EBITDA kennen müssen, aber besonders bei neuen Unternehmen gibt es keine nennenswerten Gewinne. Erneut läuft es darauf hinaus, dass Sie Ihre Vision verkaufen können müssen. Bevor Sie die entscheidende Frage stellen, finden Sie Folgendes heraus:

1. Wie viel brauchen Sie?
2. Wie wollen Sie finanzieren, gibt es Eigenkapital oder Schulden?
3. Wie lange soll das Geld reichen?
4. Wofür wird es verwendet?

Wenn Sie den Investoren sagen, dass das Geld für ein schickes Büro gebraucht wird, bevor Sie überhaupt irgendwelche Kunden haben, werden Sie damit vermutlich nicht durchkommen. Wenn Sie Ihnen sagen, dass es dafür gedacht ist, dass Sie ein moderates Gehalt haben, weil Sie Ihren aktuellen Job aufgeben müssen, dann kommt es auf die Präsentation an und was Sie bisher erreicht haben, um diese Idee zu verkaufen. Am einfachsten können Sie Ihre Idee an den Mann bringen, wenn Sie bereits Bestellungen haben und Kapital brauchen, um diese Bestellungen zu erfüllen.

In Alex Banks Twitter-Post über Storytelling-Tipps, den wir uns in Kapitel 4 angesehen haben, sagte er: »Pitche nicht, nur um Geld zu erhalten. Pitche, weil du noch nie so begeistert darüber warst, was du erreichen kannst. Musk zeigt, dass Tesla das nicht alleine tun kann. Ein Investment zu erhalten, ist ein Nebenprodukt davon, dass dir jemand deine langfristige Vision abkauft.«[64]

Noch lange vor der entscheidenden Frage müssen Sie Ihr Team »verkaufen« und beschreiben, wie erfolgreich es war, und das dergestalt, dass man Ihnen auch die Umsetzung zutraut.

IHRE BAUSTEINE

VISION

Aktionen:

1. Kennen Sie den Kern Ihrer Vision und das, was unverhandelbar ist und Sie stur macht.
2. Verkünden Sie Ihre Vision und haken Sie alle drei Punkte ab:
    a. Beschreiben Sie, was Sie kreieren wollen. Das ist die Verbindung zwischen Ihrer Vorstellungskraft und der künftigen Realität, in der Sie den Status quo verändern.
    b. Der Einfluss auf die Kunden oder die Welt.
    c. Eindeutige Prioritäten, die all Ihre Entscheidungen untermauern und Ihnen eine Richtung bieten.
3. Stellen Sie sich vor, dass Sie 90 Jahre alt sind und wie Ihr Leben in diesem Alter aussehen würde, wenn es von Bedauern geprägt wäre, um sich klarzumachen, was Sie vermeiden müssen.
4. Organisieren Sie einen monumentalen Event, um die Vision, Werte und Prinzipien Ihres Unternehmens zu kreieren.

KAPITAL

Aktionen:

1. Bestimmen Sie, was Sie von anderen unterscheidet: Seien Sie in der Lage, all die »Warum«-Fragen zu beantworten und zu erklären, was Ihren Differenzierungsvorteil ausmacht.
2. Erstellen Sie einen durchdachten, knapp gefassten Elevator Pitch: Seien Sie immer bereit für einen Pitch (in der Notaufnahme, in der Schlange bei Starbucks oder während Sie auf die Feuerwehr warten).
3. Ein prägnantes Pitch Deck: Jedes Slide (und jedes Wort) sollte einen eindeutigen Zweck haben.
4. Ein fesselndes Narrativ: Lernen Sie, Emotionen hervorzurufen, indem Sie ganz Sie selbst sind und gleichzeitig eine auf Logik basierende Präsentation halten.
5. Respektieren Sie Ihr Publikum. Sie müssen sich immer in die Lage anderer versetzen:
    a. Wieso sollten andere Interesse haben?
    b. Respektieren Sie ihre Zeit.
    c. Sperren Sie Augen und Ohren auf.

TEIL 3

Ihren Plan zum Leben erwecken

KAPITEL 10

Die Bausteine zusammentragen, um Ihren eigenen Plan zu erstellen

Wir befanden uns auf einer Reise, um herauszufinden, wie man zu den wenigen Unerschrockenen gehört. Sie haben zahllose Geschichten und Beispiele gehört. Das Ziel war, Sie zum Nachdenken über Ihren eigenen Plan anzuregen. Hoffentlich haben Sie sich ein paar Notizen gemacht. Wenn Sie jedoch zu denen gehören, die erst alles in sich aufnehmen, bevor sie etwas niederschreiben, sind Ihre Erinnerungen ja sicher noch frisch.

Jetzt ist es an der Zeit, alles zu einem Plan zusammenzufügen. Auch wenn ich empfehle, dass Sie in jeden Baustein wenigstens etwas eintragen, ist es wichtiger, dass Sie diesen Businessplan ganz an Ihre persönlichen Bedürfnisse anpassen. Manchmal muss man die Regeln lernen, bevor man sie brechen kann. Was Ihren Plan zum Erfolg führen wird, ist, dass er sich wie *Ihrer* anfühlt.

Das Schlüsselwort ist nun »destillieren«. Weniger ist mehr. Schlichtheit gewinnt.

Sie sollten Ihren Businessplan in die kleinstmöglichen Teile zerlegen. Idealerweise sollte er auf drei Seiten passen – ein Deckblatt und dann alle zwölf Bausteine auf den folgenden Seiten. Das ist genug, um das Gehirn damit zu füttern. Sie haben vielleicht noch einige andere Punkte, die zu den Bausteinen dazugehören, wie Ihren Event-Kalender, wofür an anderer Stelle Platz ist. Ich werde Sie durch diesen Prozess führen, indem ich Ihnen zuerst ein paar Fragen stelle. Dann zeige ich Ihnen ein Beispiel. Das wird Ihnen alles geben, was Sie brauchen, um Ihre eigenen Bausteine auszufüllen.

Fragen und Anregungen, um Ihren Businessplan zu vollenden

Das Jahr der/des ______________ (Magie, Skalierens, Wachstums, Klarheit, Engagements – welches einzelne Wort fasst Ihr Jahr am besten zusammen?)

Dieser Plan ist für:

- mich
- mein Team
- Investoren
- alle der oben Genannten

Dieser Plan ist für das __________ (Kalender-/Fiskal-)Jahr und es bildet die Grundlage für einen Lauf von __________ Jahren.

Review des letzten Jahres:

- Das Wichtigste, was ich aus dem letzten Jahr gelernt habe, ist ________ .
- Ich habe zugelassen, dass mein Verstand von ______ beherrscht wurde. Ich werde diese Gedanken durch _________ ersetzen.
- Ich werde __________ völlig eliminieren.
- Ich werde mich nicht von ____________ aufhalten lassen.
- Dieses Jahr wird anders werden, weil __________ .

Wähle deine Feinde weise

Feind	Konkurrenz
• Die Feinde, die bei mir die meisten Emotionen auslösen, sind ______________________. • Der spezifische Feind für dieses Jahr wird für mich ______________________ sein. • Der spezifische Feind für mein Unternehmen wird für dieses Jahr ______________________ sein. • Wenn wir diesen Feind vernichten, werde ich mich ______________________ fühlen. • Wir werden feiern, indem wir ______________________.	• Die wichtigsten direkten Konkurrenten sind ______________________. • Die wichtigsten indirekten Konkurrenten (alternative Lösungen) sind ______________________. • Ich werde ______________________ nicht unterschätzen, denn sie sind eine echte Bedrohung. • Ich werde Nachforschungen über meine Konkurrenz anstellen, indem ich eine Nische in folgenden Märkten finde ______________________

Wille	Können
• Ich werde Erfolg haben, weil ______________________. • Ich muss Erfolg haben, weil ______________________. • Wenn ich meinem Herzen folge, bedeutet das ______________________. • Ich will nie hören, dass man über mich sagt, ich sei ______________________. • Ich will, dass mein Ruf gleichbedeutend ist mit ______________________.	• Die drei Bereiche, auf die ich mich fokussiere, sind ______________________. • Ich werde ______________________ Bücher über diese Themen lesen. • Ich werde ______________________ Konferenzen und Workshops darüber besuchen. • Ich werde ______________________ (Schwächen) verbessern, indem ich ______________________. • Ich werde folgende Schlüsselpositionen (-bereiche) besetzen, um Schwächen auszumerzen: ______________________. • Um die Vorhersagen für das nächste Jahr zu erreichen, muss ich Fertigkeiten in _____ Skill-Sets erwerben. • Ich werde mich der persönlichen und beruflichen Weiterentwicklung in ______________________ widmen.

Mission	Plan

• Der gute Zweck, für den ich kämpfe, lautet ______________.
• Ich korrigiere folgende Ungerechtigkeit: ______________.
• Der Kreuzzug, den ich anführe, hat folgendes Ziel: ______________.
• Mich ärgert vor allem, dass ______________.
• Ich hasse ______________.
• Ich liebe ______________.
• Wenn ich in der Lotterie gewänne, würde ich mein Leben folgender Aufgabe widmen: ______________.
• Meine Mission lautet ______________, weil ______________.
	• Ich habe eine SWOT-Analyse durchgeführt. Listen Sie jeweils eine auf:
	  • Stärke (Strength) = ______________.
	  • Schwäche (Weakness) = ______________.
	  • Chance (Opportunity) = ______________.
	  • Bedrohung (Threat) = ______________.
	• Ich behalte folgende Schlüsselpersonen im Auge: ______________.
	• Ich behalte folgende Schlüsselthemen im Auge: ______________.
	• Mein Krisenplan ist vollständig. Ich bin auf ein Worst-Case-Szenario vorbereitet und habe Krisen wie folgende auf dem Plan: ______________.
	• Mein Kalender für dieses Jahr ist vollständig, und ich freue mich am meisten auf diese drei Termine: ______________..

Träume	Systeme
• Ich begeistere mich vor allem für diesen Traum: ______________. • Meine Liste mit fünf bis sieben »Stelle dir vor, dass du eines Tages ______________«-Aussagen und/oder meine Aufgabenliste beinhaltet: ______________. • Seien Sie spezifisch und setzen Sie Deadlines und Belohnungen für Ihre Träume. • Ich habe meine Träume visualisiert, indem ich ______________. • Ich verkünde meinen Traum als künftige Wahrheit und werde in der Gegenwart leben, als wäre er bereits eine Realität.	• Ich automatisiere mein Leben und mein Business, indem ich ______________, was es mir erlaubt, Zeit zurückzukaufen und mich selbst zu vervielfältigen. • Die drei wichtigsten Formeln in meinem Unternehmen lauten: ______________. • Meine drei spezifischen Strategien, um in diesem Jahr verlässlich Umsätze zu generieren, lauten: ______________. • Ich habe Systeme erstellt, die Daten sammeln, analysieren und implementieren. Diese sind ______________.

Kultur	Team
• Unsere Unternehmenskultur wird definiert durch ______________________. • Um diese Kultur aktiv zu kreieren, habe ich ______________________. • Ich »verkaufe« diese Kultur den Kunden, Angestellten und Geschäftspartnern, indem ich ______________________. • Die Rituale und Traditionen, die mit unserer Kultur auf einer Linie liegen, sind ______________________. • Unser »Leistungspaket« lässt sich am besten beschreiben als ______________________.	• Ich habe die Schlüsselpersonen in meinem Team auf einer Skala von 0 bis 60 mithilfe der Bewertungstabelle für Mitarbeiter bewertet. Meine vertrauenswürdigsten Mitarbeiter sind: ______________________. • Ich sorge dafür, dass Menschen Verantwortung übernehmen, indem ich ______________________. • Ich werde _____ Rockstars für die Rollen in ______________________ finden und ihnen mit Vergnügen mehr bezahlen als marktüblich.

Vision	Kapital
• Der Einfluss, den ich auf meine Kunden und/oder die Welt ausüben werde, ist ______________________. • Meine Schlüsselprinzipien und Werte sind . • Nicht verhandelbar ist für mich ______________________. • Ich werde einen monumentalen Event veranstalten, um die Visionen, Werte und Prinzipien meines Unternehmens zu kreieren, und zwar am ______________ (Datum), in ______________ (Location).	• Was mich persönlich von anderen abhebt, ist ______________________. • Was mich geschäftlich von anderen abhebt, ist ______________________. • Mein Elevator Pitch lautet: ______________________. • Ich habe ein ausgefeiltes Pitch-Deck mit einer fesselnden, narrativen Präsentation. Dieses nutze ich, wenn ich Talente rekrutiere, Partnerschaften mit Zulieferern und Verkäufern aufbaue und Finanzierungen anstrebe.

Fragen und Stichworte für Ihren Businessplan

Beispiel für Solounternehmer

Dieser Businessplan ist von einem Solounternehmer geschrieben. Sie werden feststellen, dass dieser Businessplan sowohl sein Privat- als auch sein Berufsleben betrifft. Ich will Sie dazu ermutigen, die beiden zu vermischen oder sogar einen speziellen Plan für Ihr Privatleben zu erstellen, sollten Sie einen solchen benötigen. Jeder Businessplan ist anders. Das Wichtigste dabei ist, dass er völlig auf Sie zugeschnitten ist.

DAS MAGISCHE JAHR

Dieser Plan ist für:
- Mich
- All die Menschen, mit denen ich arbeite, mein »Team«

Dieser Plan ist für 2024 und bildet die Grundlage für eine zehnjährige Laufzeit.

Review des letzten Jahres:
- Die wichtigsten Lehren des letzten Jahres: Fokus ist der Schlüssel, Disziplin sorgt für Freiheit.
- Ich habe zugelassen, dass mich Projekte, hinter denen ich nicht mit Leidenschaft stand, zu sehr geistig in Anspruch nahmen. Ich werde diese Gedanken durch Projekte ersetzen, die bei mir Begeisterung auslösen und positive Auswirkungen auf andere haben.
- Ich werde mich nicht von Angst aufhalten lassen.
- Dieses Jahr wird anders werden, da ich mit vollem Einsatz bei der Sache bin. Ich weiß, wie schlecht ich mich fühle, wenn ich meine Versprechen nicht einhalte und wie wunderbar mein Leben sein wird, wenn ich es tue.

Feind	Konkurrenz
• Die Feinde, die die meisten Emotionen auslösen, sind diejenigen, die in der gleichen Branche tätig sind und mich schlagen, weil sie geschickter vorgehen. • Der spezifische Feind für dieses Jahr ist die Inkonsistenz. • Der spezifische Feind für dieses Jahr im geschäftlichen Bereich sind die Industrievorreiter, die uns letztes Jahr beim Umsatz überholt haben. • Wenn ich diesen Feind besiege, werde ich bei mir zu Hause ein Top-Fitnesscenter einrichten. Ich werde anderen beweisen, dass sie falschliegen, indem ich das Beste aus mir heraushole.	• Die wichtigsten Konkurrenten sind andere Influencer, die dasselbe Problem adressieren. • Indirekte Konkurrenten sind Apps und DIY-Lösungen. • Ich werde den Einfluss der KI nicht unterschätzen und wie dadurch Information zur Ware wird.

Wille	Können
• Ich werde erfolgreich sein, weil ich talentiert und großzügig bin sowie anderen einen Wert liefere. • Ich muss erfolgreich sein, denn die Zeit läuft mir davon. Ich werde nicht jünger. • Auf mein Herz zu hören, hat mir gezeigt, dass ich einen echten Einfluss auf die Welt haben will. • Ich will niemals die Worte »ungenutztes Potenzial« im Zusammenhang mit meiner Person hören. • Ich will, dass mir der Ruf vorauseilt, ein guter Lehrer zu sein, Weisheit zu verbreiten und meine Versprechen zu halten.	• Die drei Bereiche, auf die ich mich konzentriere, sind Fulfillment, Marketing und Beziehungen. • Ich werde acht Bücher über diese Themen lesen. • Ich werde drei Konferenzen und Workshops besuchen. • Ich werde mich nicht in Kleinigkeiten verlieren, sondern kühn handeln. • Ich werde eine entscheidende Rekrutierung vornehmen und eine Marketingfirma engagieren, die meine Schwäche im Outreach beheben soll. • Um die Vorhersagen für das nächste Jahr zu erfüllen, muss ich meine Fertigkeiten im Umgang mit der KI, beim Schreiben und im Marketing verbessern. • Ich nehme mir vor, mich persönlich und beruflich in den Bereichen Marketing, KI und Onlinetraining zu verbessern.

Mission	Plan
• Ich kämpfe für den guten Zweck, ein erfülltes Leben zu leben (und anderen zu zeigen, wie sie das Gleiche tun können). • Die Ungerechtigkeit, die ich bekämpfen will, besteht darin, dass Vermarkter erfolgreich Menschen kontrollieren und dazu bringen, schlechte Entscheidungen zu treffen. • Ich führe einen Kreuzzug für persönliche Erfüllung. • Am meisten stört es mich, wenn ich sehe, dass andere unglücklich sind. • Ich hasse es, wenn ich weiß, was ich tun muss und es nicht tue. • Ich liebe es, wenn das Licht im Leben anderer Einzug hält und ich sehe, wie sich ihr Leben verbessert. • Wenn ich in der Lotterie gewänne, würde ich mein Leben der Aufgabe widmen, anderen zu einem erfüllten Leben zu verhelfen. • Meine Mission ist es, andere zu unterrichten und ihnen die Macht über ihr Leben zurückzugeben, denn Menschen sind mir wichtig und ich habe die Erfahrung und die Fähigkeiten, um wirklich etwas zu bewirken.	• Ich habe eine SWOT-Analyse durchgeführt. • Stärke (Strength) = Mich kümmern • Schwäche (Weakness) = Marketing • Chance (Opportunity) = Neues Buch • Bedrohung (Threat) = Disziplin • Die wichtigen Personen, die ich im Auge behalte, sind James Clear, Andrew Huberman und Joe Rogan. • Die wichtigen Themen, die ich beobachte, sind Influencer-Marketing und Trends im Bereich Work-Life-Balance. • Mein Krisenplan steht. Ich bin auf Worst-Case-Szenarios vorbereitet und habe Krisen wie Hyperinflation, Lieferkettenschwierigkeiten und eskulierende Marketingkosten auf dem Schirm. • Mein Kalender für dieses Jahr ist komplett, und ich freue mich am meisten auf diese drei Termine: Buchveröffentlichung, Podcast-Launch und eine Reise nach Italien.

Träume	Systeme
• Die Träume, die mich am meisten begeistern, sind: eine wunderbare Partnerschaft zu haben und das Leben von zig Millionen Menschen zu beeinflussen. • Stell dir vor, eines Tages: Habe ich ein Zuhause, das sich wie das Paradies anfühlt und gleichzeitig Raum für Einkehr bietet; bin ich der Moderator von Saturday Night Live; habe ich eine Talkshow zur Primetime. • Ich habe meinen Traum mithilfe eines Vision Boards visualisiert. • Ich verkünde meinen Traum als künftige Wahrheit und werde in der Gegenwart so leben, als sei er bereits Realität.	• Ich automatisiere mein Leben und mein Unternehmen, indem ich hyperorganisiert bin, zuerst von meinen eigenen Investments profitiere und einen persönlichen Trainer anstelle, der es mir erlaubt, Zeit zurückzukaufen und mich selbst zu duplizieren. • Die drei wichtigsten Formeln in meinem Unternehmen sind, dass ich 1000 Wörter pro Tag schreibe, drei Artikel die Woche poste und drei Stunden pro Woche gemeinnützige Arbeit verrichte. • Meine drei spezifischen Strategien, um dieses Jahr den Umsatz hochzutreiben, bestehen darin, regelmäßig auf meinem Blog zu schreiben, meine Präsenz in den sozialen Medien auszubauen und all meine Deadlines einzuhalten. • Ich habe Systeme eingeführt, um Daten zu sammeln, zu analysieren und zu implementieren. Diese Abläufe werden an eine Marketingfirma outgesourct.

Kultur	Team
• Meine Kultur wird bestimmt von einem ganzheitlichen Ansatz bei meiner Gesundheit und der Vorstellung, dass alles wichtig ist. • Um diese Kultur aktiv zu erschaffen, habe ich einen konsistenten Alltagsablauf und suche ständig nach den »magischen« Momenten. • Ich »verkaufe« das den Kunden, Angestellten und Geschäftspartnern, indem ich es selbst verkörpere. • Die Rituale und Traditionen, die mit meiner Kultur übereinstimmen, beinhalten es, mich gut um mich selbst zu kümmern, Musik zu genießen und Menschen zusammenzubringen. • Unser »Leistungspaket« kann am besten so beschrieben werden: Ihr Leben wird besser, weil ich zur Stelle bin.	• Ich sorge dafür, dass andere Verantwortung übernehmen, indem ich selbst freundlich, direkt und authentisch spreche. • Ich sorge dafür, dass andere sich den Zielen und Standards verschreiben, auf die wir uns gemeinsam geeinigt haben. • Ich finde Rockstars für Aufgaben im Marketing und Editing und werde ihnen bereitwillig mehr als marktüblich bezahlen.

Vision	Kapital
• Der Einfluss, den ich auf meine Kunden und/oder die Welt ausübe, besteht darin, andere dazu zu bringen, Entscheidungen zu fällen, die sie zur persönlichen Erfüllung führen. • Meine Schlüsselprinzipien und Werte sind Freundlichkeit, Dankbarkeit, Liebe und Wertschätzung. • Nicht verhandelbar ist Gewalt, wie auf Eiern zu gehen oder unauthentisch zu sein. • Ich werde am 10. Juli in Sedona einen monumentalen Event veranstalten, um die Vision, die Werte und Prinzipien meines Unternehmens zu kreieren.	• Was mich von anderen unterscheidet, ist, dass ich mich in andere hineinversetzen kann und ihre einzigartigen Erfahrungen berücksichtige. • Meine wichtigsten Unterscheidungsfaktoren im Business sind die kleinen persönlichen Besonderheiten. • Mein Elevator Pitch besteht darin, den Menschen zu zeigen, wie sie bessere Entscheidungen treffen können, um ein erfülltes Leben zu führen. • Ich kann auf den Punkt meine Website und mein Marketingmaterial beschreiben.

Jetzt, wo Sie ein Beispiel vor Augen haben, sollten wir noch einmal einen Blick auf die Strategien werfen, wie man den eigenen Plan am besten angeht.

Strategien für einen effizienten Businessplan

1. Nehmen Sie sich die Zeit, um mit Ihrem Team und Ihrer Familie einen Plan zu erstellen.
2. Machen Sie sich klar, für wen Sie den Plan schreiben (für sich selbst, Ihr Team oder Investoren).
3. Gestalten Sie das emotional, um sich selbst und Ihr Team zu motivieren.
4. Gehen Sie strategisch vor, wenn Sie andere über Ihren Plan informieren – nutzen Sie die richtige Strategie, um ihn zu verbreiten.
5. Bauen Sie Key-Performance-Indicator (KPIs) und Anreize in Ihre Strategie ein und überwachen Sie diese mit größtem Eifer.
6. Gestalten Sie den Plan einfach genug, um ihn sich wöchentlich erneut anzusehen und dabei nicht in den Details steckenzubleiben.
7. Identifizieren Sie die Probleme, bevor sie auftreten, und entwerfen Sie Notfallpläne und Ausweichmöglichkeiten.

8. Betrachten Sie Ihren Plan am Ende jedes Quartals aufs Neue, um Trends zu erkennen und ihn neu auszurichten.

Es ist Ihr Plan

Die Bausteine sind dafür da, um Ihnen eine Richtschnur und Struktur zu geben. Sie sollten besser kurze, wirkungsvollere Aussagen aufschreiben, statt nur leeren Raum zu füllen. Wir alle haben verschiedene Ziele und Agenden. Denken Sie daran, es gibt keine falschen Antworten. Halten Sie es einfach und finden Sie die Balance zwischen großen Träumen und Zielen, die Sie auch erreichen können. Denken Sie auch daran: Wenn Sie vorher überlegen, womit Sie sich belohnen, werden Sie sich in den nötigen emotionalen Zustand versetzen, der erforderlich ist, um Widerstände zu überwinden.

KAPITEL 11

Den Plan umsetzen

Die letzte Bewährungsprobe eines Leaders besteht darin, dass er in anderen Menschen die Überzeugung und den Willen hinterlässt, weiterzumachen.

– Walter Lippmann, amerikanischer Autor, Reporter und politischer Kommentator

Sie haben es geschafft! Nur die wenigen Unerschrockenen schaffen es, die zwölf Bausteine zusammenzusetzen. Sie haben einen Businessplan. Weil Sie bereit waren, zu tun, wozu nur wenige bereit sind, sind Sie dem Aufbau eines Generationen umspannenden Unternehmens einen Schritt nähergekommen.

Im Moment sind Sie vermutlich begeistert. Und Sie sind wahrscheinlich allein. Einen Businessplan zu schreiben, zumindest den ersten Entwurf, ist im Allgemeinen ein Solounterfangen. Ein Unternehmen zu leiten, ist es nicht.

Das sind die guten Nachrichten. Und eine weitere gute Nachricht ist, dass ich Ihnen zeigen werde, wie man all die harte Arbeit bestmöglich einsetzt. Sie haben die richtige Mischung aus Emotion und Logik gefunden, um dieses Jahr zu Ihrem besten überhaupt zu machen, und zwar auch für die Menschen um Sie herum. Jetzt brauchen Sie noch eine Strategie, um den Businessplan bei allen, die es etwas angeht, bekannt zu machen.

Egal wo Sie gerade auf Ihrem unternehmerischen oder persönlichen Weg stehen, es ist notwendig und wertvoll, all die Bausteine durchzugehen. Die nächsten Schritte werden sich für jeden unterscheiden. Nehmen wir an, Sie sind Student und wollen Ihr Studium abbrechen, um ein Unternehmen zu gründen. Die wichtigsten Menschen, die Sie einbeziehen müssen, sind Ihre Eltern, vielleicht einfach nur deswegen, weil sie Ihnen kostenlos ein Dach über dem Kopf und etwas zu essen zukommen lassen. Wenn Sie ein großes Unternehmen leiten, müssen Sie alle – von den Investoren über die Verkäufer bis zu den Teilhabern – einbeziehen. Wenn Sie Verkaufsleiter sind, müssen Sie auf jeden Fall Ihr Team einbeziehen, ebenso wie Ihren Chef – denjenigen, der die Ressourcen zuweist. Zeigen Sie ihm oder ihr einen beeindruckenden Plan und ein großer Teil des Marketingbudgets wird den Weg zu Ihnen finden.

Ihr Ziel ist es, aus den gesamten zwölf Bausteinen, die Sie aufgeschrieben haben, eine Präsentation zu machen. Sie erzählen den Leuten nicht nur von Ihrem Plan, Sie *beteiligen* sie daran. Das Wort habe ich absichtlich gewählt. Für den Plan rekrutieren, klingt zu militaristisch; nur davon erzählen zu langweilig. Beteiligen bedeutet, dass Sie andere dazu einladen, sich quasi einzukaufen. Wenn Sie auf Emotion und Logik achten, müssen Sie nichts mehr verkaufen. Sie müssen nur authentisch anderen diesen Plan mitteilen, und sie werden sich von selbst daran beteiligen.

Die nächsten Schritte, sobald die Bausteine zusammengesetzt sind

HIER DIE NÄCHSTEN NEUN SCHRITTE:

1. Erzählen Sie einer Person Ihres Vertrauens, idealerweise außerhalb des Unternehmens, von Ihrem Plan, um Feedback zu erhalten.
2. Überarbeiten und verfeinern Sie den Plan. Üben Sie ihn ein und tragen Sie ihn laut vor, bis Sie ihn auswendig kennen.
3. Vereinbaren Sie Meetings mit den wichtigsten Stakeholdern. Wählen Sie die Lokalitäten dafür mit Bedacht (außerhalb der Büroräume ist am besten und es ist noch besser, wenn der Ort mit Ihrem Thema für dieses Jahr zusammenhängt).
4. Liefern Sie eine gut eingeübte Präsentation ab, die Logik und Emotion ausbalanciert. Erzählen Sie anderen erst vom *Warum* und zeigen Sie ihnen dann das *Wie*.

5. Legen Sie wichtige Performance-Indikatoren fest sowie kurz- und langfristige Ziele.
6. Vereinbaren Sie Boni, Auszeichnungen und Anreize dafür, Ziele zu erreichen.
7. Erstellen Sie für alle einen Kalender für das gesamte Jahr. Weisen Sie Verantwortungsbereiche zu.
8. Machen Sie den Plan visuell (laminieren Sie ihn, erstellen Sie Poster, T-Shirts et cetera).
9. Überprüfen Sie in regelmäßigen Abständen den Fortschritt und nehmen Sie Kurskorrekturen vor.

Hört sich das nach einer Menge Arbeit an? Natürlich tut es das. Stellen Sie sich vor, Sie verbringen Tage damit, sehr detaillierte Essensrezepte für die nächste Woche aufzuschreiben. Würde die Arbeit damit zu Ende sein? Oder *beginnt* sie nicht eigentlich erst? Ein Rezept zu haben, ist das eine. Man muss immer noch die Zutaten besorgen, das richtige Equipment in der Küche haben und das Essen kochen. Und dann muss man das in der nächsten Woche alles erneut tun.

Oder, um eine andere Metapher zu verwenden: Sie haben an sich selbst gearbeitet, um diesen unbehauenen Granitblock zu erschaffen. Nun müssen Sie ihn in eine Skulptur verwandeln und zum Leben erwecken. Die Umsetzung des Plans kann man nicht einfach improvisieren. Sie brauchen Zeit, um ihn zu verinnerlichen und sicherzustellen, dass *Sie selbst* voll und ganz dahinterstehen, bevor andere ihnen folgen.

Je mehr Gäste, desto lustiger (erfüllter und engagierter)

Bevor wir uns um die Details der Umsetzung Ihres Plans kümmern, will ich Ihnen eine Geschichte erzählen, die mir ein Freund, der an der Yale University studiert hat, berichtete. Im ersten Semester besuchte er ein Managementseminar. Wie an einer Eliteuniversität zu erwarten, sprach die Dozentin so zu den Studenten, als würden sie alle eines Tages hochrangige Manager werden. Sie fragte, was ihnen zu Beginn ihrer Karriere an einem Arbeitgeber am wichtigsten wäre. Ganz oben auf der Liste standen Autonomie, Aufstiegschancen und Wachstum. Dann fragte sie, was dem durchschnittlichen Arbeitnehmer wichtig war. An der Spitze der Liste standen Bezahlung, betriebliche Leistungen und Annehmlichkeiten wie Urlaubstage.

Laut meines Freundes hat die Yale-Professorin es verstanden, die Studenten zum Nachdenken anzuregen. »Wieso glauben Sie, dass *Ihnen* etwa anderes wichtig ist als anderen?«, fragte sie. Sie erwähnte Statistiken, die besagten, dass den Angestellten in einem Unternehmen auf allen Ebenen dieselben Dinge wichtig sind. Was sie nicht sagte, aber andeutete, ist, dass diese 18-Jährigen, die sich für die Elite hielten, völlig falsch einschätzten, was *allen* Menschen wichtig ist. Mein Freund ist vielleicht ahnungslos in diesen Seminarraum gegangen, aber er kam mit der wichtigen Lektion wieder heraus, dass die meisten Menschen im Allgemeinen dasselbe wollen.

Das erwähne ich, weil Sie sich vielleicht fragen, ob jeder in Ihrem Unternehmen seinen eigenen Plan erstellen sollte. Die Antwort ist, dass jeder die *Gelegenheit* dazu haben sollte. Wollen Sie nicht Teil eines Unternehmens sein oder es idealerweise sogar anführen, in dem jeder sich die Zeit nimmt, den eigenen Erfolg zu planen und sich klar darüber zu werden, was er oder sie im Leben will? Ich tue das auf jeden Fall, und ich kann Ihnen sagen, je mehr Mitarbeiter einen Businessplan erstellen, desto besser für das Unternehmen. Ich schreibe dieses Buch, damit jeder über die Formel verfügt, um einen Businessplan zu schreiben.

Denken Sie daran, dass die meisten Menschen über keine Vision verfügen und sich eine unmittelbare Belohnung nicht versagen. Es ist kein Zufall, dass beides Hand in Hand geht. Zeigen Sie den Leuten, *wie* man eine Vision erschafft, und sie werden über mehr Disziplin verfügen. Ist das effektiv für einen Hausmeister oder eine Rezeptionistin? Stellen Sie die Frage anders: Für wen wäre es ineffektiv?

Können Sie sich vorstellen, Ihre Rezeptionistin oder den Praktikanten zu fragen: »Wer wollen Sie sein und wie wird Ihr Leben in fünf Jahren aussehen?«

Sie werden Ihnen mit hoher Wahrscheinlichkeit sagen, dass ihnen noch niemand bisher diese Fragen gestellt hat. Zeigen Sie ihnen, dass es Ihnen wichtig ist, und helfen Sie ihnen, diese Fragen zu beantworten, und Sie bringen vielleicht eine ganz neue Seite an diesen Personen zum Vorschein. Sie werden sich mehr anstrengen, exzellente Leistungen zu erbringen, und vielleicht verbessert sich nicht nur ihre Performance, sondern sie werden möglicherweise sogar zu wahren Gläubigen und Flaggenträgern für Ihr Unternehmen. Sie können darauf wetten, dass sie Familie und Freunden erzählen werden, dass Sie der erste Mensch waren, der sich wirklich für ihre Zukunft interessierte.

Ich habe einem von unseren jungen Mitarbeitern im Marketing diese Fragen gestellt. Ich musste etwas nachbohren, und wie Sie vielleicht schon erraten haben, fragte ich ihn, ob er irgendwelche Feinde hatte oder ob es jemanden gab, der an ihm zweifelte. Dann fragte ich: »Wollen Sie ein angenehmes Leben führen oder wollen Sie mehr Geld verdienen und in Ihrer Karriere vorankommen?« Er sagte, er wolle nur ein angenehmes Leben führen.

Am nächsten Tag kam er in mein Büro und meinte, dass er kaum geschlafen habe. Er konnte nicht aufhören, über meine Fragen nachzudenken. Er erinnerte sich daran, dass sein Onkel immer gesagt hatte, er würde es nie zu etwas bringen, und auch wenn seine Eltern nicht ins gleiche Horn bliesen, hatten sie ihn auch nicht verteidigt. Als ihm klarwurde, dass der Wunsch nach einem angenehmen Leben nur letztlich seinen Onkel in dessen Ansicht bestätigen würde, änderte sich seine Perspektive. Das führte uns direkt zu den Bausteinen und wir identifizierten rasch die Fertigkeiten, die er brauchte, um aufzusteigen. Ich fragte: »Was brauchen Sie, um das zur Realität werden zu lassen? Welche Hard Skills brauchen Sie? Was ist mit den Skills im zwischenmenschlichen Bereich?«

Ich stellte nur die Fragen. Seine Überlegungen und Antworten sorgten für den Paradigmenwechsel. Basierend auf dem, was ich im vergangenen halben Jahr gesehen habe, wäre ich nicht überrascht, wenn er noch vor seinem 30. Geburtstag die Marketingabteilung leitet.

Wenn Sie glauben, zwölf Bausteine seien für manche zu viel – ich habe eine verkürzte Version des Plans erstellt, die vielleicht passender ist.

Ich nenne sie den »Businessplan auf einer Seite«, und Sie finden sie in Anhang B. Sie können auch ein PDF herunterladen und das Video »How to Write a One-Page Business Plan« auf der Seite chooseyourenemieswisely.com ansehen. Ich erwähne das erst jetzt, weil ich Sie – die wenigen Unerschrockenen – durch alle zwölf Bausteine führen wollte. Der Plan auf einer Seite kann hilfreich für einige Ihrer Angestellten, Ihre Praktikanten oder sogar Ihre Kinder sein. Wenn Sie irgendwann das Gefühl haben, dass jemand sich überfordert fühlt, bitten Sie ihn, stattdessen den Businessplan auf einer Seite auszufüllen.

Ich kann gar nicht oft genug erwähnen, dass man unmöglich ein guter Leader sein kann, ohne die Bausteine eines Mitarbeiters zu kennen. Meine Peergroup hat mir schon mal gesagt, dass ich ziemlich gut darin bin, bei anderen heftige Gefühle auszulösen, indem ich die »richtigen Knöpfe« drücke. Nun, wie habe ich wohl herausgefunden, welche das sind? Ich frage Menschen, wie ihre Vision aussieht, wer ihre Feinde sind und für wen sie arbeiten. Ich manage Leute nicht gemäß *meinen* Träumen und Zielen, ich manage sie gemäß *ihren eigenen* Wünschen und Zielen – diejenigen, die sie in ihrem Businessplan aufgeschrieben haben. Ohne diese Daten zu sammeln und Inventur über die Bausteine einer Person zu machen, können Sie andere nicht effektiv führen.

Anderen zeigen, wie man einen Plan schreibt

Wie gesagt, ist es umso besser für Ihr Unternehmen, je mehr Menschen einen Businessplan aufschreiben. Sie sollten aber nicht den anderen nur einen Businessplan zuweisen, ohne ihnen zu zeigen, wie man ihn erstellt. Das wird nur zu Frustration führen und sich wie Zeitverschwendung anfühlen.

Das bedeutet nicht notwendigerweise, dass Sie das anderen beibringen müssen. Wenn Sie zum Beispiel einen tollen Mitarbeiter haben, der die Personalabteilung leitet, kann er oder sie genau die richtige Person für diese Aufgabe sein. Da manche Mitarbeiter vielleicht nicht gerne dem CEO alles erzählen, ist es am besten, wenn man jemanden zur Verfügung hat, dem sie vertrauen und dem sie sich anvertrauen. Vielleicht kann auch jeder Abteilungsleiter seine direkten Untergebenen instruieren. Wenn das der Fall ist, sollten Sie das Gleiche für die Abteilungsleiter tun.

Ein weiterer Schlüsselfaktor sind Beispiele, und das müssen nicht unbedingt Ihre eigenen sein. Viele haben Mühe, wenn die Bausteine komplett leer sind. Das bedeutet nicht, dass Sie einen Multiple-Choice-Fragebogen daraus machen sollten. Aber Sie sollten vielleicht einige Anregungen und Beispiele liefern, idealerweise von Menschen, mit denen sich andere identifizieren können. Wenn es um eine Vision geht und Sie Dinge sagen wie »die Welt erobern« oder »eine Branche durcheinanderbringen«, werden die Mitarbeiter nicht wissen, was sie in ihren eigenen Plan schreiben sollen. Nennen Sie lieber Beispiele wie: »Ich sollte einen Udemy-Kurs über Webdesign besuchen, genug Italienisch lernen, um mich unterhalten zu können, und 15.000 Euro als Anzahlung für ein Haus sparen.«

Ich habe bereits Bob Kerzner erwähnt. Er war nicht nur Präsident von LIMRA und Mitglied des Vorstands meiner Firma, sondern auch 30 Jahre lang stellvertretender Generaldirektor von Hartford Life. Er brachte mir eine Menge über Businesspläne bei. Ihm war klar, wie beängstigend eine leere Seite wirken kann. Deswegen hat er bestimmte Fragen ausgearbeitet, um andere zu ihren eigenen Antworten zu führen, wenn sie einen Businessplan erstellen. Kerzner sagte:

> *Mitarbeiter im Verkauf sind Experten für Zahlen. Ich habe ein Format entworfen, um sie zum Erfolg zu führen. Die Zahlen brachten sie zu ihren eigenen Schlussfolgerungen, welche Schritte sie unternehmen sollten. Stellen Sie die Frage: »Wie viel wollen Sie nächstes Jahr verdienen? Wie viel haben Sie letztes Jahr verdient? Was müssen Sie anders machen?«*
>
> *Mein Format führte sie durch jeden einzelnen Schritt, den sie unternehmen mussten. Indem man die Reibungspunkte aus diesem Prozess eliminiert, kann man andere dazu bringen, selbst zu sehen, was sie tun wollen und tun müssen.*

In einer perfekten Welt werden Sie so viele Menschen wie möglich dazu bringen, einen Plan für das nächste Jahr zu erstellen. Dazu gehören Ihre Kinder, Ihre nächsten Familienangehörigen, Ihre persönliche Assistenzkraft und Ihre Verkäufer. Andere bei diesem Prozess zu unterstützen, ist eine großartige Methode, um ihre Laune zu bessern und als Verwandter, Freund oder Kollege Pluspunkte zu sammeln.

Timing und Abfolge

Ich mache mir stets viel Gedanken darüber, eine Abfolge von Ereignissen in die richtige Reihenfolge zu bringen. Es ist von entscheidender Bedeutung, wann Sie Ihren Plan präsentieren. Eine Möglichkeit ist, mit allen an ihren eigenen Plänen zu arbeiten und sie dann alle zusammenzubringen, um sich auszutauschen. Bei diesem Meeting präsentieren Sie allen Ihren Plan – den Masterplan für das Unternehmen. Basierend auf dem, was Sie präsentieren, werden die Mitglieder Ihres Teams vermutlich ihre eigenen Pläne hinzufügen. Wenn zum Beispiel ein Teil Ihres Plans darin besteht, nach Südamerika zu expandieren, könnte jemand aus Ihrem Team dabei die Führung übernehmen, was den Plan dieser Person beeinflussen wird.

Angenommen, Sie nehmen sich das für das Jahresende vor, dann könnte das Timing folgendermaßen aussehen:

- 1. Oktober: Verkünden Sie den Ort und das Datum für einen Businessplanungsevent im Dezember. Verkünden Sie Zeit und Datum für ein Businessplanungstraining im November. Stellen Sie klar, dass ein vollständiger Plan die Voraussetzung für die Teilnahme ist.
- 15. November: Zweistündiges Zoom-Meeting darüber, wie man den Plan fertigstellt.
- 22. und 29. November: Optionale »Bürostunden«, um Fragen über den Plan zu beantworten.
- 6. Dezember: Zoom-Call vom CEO über die Bedeutung des Plans. Das ist besonders wichtig, wenn der CEO nicht die Person ist, die das Training leitet.
- 15. und 16. Dezember: Workshop mit persönlicher Anwesenheit. Ein Tag ist gut. Zwei Tage sind besser. Offsite ist gut. Weit weg vom Firmensitz ist noch besser.
- 29. Dezember: Deadline für visuelle Ausarbeitung und die Aufgaben, die beim Workshop gestellt wurden.

Im folgenden Jahr:

- 29. März, 29. Juni, 29. September: Zoom-Calls für alle Verantwortungsbereiche und vierteljährliche Kurskorrekturen.

Denken Sie darüber nach, welche Art von Businessplan Sie früher kreiert und erhalten haben, wenn Sie nur lästige Pflichten erfüllten oder keine Anleitung hatten, wie man diesen Plan schreibt. Bevor ich damit anfing, die zwölf Bausteine zu lehren, kamen die meisten mit ein paar wenigen Stichpunkten auf einer halben Seite an. Stellen Sie sich jetzt vor, diesen Zeitablauf umzusetzen. Niemand würde es wagen, ohne einen detaillierten Plan in Ihrem Workshop zu erscheinen. Zuerst einmal wurde ihnen beigebracht, wie man einen Plan schreibt, und zweitens haben Sie die wichtigste Entschuldigung aufgrund der »Bürostunden« eliminiert: Ich wusste nicht, was ich sagen soll. Wenn außerdem Ihr Team sieht, wie gründlich Sie sind, wird es Ihrem Beispiel folgen. Können Sie sich vorstellen, dem Zeitplan zu folgen, den ich gerade präsentiert habe, und nicht absolut durchschlagende Pläne zu haben, die dieses Jahr zum Erfolg führen?

Sie müssen das Timing auf Ihre eigenen Bedürfnisse abstimmen. Ich biete Ihnen nur ein Beispiel dafür, wie präzise und detailliert es sein sollte. Wenn der wichtigste Teil Ihres Plans darin besteht, Geld aufzubringen, wird der Kalender ganz anders aussehen. Es könnte Monate dauern, um eine Schlüsselstelle zu besetzen, die es Ihnen erlaubt, an einer Präsentation zu arbeiten und Ihre Investoren zu erreichen.

Die Schlüssel sind:

1. Abfolge
2. Präzision
3. Engagement
4. Von der Spitze aus führen (also den Ton festlegen)

Andere von Ihrem Plan überzeugen

Wo Sie Ihren Plan präsentieren, ist von enormer Bedeutung. Was wird die meiste Begeisterung hervorrufen? Gelegentlich sollten Sie mit Ihrem Team verreisen. Ich habe Villen in Palm Springs, Kalifornien, und Whitefisch, Montana, gemietet; eine Skihütte in Aspen, Colorado, und das Oheka Castle auf Long Island, New York.

Wenn das Meeting beendet ist, sollten Sie vor allem zu rechten Zeit auf das Follow-up bei den einzelnen Punkten achten, nachdem der Plan bekannt gemacht wurde. Die Leistungen und nächsten Schritte sind entscheidend.

Wieso sind all diese Details so wichtig? Andere müssen sehen, dass es Ihnen wichtig ist. Sie werden sich ebenso engagieren wie Sie und den Plan genauso wichtig nehmen, wie Sie das tun.

Denken Sie daran, Sie wollen andere *beteiligen*, nicht nur rekrutieren. Sie sollten einladend und inspirierend klingen. Andere sollten die Energie spüren, die Ihnen aus jeder Pore dringt. Sie müssen andere vom Traum überzeugen und den guten Zweck erklären, während Sie alles so einfach wie möglich halten.

Jeder Verkäufer weiß, dass bei einer Präsentation die potenziellen Kunden wissen wollen, »was für sie drin ist«. Die schlechten Verkäufer verzetteln sich in Details oder ihren eigenen Zielen. Die effizienten stellen immer wieder den Zusammenhang mit den Bedürfnissen und Wünschen der potenziellen Kunden her.

Wenn Sie Ihren Traum Ihren Angestellten verkaufen wollen, verkaufen Sie ihn so, dass die Angestellten ihn aus *ihrer* eigenen Perspektive sehen. Sie können die sieben magischen Worte wieder und wieder nutzen: »Stellen Sie sich vor, dass eines Tages …«

Was wird für die anderen dabei herausspringen, wenn sie erfolgreich sind? Zeigen Sie die Auswirkungen auf, in Bezug auf ihr Geld, ihre Karriere, ihr Vermächtnis und ihre Familie. Beschreiben Sie, wie es sich anfühlen wird, wenn sie eine neue, bessere Version ihrer selbst kennenlernen.

Achten Sie auf diese Balance aus Emotion und Logik. Die Bausteine wurden so gestaltet, dass sie auf natürliche Weise ineinanderpassen und alles Grundlegende abgedeckt ist. Sie müssen andere durch Emotion bewegen. Gleichzeitig müssen Sie die Logik einbeziehen, weil sonst die Frage aufkommt, *wie* Sie das alles umsetzen wollen. Sobald Sie genug Dynamik aufgebaut haben, verfügen Sie über einen funktionierenden Businessplan, der allen um Sie herum nützen wird.

Wählen Sie gemeinsam die Belohnungen aus

Als Leader besteht immer eine knifflige Balance dazwischen, Input zu sammeln und eigene Entscheidungen zu treffen. Wenn es zum Beispiel darum geht, Richtlinien für die Arbeit im Homeoffice aufzustellen, müssen Sie das verantworten. Natürlich können Sie auch unabhängige Meinungen einholen und sich mit anderen beraten, aber über so etwas sollten Sie nicht abstimmen lassen.

Ein Bereich, in dem ich gerne Input von anderen erhalte, sind Belohnungen. Wenn Sie gewaltige und schwer zu erreichende Ziele setzen, fragen Sie Ihr Team, was es gerne erhalten würde, wenn es diese Ziele erreicht. Zum einen erhält man dadurch einen Vorgeschmack darauf, wie es sich tatsächlich anfühlen wird, dieses Ziel zu erreichen. Sie können sich vorstellen, dass jemand in Ihrem Team (vielleicht der beste Verkaufsvertreter) etwas sagt, wie: »Wenn wir unser Ziel erreichen, bekommen wir alle maßgeschneiderte Anzüge, Rolex-Uhren oder Gucci-Handtaschen und fliegen nach Jamaika, um mit Ziggy Marley eine Strandparty zu feiern.«

Dann müssen Sie nur noch sagen: »Ist das alles, was ihr braucht, um dieses Ziel zu erreichen? Ich kann euch nicht hören.«

Jubelschreie brechen los, und Sie wissen, alle stehen völlig hinter diesem Ziel. Wenn Sie dieses Brüllen nicht hören, können Sie sich erneut ans Reißbrett setzen.

Ich finde, das sind die besten Verhandlungen. Sie geben sich ein wenig widerspenstig, aber grinsen und fordern andere heraus. Als Leader können Sie Dinge sagen, wie: »Glaubst du wirklich, du schaffst dieses Jahr 55 Millionen Dollar Umsatz, John? Und du willst wirklich einen McLaren? Wie wäre es mit 65 Millionen, und es gibt einen McLaren für dich und einen für deine bessere Hälfte?«

Sie regen andere zum Träumen an, bringen sie dazu, sich den Erfolg vorzustellen. Natürlich versprechen Sie nicht zwei McLarens, wenn Sie sich diese nicht leisten können, aber solange Sie nicht in einer Branche arbeiten, in der die Margen so dünn wie Papier sind, gibt es wohl kaum etwas Besseres, als zuzusehen, wie ein Paar in Ihrem Team in einem Jahr 65 Millionen Dollar Umsatz erzielt.

Das ist auch die richtige Gelegenheit, um Herausforderungen in den Raum zu stellen. Wenn jemand seine Ziele verkündet und andere diese anzweifeln, ist das der perfekte Moment, um sie dazu aufzufordern, ihren Worten auch Taten folgen zu lassen. Es wird vielleicht gewettet, und Sie können jegliche Rolle einnehmen, die Ihnen gefällt: »Wenn Team A Team B schlägt, kaufe ich drei Paare Louboutins oder Ferragamos für alle, und das Team, das verliert, muss sie alle polieren.«

Wenn es um die Verkündung Ihres Plans geht, gehen Sie nicht einfach davon aus, dass die Begeisterung bei Ihrem Team anhält und es konzentriert bei der Sache bleibt. Leadership und Engagement für den Plan müssen aufrechterhalten werden.

Mindestens einmal pro Woche müssen Sie die verschiedenen Bausteine »verkaufen« und Ihr Team daran erinnern, dass es mit diesen Bausteinen die gesteckten Ziele erreichen und diese Belohnungen erhalten kann. Sie beteiligen andere nicht nur einmal und gehen davon aus, dass alle an Bord sind. Das ist ein konstanter Vorgang. Deswegen erstellen Sie visuelle Gedächtnishilfen und laminieren diese oder lassen T-Shirts mit Ihrem Wort des Jahres bedrucken. Wenn Sie nicht von Natur aus ein Visionär sind, wachen Sie nicht eines Tages auf und sind plötzlich einer. Deswegen müssen Sie sich und Ihrem Team Ihre Vision vor Augen halten und es belohnen, wenn es große Schritte darauf zu macht.

Andere zur Verantwortung ziehen

Sprache ist wichtig. So wie man die Sprache der Träume nutzt und Sätze wie »Stellen Sie sich vor, dass eines Tages …« sagt, müssen Sie auch eine Sprache der Verantwortlichkeit verwenden. Die richtige Sprache führt zu den richtigen Resultaten. »Wo stehen Sie gerade? Wie ist der Status? Sind Sie der Deadline voraus?« Es liegt keine Magie in diesen Sätzen. Es geht darum, diese Fragen zu stellen.

Wer zieht Sie zur Verantwortung? In welcher Weise? Wie häufig?

Wen ziehen Sie zur Verantwortung? In welcher Weise? Wie häufig?

Als Teil Ihres Plans müssen Sie auch Partner haben, die Verantwortung übernehmen, und Sie brauchen »Checks and Balances«. Beginnen Sie damit, Ihre bisherige Leistung in diesem Bereich zu analysieren. Sind Sie gut darin, andere zur Verantwortung zu ziehen? Wieso oder wieso nicht? Wenn Sie es nicht sind, besteht der häufigste Grund darin, dass Sie nicht die nötigen Tools besitzen, um Konflikte zu managen, und/oder immer gemocht werden wollen. Um andere zur Verantwortung zu ziehen, müssen Sie diese beiden Lecks sofort stopfen, und beide Aspekte sind dabei wichtig. Sie können gerne einen Satz von mir kopieren, den ich häufig verwende: »Sie hassen mich jetzt vielleicht, aber in 20 Jahren werden Sie mich lieben.«

Bewerten Sie (mit 1 bis 5), wie gut Sie in Folgendem sind:

____ Beziehungen aufbauen
____ Erwartungen im Blick behalten
____ Deadlines setzen und Leute zur Verantwortung ziehen
____ Mindsets entwickeln
____ Von der Spitze führen
____ Eine kompetitive Umgebung erschaffen

Es beginnt und endet mit dem Leader

Businesspläne und Start-up-Unternehmen haben viel gemeinsam. Man verfängt sich gerne in den Details, der Präsentation und der Technologie, aber was am wichtigsten ist, sind die Menschen. Die Harvard Business School hat ein Arbeitspapier veröffentlicht, mit dem Titel: »Wie treffen Venture-Kapitalfirmen Entscheidungen?«[65] Hier ein kleiner Auszug.

Wir befragten 885 Mitarbeiter von 681 institutionellen Venture-Kapitalfirmen (VCs) … Bei der Auswahl der Investments sehen VCs das Managementteam als wichtiger an als die mit dem Geschäft zusammenhängenden Charakteristi-

ken wie das Produkt oder die Technologie. Sie schreiben auch die Wahrscheinlichkeit für einen Erfolg oder ein Scheitern des Investments eher dem Team zu als dem Unternehmen.

Es ist toll, dass *Die Höhle der Löwen* dafür gesorgt hat, dass die breite Masse auch etwas über Entrepreneurship und die Bewertung von Unternehmen erfährt, auch wenn ich glaube, dass zu viele Leute den Fehler machen, zu glauben, dass ein einzigartiges Produkt oder ein Patent das Wichtigste sind. Das stimmt nicht. Am wichtigsten ist der Leader. Ich investiere nicht in Unternehmen. Ich investiere in Leader. Ideen versetzen mich nicht in Begeisterung. Entrepreneure tun es. Ich vertraue nicht der Technologie, ich vertraue einem CEO.

So wie ein Unternehmen eine Menge Aufwand in Forschung und Entwicklung steckt, um ein Produkt anzufertigen, stecken wir für den Businessplan eine Menge Aufwand in das Erstellen der einzelnen Bausteine. Alle zwölf sind wichtig. Aber am wichtigsten sind Sie selbst!

Für Ihren eigenen Plan haben Sie herausgefunden, was Sie motiviert. Sie haben erfahren, wie man Zeit zurückkaufen kann und effizienter wird. Sie haben Bedrohungen und Lecks identifiziert, um stets Bestleistungen abzuliefern. Ihr Plan ist umfassend, denn Sie wissen, der einzige Weg zum Erfolg besteht darin, sein Bestes zu geben – wenn es um Einstellung, Fertigkeiten, Organisation und Energie geht.

Wie erstellen Sie den Plan, der Ihr Unternehmen voranbringt und Sie auf ein ganz neues Level hebt? Das ist nicht nur ein einzelner Punkt. Es sind zwölf verschiedene Punkte. Sie müssen sich die Zeit nehmen, in Ihrem Leben nach vorn zu blicken, um sowohl Erfolg als auch Bedauern zu visualisieren. Sie müssen träumen und Ihre Vorstellungskraft anzapfen, indem Sie sich stets sagen: »Stelle dir vor, dass eines Tages …« und dann die Angewohnheiten kreieren, die das zur Realität werden lassen, während Sie gleichzeitig durch die visuellen Erinnerungshilfen inspiriert werden, die Ihnen stets vor Augen stehen. Zu wissen, wem Sie gerne in den Hintern treten würden, wird das Feuer in Ihnen am Brennen halten.

Wenn Sie Ihre eigenen Versprechen erfüllen, erreichen Sie ein ganz neues Ausmaß an Selbstvertrauen. Andere werden Sie mit anderen Augen sehen, denn Ihre ganze Haltung ändert sich. Das entsteht aus der inneren Überzeugung, dass Sie zu Ihrem Wort stehen.

Ich frage häufig andere Leader: »Kann ich Ihr Wort zur Bank tragen?« Wenn Sie nicht verstehen, was ich meine, stelle ich die Frage anders. »Wenn Sie etwas sagen, ist das so sicher wie Geld auf der Bank oder platzt der Scheck?«

Wenn man Ihr Wort zur Bank tragen kann, geht Ihre Glaubwürdigkeit durch die Decke. Ihr Glaubwürdigkeitsscore ist so ähnlich wie Ihr Kreditscore – eine Liste aller Verpflichtungen, die Sie über die Jahre eingegangen sind. Wenn dieser Score steigt, glauben Sie auch an sich selbst. Ihr Selbstvertrauen wächst. Ein Gewinn jagt den anderen.

Und was passiert mit all den Menschen, bei denen Sie sich keine Mühe mehr machen, sie zu verändern; denen Sie nicht mehr *sagen*, was sie tun sollen?

Die werden Ihrem Beispiel folgen.

Indem Sie zu den Versprechen stehen, die Sie sich selbst geben, *zeigen* Sie anderen die Formel. Indem Sie die Versprechen einhalten, die Sie sich selbst und anderen gemacht haben, zeigen Sie, dass Sie das Zeug dazu haben. Das ist Leadership. Das ist es, was Sie verändert und was Familien verändert.

Da Sie nun wissen, wie gut Sie vorbereitet sind, will ich, dass Sie Ihre Aufmerksamkeit darauf richten, auch aus anderen das Beste herauszuholen. Damit Sie das beste Jahr überhaupt erleben, muss die Mehrheit der Menschen in Ihrem Umfeld dasselbe erleben. Der Schlüssel dazu, diese Personen anzuführen, besteht darin, ihnen beizubringen, wie sie ihren eigenen Businessplan komplettieren können. Tun Sie es nicht für sie. Stellen Sie Fragen und bieten Sie Anleitung, damit andere wirklich in sich gehen und diese Aufgabe selbst erledigen. Das wird Ihren Job als Leader sehr viel effizienter machen.

Wenn Sie all die Bausteine vollenden, ist es unmöglich, nicht daran erinnert zu werden, was wichtig ist. Es hilft außerdem, einen Leader zu haben, der einen zur Verantwortung zieht. Als Jack Welch als Chemieingenieur bei General Electric anfing, wollte er gleich wieder kündigen. Was ihn davon abhielt, war ein Mentor, der ihn überredete, zu bleiben. 20 Jahre später wurde Welch zum jüngsten Vorstand und CEO des Unternehmens. Man kann ihn lieben oder hassen, aber in seiner Zeit als CEO des Unternehmens stieg dessen Marktwert von 12 Milliarden Dollar im Jahr 1981 auf 410 Milliarden Dollar im Jahr 2001, als er in den Ruhestand ging.

Was hat Welchs Geschichte mit den meisten anderen gemeinsam? In nahezu jedem einzelnen Fall gab es einen *Leader* im Leben dieses Menschen. Jemanden, der an ihn oder sie geglaubt hat. Vielleicht war es ein Sporttrainer, ein Manager oder ein Verwandter. Nichts wirkt so erbaulich auf andere wie ein Leader, der/die sein oder ihr Wort hält. Und deswegen ist der Leader der wichtigste Indikator für den Erfolg eines Unternehmens.

So durchdacht ein Plan auch sein mag, niemand kann sich selbst managen (das trifft auch auf Sie selber zu). Wir sind alle nur Menschen. Jeder hat mal einen schlechten Tag oder kommt mal vom Kurs ab. Sie müssen zur Stelle sein, um dafür zu sorgen, dass andere fokussiert bleiben. Sie müssen andere stets daran erinnern, was für *sie* selbst wichtig ist. Je nachdem, mit wem Sie es zu tun haben, müssen Sie denjenigen auch an seine Feinde und Zweifler erinnern. Manche vermeiden lieber Ängste, während andere durch Ziele motiviert werden. Den Unterschied zu kennen, ist der sechste Sinn eines jeden guten Leaders.

Schlussfolgerung

Wette doch verdammt noch mal gegen mich. Wette gegen mich. Sag mir, dass es nicht passieren wird. Sag mir, dass es scheitern wird. Ich liebe das. Nichts macht mir mehr Spaß.

– Dana White, Präsident der UFC

Am 18. März 2012 interviewte Scott Pelley in der Sendung *60 Minutes* Elon Musk zum Thema Weltraumforschung. Musk war damals 41 und sein Gesamtvermögen betrug über 2 Milliarden Dollar. Wenige glaubten an Tesla, das einen Marktwert von 3,6 Milliarden Dollar hatte, und viele zweifelten an Musk selbst. Es gab viele Stimmen, die der Meinung waren, er habe nur Glück gehabt, als er seine Anteile an PayPal für 180 Millionen Dollar an eBay verkaufte als Teil einer Übernahme für 1,5 Milliarden Dollar.

Während dieses Interviews herrschte enorme Spannung im Raum, als Pelley Musk ansah und sagte: »Sie wissen, dass es amerikanische Helden gibt, denen diese Idee nicht gefällt. Neil Armstrong und Gene Cernan haben sich beide gegen die kommerzielle Raumfahrt und Ihren Vorstoß ausgesprochen. Und ich frage mich, was Sie davon halten.«

Die meisten CEOs wirken in *60 Minutes* wie Roboter. Sie haben gelernt, keine Emotionen zu zeigen und das Schiff auf Kurs zu halten. Aber bei Musk konnte man sofort erkennen, dass ihm die Tränen in die Augen stiegen. Man sah auch, dass er sich keine Mühe gab, sie zurückzuhalten. Er antwortete: »Ich war sehr traurig, als ich das gesehen habe, denn diese Männer, ja, das sind meine Helden, also war das wirklich schwer.«

Pelley streute weiter Salz in die Wunde. Er fragte: »Sie waren Ihre Inspiration dafür, oder nicht?«

»Ja.«

»Und jetzt werfen Sie mit Steinen nach Ihnen ...«

»Das ist schwer.«

An dieser Stelle war Musk die Enttäuschung deutlich anzusehen.

»Hatten Sie damit gerechnet, dass sie Ihnen zujubeln?«

»Ich hatte es auf jeden Fall gehofft.«

»Was versuchen Sie, denen zu beweisen?«

»Ich versuche, die Raumfahrt einen bedeutenden Schritt voranzubringen und einen Raumflug für fast alle zugänglich zu machen.«

Ich bekomme immer noch Gänsehaut, wenn ich dieses Interview ansehe. Stellen Sie sich nun vor, dass jemand Sie interviewt und nach Ihren Helden befragt, danach, was Ihnen das Herz gebrochen hat, und nach Ihren Träumen. Würden Sie emotional werden? Wenn ja, was würden Sie mit dieser Emotion *anfangen*? Wenn Sie emotional bewegt wären, hätten Sie dann einen Plan, diese Emotion zu kanalisieren?

In den zehn Jahren, die auf dieses Interview folgten, steigerte sich Teslas Wert von 3,6 Milliarden Dollar auf über 1 Billion Dollar und war damit das zweitschnellste Unternehmen, das diese Summe erreichte (Tesla brauchte zwölf Jahre, um auf diesen Wert zu kommen, Facebook brauchte neun). Und 2018 brachte die Falcon-Heavy-Rakete von SpaceX einen Tesla Roadster in einen Orbit um die Sonne, und SpaceX wurde das erste Unternehmen, das eine privat finanzierte, flüssigkeitsgetriebene Rakete in eine Erdumlaufbahn schickte und die drei Booster-Raketen wieder auf der Erde landen ließ. Im Jahr 2019 wurde SpaceX das erste Privatunternehmen, das ein autonomes Andockmanöver an der International Space Station durchführte. Abhängig vom Aktienmarkt ist Musk schon mehr als einmal der reichste Mensch der Welt gewesen.

Wir reden hier über Musk, weil er seine Vision und seine kühnen Ziele verwirklicht hat. Eine weise Frage wäre: Was waren die Schlüsselfaktoren für seinen Erfolg?

Lag es daran, dass er seine Konkurrenz identifizierte, oder weil er Feinde hatte (interne und externe), von denen wir nichts wissen?

Lag es an seinem unermüdlichen Streben, sich stets neue Fertigkeiten anzueignen, oder an seinem Willen zum Erfolg?

Lag es daran, dass er einen brillanten strategischen Plan oder eine fesselnde Mission hatte?

Lag es daran, dass er Systeme installierte, um seine Unternehmen zu skalieren, oder daran, dass seine Träume so faszinierend waren?

Lag es daran, dass er das richtige Team versammelt hat, oder daran, dass er die richtige Kultur aufgebaut hat?

Lag es daran, dass er so viel Kapital aufbringen konnte, oder daran, dass er wusste, wie man anderen die eigene Vision verkauft?

Es ist verlockend, sich für eine Seite zu entscheiden. Es ist natürlich, in Begriffen von entweder/oder zu denken, von Emotion *oder* Logik. Aber wir wissen es besser und wählen nicht zwischen den beiden Seiten. Hoffentlich haben Sie in den obigen Fragen alle zwölf Bausteine wiederentdeckt und verstanden, dass Musk alle zwölf brauchte, um Erfolg zu haben.

Eine Frage, die man sich stellen sollte, lautet: Was kam für Musk zuerst? Hatte er einen logisch aufgebauten Plan, um ins Weltall zu kommen, und nutzte Emotion als Treibstoff? Oder begann sein inniger Wunsch in der Kindheit, als er *Per Anhalter durch die Galaxis* las, während er die emotionalen Wunden verarbeiten musste, die ihm sein gewalttätiger Vater zugefügt hatte?

Als Musk die 180 Millionen Dollar aus dem Verkauf von PayPal erhielt, musste er Entscheidungen treffen. Bevor er sich entschied, wo er sein Geld investieren wollte, musste er seine Vision kennen und einen Plan haben. Er hätte sich auch entscheiden können, zu entspannen und seinen Erfolg zu feiern, vielleicht, indem er um die Welt gesegelt wäre oder sich auf eine Insel zurückgezogen hätte. Sich zu entspannen, hätte eindeutig nicht die Antwort auf sein innerstes »Warum« geliefert, was erklärt, wieso er *all* sein Geld in drei Unternehmen investierte: 100 Millionen Dollar in SpaceX, 70 Millionen Dollar in Tesla und 10 Millionen in Solar City. Folgte sein Herz dem Geld oder das Geld seinem Herzen?

Wenn ich nur einen Grund wählen sollte, wieso Musk so erfolgreich wurde, würde ich sagen, er hat seine Feinde weise gewählt … und er findet immer wieder neue.

Stellen Sie sich vor, Sie bauen ein großartiges Auto: 800 PS, unglaubliches Chassis, von null auf hundert in 2,8 Sekunden. Aber das alleine wird das Auto nicht in Bewegung setzen. Sie brauchen etwas anderes, um es tatsächlich zu fahren.

Sie brauchen Benzin. Sie brauchen Treibstoff.

Rekrutieren Sie Ihren Feind und Sie werden diesen Treibstoff finden. Nichts anderes ruft diese Art Emotion hervor. Deswegen müssen Sie Ihre Feinde weise wählen.

Ich habe es mehrmals betont: Ein Businessplan muss Sie *in Wallung versetzen*. Ohne bewegt zu werden, ohne emotional zu werden, werden Sie Ihren Plan nicht konsequent umsetzen. Die Emotionen in Ihnen, die Sie wie ein Stromstoß durchfahren, sind eine ständige Erinnerung daran, *wieso* Sie so hart arbeiten. Wenn Sie wissen, wie man Fragen stellt, die den Zugang zu Ihren tiefsten Wünschen herstellen (wie es Pelley mit Musk getan hat), wird Ihr Plan eine ganz neue Bedeutung erhalten.

Ich glaube außerdem, dass Emotion allein nicht genug ist. Musk brauchte wie alle von uns einen logischen Plan, der präzise auflistete, wie man diese Emotion kanalisiert. Emotion ist das *Warum*. Logik ist das *Wie*. Es zeigt Ihnen die spezifischen Aktionen auf, die Sie unternehmen müssen, um ein Unternehmen auf den richtigen Weg zu bringen, es zu vergrößern und all die Puzzlestücke zusammenzufügen, um Ihren Traum zu leben. Wenn Sie sich die Zeit nehmen, den Plan aufzuschreiben und sich ganz der Umsetzung verpflichten, können Sie Ihr eigenes Vermächtnis schmieden.

Indem Sie alle zwölf Bausteine vollendet haben, haben Sie den Test bestanden. Sie sind für Ihr bestes Jahr vorbereitet. Ihr bestes Jahr wird Sie Ihrem besten Leben einen Schritt näherbringen.

Entrepreneurship kann die Antwort für diejenigen sein, die ein besseres Leben anstreben. Aber es ist schwer. Es gibt bei jedem Schritt Herausforderungen und die größten davon lauern ganz am Anfang. Träumer brauchen Anleitung. Entrepreneure brauchen Tools. Unternehmensführer brauchen einen Plan, der zugänglich und umsetzbar ist.

Als ich nach Anleitung und Rat suchte, um einen Businessplan zu schreiben, gab es das noch nicht. Deswegen halten Sie dieses Buch in Händen. Sie haben damit ein für alle Mal einen kompletten Leitfaden, der Ihnen genau erklärt, wie man einen erfolgreichen Businessplan erstellt.

Mein Warum ist Einfluss.

Mein Warum ist Hoffnung.

Mein Warum ist es, ein Unternehmen dazu zu nutzen, um die größten Probleme der Welt in Angriff zu nehmen.

Das alles begann für mich vor 21 Jahren, als ich den richtigen Feind wählte. Wenn Sie bereit sind, ein Unternehmen aufzubauen, das mehrere Generationen umspannt, müssen Sie nur noch eines tun: Wählen Sie Ihre Feinde weise.

Danksagung

Je größer die Vision und je größer die Herausforderung, desto größer das Team, das man braucht. Dieses Buch war von Anfang an eine Herausforderung. Die Verleger waren der Meinung, es sei schwierig, ein Buch über Businessplanung aufregend zu gestalten. Sie sagten auch, dass es nahezu unmöglich wäre, genau das zu tun, was ich wollte, nämlich ein Buch für Menschen auf allen Ebenen zu schreiben – Gründer, Intrapreneure, Solopreneure, Verkaufsleiter und CEOs von Fortune-500-Unternehmen. Ich wollte auch, dass dieses Buch für viele verschiedene Branchen nützlich ist – Wirtschaft, Sport, Militär, Verkauf, den Klerus und Politiker. Und vor allem wollte ich etwas bieten, das für die Menschen zum Gamechanger wird, die ich am meisten respektiere: Entrepreneure und jeden, der bereit ist, in den Ring zu steigen und zu kämpfen.

Was viele als Problem sahen, sah ich als Chance. Wenn ich Sie fragen würde, was das beste Buch über den Verkauf ist, fiele Ihnen sicher sofort eines ein. Das Gleiche trifft auf Leadership, Management und Strategie zu. Aber wenn ich Sie nach einem Buch für Businessplanung fragen würde, fiele Ihnen nichts ein. Das liegt daran, dass es kein Standardwerk über Businessplanung gibt. Wir als Team beschlossen, die Herausforderung anzunehmen.

Dieses Buch zu schreiben, erforderte eine ganz besondere Gruppe von Menschen. Ich wusste um den Ruf von Adrian Zackheim, der beste Verleger von Businessbüchern zu sein. Das erste Mal, als ich ihm die Idee präsentierte, sah ich, dass er davon angetan war. So begeistert, wie ich war, hob er den Enthusiasmus auf eine neue Ebene und dachte bereits darüber nach, wie man das Buch noch besser machen konnte. Das wäre nie möglich gewesen ohne meine Agenten, Jan und Austin Miller, die mich jeden Schritt des Weges begleiteten.

Als ich mit Adrian und seinem Team redete, war ich erstaunt, wie akribisch sie auf die Details achteten. Wir brauchen sechs Zoom-Calls, nur um den richtigen

Titel auszuwählen. Niki Papadopoulos und Megan McCormack kümmerten sich ebenso engagiert um das Manuskript.

Einer der vielen Gründe, wieso mir Loyalität wichtig ist, besteht darin, dass ich dadurch Zeit zurückkaufen kann. Da Greg Dinkin mit mir bei *Die nächsten fünf Schritte: Die Kunst der Unternehmensstrategie* zusammengearbeitet hatte und Mario Aguilar und Kai Lode ebenfalls wichtige Beiträge zu Lektorat und Inhalt geleistet hatten, holte ich sie als Erste mit an Bord. Drei Jahre, nachdem *Die nächsten fünf Schritte* im August 2020 auf die Bestsellerliste des *Wall Street Journal* gekommen war, verkauft es sich heute noch besser als bei Erscheinen der ersten Auflage. Da ich ein weiteres Buch schreiben wollte, das zu einem Evergreen wird, stellten wir dasselbe Team zusammen.

Im persönlichen Bereich war das Team bereits aufgestellt. Alles nahm seinen Anfang mit meinen Eltern, Gabreal Bet-David und Diana Boghosian. Ohne sie wäre ich nicht der Mensch, der ich heute bin. Es ist ein wahrer Segen, dass mein Vater bei uns wohnt, und ich bin für jeden Augenblick dankbar, den ich mit ihm verbringen kann. Unser Zuhause wurde unsere Zuflucht. Ich bin so dankbar für meine Frau, Jennifer, die mich vom ersten Tag an unterstützt hat. Sie verlässt sich ihrerseits auf Melva, die seit 15 Jahren bei uns ist und zu einem Teil der Familie wurde.

Und was das alles lohnenswert macht, sind unsere Kinder, die mir die nötige Energie geben. Patrick (11), Dylan (10), Senna (7) und Brooklyn (2) sind das Licht meines Lebens. Und es ist wunderbar, dass auch ihre Cousinen und Cousins in der Nähe wohnen. Grace (15) und Sean (14) sind großartige Vorbilder, dank meiner Schwester, Polet, und ihrem Ehemann, Siamak Sabetimami.

Wo wir gerade von Vorbildern sprechen – für meinen inneren Kreis wähle ich nur wenige Menschen aus. Tom Ellsworth, der »Biz Doc«, und seine Frau, Kim, wurden zu einem Teil meiner Familie. Als wir dieses Buch schrieben, war mein Unternehmen gerade mit einem Exit beschäftigt. Tom und ich waren die ganze Nacht wach, als wir in Monaco waren, und mussten wichtige Entscheidungen treffen, bei denen Hunderte Millionen Dollar auf dem Spiel standen. Als es darauf ankam, hat Tom geliefert.

Ich kann gar nicht genug Positives über Mario Aguilar sagen, der mir seit 18 Jahren zur Seite steht und dabei stets so loyal war, wie man es sich nur wünschen kann. Seine Frau, Barbie, hat Mario zu einem noch besseren Mann gemacht und die Geburt seines Sohnes, Gabriel, war ein Anlass zur Freude für uns alle.

Ich bin besonders dankbar für das Leitungsteam bei PHP Agency, die sich der Vision verschrieben haben, die ich ihnen vor Augen führte, als das Glück uns nicht wohlgesonnen war. Dabei will ich besonders Maral Keshishian, dem aktuellen Präsidenten, und Tigran Bekian danken, ein Tausendsassa, der mir stets den Rücken freihielt.

Wir hätten niemals eine Agentur mit mehr als 44.000 Versicherungsagenten aufbauen können, ohne das Herz, den Fokus und das Talent unserer Verkaufsleiter: Matt und Sheena Sapaula, Rodolfo und Cecilia Vargas, Jose und Marlene Gaytan, Jorge Pelayo, Jonathan Mason, Andrew und Jennifer Gaines, Ricky und Erika Aguilar, Chris und Vicena Hart, und Hector und Erika Del Toro.

Ich bin auch dankbar für alle anderen, die ein Teil meines inneren Kreises sind, inklusive Sam Carvajal, Leo und Clarissa Martinez und Robert O'Rourke.

Ich würde nicht dieses Buch schreiben oder neuen Content kreieren, wenn ich nicht die Millionen von »Valuetainern« und Entrepreneuren hätte, die unsere Online-Follower sind. Ich danke euch allen. Worte können nicht beschreiben, wie viel Energie ihr mir verleiht. Ein besonderer Dank geht an all diejenigen, die mir ihre Einsichten für dieses Buch boten, inklusive Andy Beery, Tim Ardam und Bob Kerzner.

Ich will all meinen Feinden danken. Diejenigen, die an mir zweifeln, haben einen besonderen Platz in meinem Herzen. Ich hätte am liebsten ihre Namen aufgelistet, da nur einige davon sich in diesem Buch wiedererkennen können. Ihr alle solltet wissen, dass ich euch liebe und für jeden von euch dankbar bin. Ich habe euch weise ausgewählt und nun wende ich mich neuen Feinden zu.

Zu guter Letzt will ich Gott danken. Es ist einfach, zu beten, wenn etwas nicht so läuft, wie man es erwartet. Wenn alles glattgeht, lobt man sich gerne selbst dafür und vergisst all die Nächte, die man betend auf den Knien verbracht hat. Ich stehe für immer in Gottes Schuld, weil er mich so unglaublich gesegnet hat. Je älter ich werde, desto besser verstehe ich, wieso er mich so gemacht hat, wie ich bin. Eines ist sicher: Ich hätte dieses unglaubliche Leben nie allein aufbauen können.

Greg Dinkin

Wenn andere erfahren, dass ich mit Pat zusammenarbeite, stellen Sie immer dieselbe Frage: »Wie ist er denn wirklich?«

Ich gebe immer dieselbe Antwort: »Er ist genau so, wie er sagt.«

Bei ihm herrscht nie Stillstand. Er denkt in größerem Maßstab als jeder andere, den ich kenne. Seine Standards sind unglaublich hoch, und damit hebt er auch andere auf ein ganz neues Niveau, damit sie diese Standards erfüllen. Ich hatte das große Glück, viereinhalb Jahre quasi sein Schatten zu sein, und was ich am faszinierendsten finde, ist, wie er stets die richtigen Auslöser bei anderen findet. Will ich den Menschen die Kurzfassung geben, sage ich einfach, dass er wie Phil Jackson, der Zen-Meister ist. Der Trick dabei ist, dass ihm andere so wichtig sind und er sich so genau ihre Hoffnungen und Ängste anhört, dass er genau weiß, wo er ansetzen muss. Fast meint man, einem Künstler bei der Arbeit zuzusehen, wenn man ihn beobachtet, wie er andere dazu anleitet, über sich hinauszuwachsen und ihre eigenen Erwartungen zu übertreffen.

Ich will außerdem Mario Aguilar und Kai Lode danken, weil sie bei jedem Schritt dieses Prozesses meine Partner waren. Alle lachten, als ich sagte: »Ich bin kein toller Autor, aber ich bin ein hervorragender Zuhörer und akribisch beim Überarbeiten.« Weil alle mir detailliertes Feedback gaben, konnte ich Pats Vision umsetzen und seinen hohen Standards gerecht werden. Das Gleiche gilt für das Team bei Portfolio, besonders Megan McCormack, die ebenso freundlich und geduldig wie talentiert und einsichtig ist.

Ich will unserem Korrektor, Brian Kuhl, danken und Randee Marullo, Production Editor, für ihren wunderbaren Blick für Details. Ich will den Designern meine Anerkennung zollen, Jen Heuer, Daniel Lagin, Brian Lemus und Henry Nuhn. Danke auch an die herausragende Marketing- und Publicity-Abteilung, besonders Heather Faulls, Esin Coskun, Mary Kate Rogers, Amanda Lang und Kirstin Berndt.

Ich bin dankbar für die Unterstützung durch meine Familie und meine Freunde. Mom, Dad, Andy, Jayme, Drew, Logan, Thea, Levi, Phoebe, Michelle, Cully, Meul, Dreesch, Alec, Wilbert, Lucky, Cole, Wes, Hajjar, Nadia, Woody, Nicole,

Rafe, Noelle, Rose, Monique, Jeremiah, Adam, Brooke, Andrew, Charlie, MK, Marc, Pastor Bob, Noah, Lori, Greg und George haben alle auf ihre jeweils einzigartige Weise etwas beigetragen.

Ressourcen und Netzwerke

Für weitere Informationen und hilfreiche Tools, besuchen Sie:
chooseyourenemieswisely.com

Weitere Ressourcen

1. Da sich meine Top 100 bei Büchern stets ändern, können Sie immer unter patrickbetdavid.com/com/top-100-books/ sehen, was ich gerade lese.
2. Um etwas über Consulting und Live-Events zu erfahren, besuchen Sie: betdavidconsulting.com
3. Machen Sie ein kurzes Quiz, um zu erfahren, was Sie antreibt: *pbdquiz.com*
4. Für News, Videos und Business-Lektionen: valuetainment.com
5. Um unter vier Augen mit einem Experten zu sprechen: minnect.com

ANHANG A

Das letzte Jahr Revue passieren lassen

- Was hat Sie im letzten Jahr davon abgehalten, Ihre Ziele zu erreichen?
- Was könnte Sie im kommenden Jahr von Ihren Zielen abbringen?
- Was werden Sie tun, um Ablenkungen zu verhindern (oder wenigstens zu mindern) und Unnötiges wegzulassen?
- Welche wichtigen Dinge werden anscheinend nie erledigt? Wie werden Sie das abstellen?
- Welche Aktivitäten werden Sie vorher planen?

1. Studieren Sie Trends
2. Gut/schlecht/hässlich
3. Monat zu Monat
4. Quartal zu Quartal
5. Verpasste Chancen
6. Was haben Sie nicht vorhergesehen (und hätten es ahnen müssen)
7. Software, die versagt
8. Herausforderungen beim Rekrutieren
9. Kündigungen (Wieso haben Sie die Anzeichen nicht gesehen?)
10. Lieferkettenprobleme
11. Was Sie nicht antizipiert haben (und auch nicht ahnen konnten)
12. Schwarzer Schwan (ungewöhnliches Ereignis)

Welche Events haben Sie im letzten Jahr viel geistige Kraft gekostet?

- Umzug
- Wachstum des Unternehmens
- Neue Bürorichtlinie oder Zurück-ins-Büro-Regel, die einen Einfluss dar-

auf hat, ob man im Büro sein muss oder nicht

- Gesund werden – zu geringe Energie, aufgrund schlechter Angewohnheiten
- Beziehung – mit dem aktuellen Partner oder auf der Suche nach jemandem
- Kinder
- Schwierige Angestellte
- Gerichtsprozesse
- Ein alkoholabhängiger Bruder, der ständig Geld leihen will
- Angst vor Lieferengpässen (ohne Plan, wie man damit fertig werden soll)

Unnötiges weglassen

- Was könnte Sie nach unten ziehen?
- Was können Sie klären?
- Wie werden Sie es klären?
- Welche Aktionen werden Sie noch heute durchführen?
  - Melden Sie sich HEUTE bei einer Beratung an.
  - Suchen Sie HEUTE nach einem persönlichen Assistenten.
  - Engagieren Sie HEUTE einen persönlichen Trainer.
  - Arbeiten Sie noch HEUTE daran, Ihre Kreditwürdigkeit zu verbessern.
- Wie würde Ihr Leben aussehen, wenn Sie keine Ablenkungen mehr hätten?
- Wenn Sie etwas Großes tun wollen, dürften Sie sich nicht auf die Ablenkungen konzentrieren:
  - Eine schlechte Review auf Yelp
  - Ein ehemaliger Angestellter, der eine schlechte Review auf Glassdoor hinterlässt
  - Ein Event, der drei Tage Planung hätte brauchen sollen, hat drei Wochen gebraucht
  - Toxische Beziehungen
  - Unzuverlässige Händler
- Erstellen Sie eine Liste von fünf bis zehn Events, die Sie geistig enorm beschäftigt haben.

Bewerten Sie sich selbst (von 1 bis 10) bei folgenden Punkten:
____ Gesundheit/Energie/Ausdauer
____ Familiäre Beziehungen
____ Partner/Romantische Beziehungen
____ Persönliche Finanzen
____ Lernen/persönliches Wachstum
____ Spiritualität/Glaube

Bewerten Sie sich selbst (von 1 bis 10) bei folgenden Punkten:
____ Allgemeine Geschäftsziele erreichen
____ Leader ausbilden
____ Wachstum und Umsatz fördern
____ Analyse und Systeme
____ Betriebsabläufe, Technologie und Logistik
____ Finanzen und das Managen des Cashflows
____ Was haben Sie gut gemacht?
____ Was haben Sie schlecht gemacht?
____ Wieso haben Sie Ihre Ziele erreicht oder verfehlt?
____ Haben Sie sich oder etwas anderes überschätzt? (Wunschdenken, Illusionen, Faulheit)
____ Haben Sie sich oder etwas anderes unterschätzt? (Auf Nummer sicher gespielt; nicht detailliert genug, um präzise Ergebnisse zu erzielen)

ANHANG B

BUSINESSPLAN AUF EINER SEITE

20____, DAS JAHR DES/DER ______________

FINANZEN

GEWOHNHEITEN
1.
2.
3.

ZIELE
1.
2.
3.

BUSINESS

GEWOHNHEITEN
1.
2.
3.

ZIELE
1.
2.
3.

PERSÖNLICHE WEITERENTWICKLUNG

GEWOHNHEITEN
1.
2.
3.

ZIELE
1.
2.
3.

FAMILIE

GEWOHNHEITEN
1.
2.
3.

ZIELE
1.
2.
3.

GESUNDHEIT

GEWOHNHEITEN
1.
2.
3.

ZIELE
1.
2.
3.

SPIRITUALITÄT

GEWOHNHEITEN
1.
2.
3.

ZIELE
1.
2.
3.

Über den Autor

Patrick Bet-David gründete 2009 die Versicherungsgesellschaft PHP Agency, eines der am schnellsten wachsenden Unternehmen auf dem Finanzmarkt. Er betreibt den YouTube-Kanal Valuetainment, der die Grundlagen des Unternehmertums vermitteln soll. Seine Inhalte in den sozialen Medien wurden bereits über eine Milliarde Mal geklickt. Von ihm ist bereits *Die nächsten fünf Schritte* im Redline Verlag erschienen.

Stichwortverzeichnis

Anmerkungen

1 Mike Puma, »There Is Crying in Football«, ESPN, 15. Dezember 2005, espn.com/espn/classic/bio/news/story?page=Vermeil_Dick.

2 Electronic Arts Inc, »EX-99.1 2 dex991.htm Press Release Issued Jointly by Electronic Arts Inc. and JAMDAT Mobile Inc.«, U.S. Securities and Exchange Commission, 8. Dezember 2005, sec.gov/Archives/edgar/data/712515/000119312505239198/dex991.htm#:~:text=(NASDAQ%3AJMDT)%20today%20announced,total%20of%20approximately%20% 24680%20million.

3 Valuetainment, »The 9 Love Languages of Entrepreneurs«, YouTube-Video, 21. Juni 2016, https://www.youtube.com/watch?v=Vh-AN8m3LSs.

4 Robert »Cujo« Teschner, *Debrief to Win: How America's Top Guns Practice Accountable Leadership . . . and How You Can, Too!* (Chesterfield, MO: RTI Press, 2018).

5 Centers for Disease Control and Prevention, »Marriages and Divorces«, National Center for Health Statistics, letztes Update am 26. Januar 2023, cdc.gov/nchs/nvss/marriage-divorce.htm.

6 U.S. Bureau of Labor Statistics, »Business Employment Dynamics«, 2022, bls.gov/bdm.

7 Joe Pinsker, »Japan's Oldest Businesses Have Survived for More Than 1,000 Years«, *Atlantic*, 12. Februar 2015, theatlantic.com/business/archive/2015/02/japans-oldest-businesses-have-lasted-more-than-a-thousand-years/385396.

8 Clarence L. Haynes Jr, »What Is a Generational Curse and Are They Real Today?«, Bible Study Tools, 13. März 2023, biblestudytools.com/bible-study/topical-studies/what-is-a-generational-curse-and-are-they-real-today.html.

9 G. G. Allin, »Generational Curse«, Urban Dictionary, 11. Juni 2021, urbandictionary.com/define.php?term=Generational%20Curse.

10 Ashira Prossack, »This Year, Don't Set New Year's Resolutions«, *Forbes*, 31. Dezember 2018, forbes.com/sites/ashiraprossack1/2018/12/31/goals-not-resolutions/?sh=712d5a003879.

11 Jeff the Content Profit Coach, »21 Inspirational Tom Brady Quotes: Good Ones from the GOAT«, *Medium*, 1. Februar 2002, https://medium.com/illumination/21-inspirational-tom-brady-quotes-a5db55cd9fd2.

12 *The Diary of a CEO*, »Chris Williamson: The Shocking New Research on Why Men and Women Are No Longer Compatible! | E237«, YouTube-Video, 10. April 2023, youtube.com/watch?v=K2tGt2XWd9Q&t=1237s.

13 Louise Jackson, »Carl Jung and the Shadow: Everything You Need to Know«, Hack Spirit, 30. März 2022, hackspirit.com/carl-jung-and-the-shadow.

14 Eli Glasner, »Ben Affleck's Air Ties a Bow on How Nike Cashed In on Michael Jordan«, CBC, 5. April 2023, cbc.ca/news/entertainment/air-ben-affleck-michael-jordan-nike-1.6801736#:~:text=The%20year%20was%201984%2C%20and,market%20share%2C%20followed%20by%20Adidas.

15 Abigail Stevenson, »Nike Cofounder Phil Knight: Finding the Next Michael Jordan«, CNBC, 4. August 2016, cnbc.com/2016/08/03/nike-co-founder-phil-knight-finding-the-next-michael-jordan.html.

16 Trefis Team, »Was Nike's Acquisition of Converse a Bargain or a Disaster?«, *Forbes*, 15. November 2019, forbes.com/sites/greatspeculations/2019/11/15/was-nikes-acquisition-of-converse-a-bargain-or-a-disaster/?sh=24a60b8942f3.

17 Gia Nguyen, »Most Popular Basketball Shoe Brands Worn by NBA Players in 2023«, Basketball Insiders, 17. April 2023, basketballinsiders.com/news/most-popular-basketball-shoe-brands-worn-by-nba-players-in-2023/#:~:text=During%20the%202023%20season%2C%20Nike%20was%20far%20and,covered%20nearly%2075%20percent%20of%20the%20NBA%20market.

18 G. Dunn, »Max Kellerman Says Tom Brady Is Done on First Take«, YouTube-Video, 8. August 2016, youtube.com/watch?v=rcm1gnxpsMs.

19 Sports Paradise, »Julian Edelman SCREAMS AT Tom Brady and Tells Him He's Too Old«, YouTube-Video, 8. Februar 2021, youtube.com/watch?v=DLfP_kJ37E0&t=2s.

20 Taylor Wirth, »Fifth Steph Title Could Push LeBron Off Stephen A's Mt. Rushmore«, NBC Sports, 3. Mai 2023, nbcsports.com/bayarea/warriors/steph-curry-could-replace-lebron-nba-mt-rushmore-stephen-smith-says.

21 Valuetainment, »Stephen A. Smith Opens Up on Career Path to ESPN«, YouTube-Video, 11. Oktober 2019, youtube.com/watch?v=p7hPgRT5vXE.

22 Pete Blackburn, »Bill Belichick Has Reportedly Banned Brady's Trainer from the Patriots' Plane, Sideline«, CBS Sports, 19. Dezember 2017, cbssports.com/nfl/news/bill-belichick-has-reportedly-banned-bradys-trainer-from-the-patriots-plane-sideline.

23 Alex Banks (@thealexbanks), »Elon Musk is the master of pitching …«, Twitter, 11. März 2023, twitter.com/thealexbanks/status/1634547220950429696.

24 Aaron Mok and Jacob Zinkula, »ChatGPT May Be Coming for Our Jobs. Here Are the 10 Roles That AI Is Most Likely to Replace«, *Insider*, 9. April 2023, businessinsider.com/chatgpt-jobs-at-risk-replacement-artificial-intelligence-ai-labor-trends-2023-02.

25 Binary Phoenix Trading Academy, »Become a Monster | Jordan Peterson – Joe Rogan – Jocko Willink«, YouTube-Video, 14. März 2023, https://www.youtube.com/watch?v=MKxecr-zeno.

26 *American Heritage Dictionary of the English Language*, 5th ed., s.v. »will«, zuletzt modifiziert 2016, thefreedictionary.com/will.

27 *PBD Podcast*, »Neil deGrasse Tyson | *PBD Podcast* | Ep. 223«, YouTube-Video, 9. Januar 2023, youtube.com/watch?v=8hWbO9NdXbs.

28 »Reengineering the Recruitment Process«, *Harvard Business Review*, März-April 2021, hbr.org/2021/03/reengineering-the-recruitment-process.

29 Christian Zibreg, »Previously Unseen 1994 Video Has Steve Jobs Talking Legacy«, *iDownloadBlog*, 19. November 2018, idownloadblog.com/2013/06/19/steve-jobs-1994-video-legacy.

30 Diamandis, Peter H. »Embrace AI or Face Extinction«, Peter Diamandis Blog, 6. Juli 2023, https://www.diamandis.com/blog/embrace-ai-face-extinction-exo.

31 Sam Silverman, »Ashton Kutcher Warns Companies to Embrace AI or ›You're Probably Going to Be Out of Business‹«, *Entrepreneur*, 4. Mai 2023, entrepreneur.com/business-news/ashton-kutcher-embrace-ai-or-youll-be-out-of-business/451014.

32 »The Importance of Business Visibility and Online Reputation«, Tomorrow City, 29. März 2021, tomorrow.city/a/the-importance-of-business-visibility-and-online-reputation.

33 Justin Bariso, »Jeff Bezos Knows How to Run a Meeting. Here's How He Does It«, *Inc*, 30. April 2018, inc.com/justin-bariso/jeff-bezos-knows-how-to-run-a-meeting-here-are-his-three-simple-rules.html.

34 brainyquote.com/quotes/albert_einstein_10619.

35 Gabe Villamizer, »Simon Sinek – Trust vs. Performance (Must Watch!)«, YouTube-Video, 17. November 2022, youtube.com/watch?v=PTo9e3ILmms.

36 Noah Marks, »Two Undeniable Truths in Quotes«, LinkedIn, 14. Mai 2020, linkedin.com/pulse/two-undeniable-truths-quotes-noah-marks.

37 Richard Branson (@RichardBranson), »Train people well enough so they can leave, treat them well enough so they don't want to«, Twitter, 27. März 2014, twitter.com/richardbranson/status/449220072176107520?lang=en.

38 »Mahatma Gandhi Quotes«, Allauthor.com, abgerufen 22. Juni 2023, https://allauthor.com/quotes/40507/.

39 Dan Whateley, »People Laughed When She Wanted to Take On a Common (but Totally Embarrassing) Problem. Now She Has a $400 Million Business«, *Inc*, 20. Juni 2019, inc.com/dan-whateley/poo-pourri-suzy-batiz-bathroom-odor-oversharing.html.

40 Wikipedia, s.v. »George Will«, zuletzt modifiziert am 23. Mai 2023, en.wikipedia.org/wiki/George_Will.

41 Susan Weinschenk, »The Power of the Word ›Because‹ to Get People to Do Stuff« *Psychology Today*, 15. Oktober 2013, psychologytoday.com/us/blog/brain-wise/201310/the-power-of-the-word-because-to-get-people-to-do-stuff.

42 Valuetainment, »Kobe Bryant's Last Great Interview«, YouTube-Video, 23. August 2019, youtube.com/watch?v=T9GvDekiJ9c&t=1s.

43 Seth Godin, »Project Management«, *Seth's Blog*, 21. Juni 2023, https://seths.blog/.

44 Richard Nixon, »Khrushchev«, *Six Crises* (New York: Simon & Schuster, 1962).

45 Greg Young, »Proper Planning and Preparation Prevent Piss Poor Performance (the 7Ps)«, LinkedIn, 8. April 2020, linkedin.com/pulse/proper-planning-preparation-prevent-piss-poor-7ps-greg-young.

46 Deuteronomium, 11, 20 – 21, https://www.die-bibel.de/bibeln/online-bibeln/lesen/ZB/DEU.11/Deuteronomium-11.

47 Colin McCormick and Gabriel Ponniah, »Moneyball: What Happened to Paul DePodesta (The Real Peter Brand)«, 24. Mai 2023, screenrant.com/moneyball-peter-brand-paul-depodesta-what-happened.

48 P. Smith, »Value of the Sportswear Market in the United States from 2019 to 2025«, Statista, 27. April 2022, statista.com/statistics/1087137/value-of-the-sports-apparel-market-by-product-categoryus.

49 Matt Weinberger, »Jack Dorsey: ›Twitter Stands for Freedom of Expression‹« Yahoo, 21. Oktober 2015, yahoo.com/lifestyle/s/jack-dorsey-twitter-stands-freedom-175932575.html.

50 Jack Kelly, »Twitter CEO Jack Dorsey Tells Employees They Can Work from Home ›Forever‹' –Before You Celebrate, There's a Catch«, *Forbes*, 13. Mai 2020, forbes.com/sites/jackkelly/2020/05/13/twitter-ceo-jack-dorsey-tells-employees-they-can-work-from-home-forever-before-you-celebrate-theres-a-catch/?sh=28eca17f2e91.

51 Madison Hoff, »The 25 Large Companies with the Best Culture in 2020«, *Insider*, 14. Dezember 2020, businessinsider.com/large-companies-best-culture-comparably-2020-12.

52 Nathan Solis, „»Facebook Company Ends Its Free Laundry Perk, and at Least One Worker Is Steamed«, *Los Angeles Times*, 16. März 2022, https://www.latimes.com/california/story/2022-03-16/facebook-company-meta-ends-its-free-laundry-perk.

53 Lila Maclellan, »Investor Chamath Palihapitiya Once Advised Sam Bankman-Fried to Form a Board. FTX's Response? ›Go F—k Yourself‹«, *Fortune*, 18. November 2022, fortune.com/2022/11/18/ftx-board-investor-chamath-palihapitiya-sam-bankman-fried-board-directors-crypto.

54 Reeds Hastings, »Netflix CEO on Paying Sky-High Salaries: ›The Best are Easily 10 Times Better Than Average‹«, CNBC, 8. September 2020, cnbc.com/2020/09/08/netflix-ceo-reed-hastings-on-high-salaries-the-best-are-easily-10x-better-than-average.html.

55 Daniel Pereira, »IKEA Mission and Vision Statement«, The Business Model Analyst, 24. April 2023, businessmodelanalyst.com/ikea-mission-and-vision-statement/.

56 Patrick Hull, »Be Visionary. Think Big«, *Forbes*, 19. Dezember 2021, forbes.com/sites/patrickhull/2012/12/19/be-visionary-think-big/?sh=17920fd33c17.

57 James C. Collins and Jerry I. Porras, »Building Your Company's Vision«, *Harvard Business Review*, September–Oktober 1996, cin.ufpe.br/~genesis/docpublicacoes/visao.pdf.

58 Ajay Ohri, » Best Product Management Quotes by Industry Leaders in 2021 «, 6. Februar 2021, https://u-next.com/blogs/product-management/product-management-quotes/.

59 *PBD Podcast*, »Papa John | *PBD Podcast* | Ep. 184«, YouTube-Video, 14. September 2022, youtube.com/watch?v=L-ItF79OHaU.

60 »Papa John's Dominates the Pizza Category in Customer Satisfaction and Product Quality«, Business Wire, 20. Juni 2017, businesswire.com/news/home/20170620006170/en/Papa-John%E2%80%99s-Dominates-the-Pizza-Category-in-Customer-Satisfaction-and-Product-Quality.

61 Jordan Palmer, »At the Turn of the Century This Was Wealthy America's Most Coveted Vacation Destination«, Travel Awaits, 2. Februar 2001, travelawaits.com/2561245/jekyll-island-coveted-vacation-history/.

62 Paul Polman, »2023 Net Positive Employee Barometer: From Quiet Quitting to Conscious Quitting: How Companies' Values and Impact on the World Are Transforming Their Employee Appeal«, https://www.paulpolman.com/wp-content/uploads/2023/02/MC_Paul-Polman_Net-Positive-Employee-Barometer_Final_web.pdf.

63 Pat Heffernan, »People Don't Buy What You Do – They Buy WHY You Do It«, Marketing Partners, 7. Oktober 2010, https://www.marketing-partners.com/conversations2/people-dont-buy-what-you-do-they-buy-why-you-do-it.

64 Alex Banks (@thealexbanks), »Show your long-term vision …«, Twitter, 11. März 2023, twitter.com/thealexbanks/status/1634547381122502659.

65 Paul A. Gompers, William Gornall, Steven N. Kaplan und Ilya A. Strebulaev, »How Do Venture Capitalists Make Decisions?«, Harvard Business School, September 2016, https://www.hbs.edu/faculty/Pages/item.aspx?num=51659.